认识飞行

第2版

UNDER-
STANDING
FLIGHT

2ND EDITION

David F. Anderson
Scott Eberhardt

[美] D. F. 安德森
[美] S. 埃伯哈特 著

周尧明 译

后浪

北京联合出版公司
Beijing United Publishing Co.,Ltd.

1

目 录

2

前　言

　　长久以来，飞行一直是一个相对简单却被广泛研究的现象。然而，其中的许多现象常常被我们误解。例如，在关于飞机是如何产生升力的物理学描述中，大多数都把机翼的截面形状（翼型）作为飞机产生升力的关键因素。这些描述认为，产生升力的原因是由于机翼的上方有凸起，使得相同的气流在机翼上方比下方流动得更快、更远。然而我们都知道，有些飞机可以倒飞，此时机翼的形状倒置，如图 I-1 中的"雷鸟"（Thunderbirds）战斗机所示（"雷鸟"战斗机的机翼几乎没有任何厚度），飞机一样可以飞得很好。这与升力主要是由翼型产生的这一说法相冲突。为了反驳这一悖论，一些学者提出了倒飞的飞行状态与正飞不同的理论。然而，事实上，翼型与升力的产生是没有关系的，任何关于升力的产生是依靠翼型的解释都是误导人的。这一说法将在第一章中详细讨论。这里要指出的是，翼型与机翼在巡航速度时的效率和失速特性有关。

　　下面，我们再来看看三个成功的机翼设计案例，这些例子明显违背了翼型是产生升力的基础这一描述。第一种设计历史悠久，如图 I-2 所示，

> 第二次世界大战期间，12.7毫米口径机枪弹链的长度为 27 英尺①。飞行员针对一个单一目标射击出枪膛内的全部子弹，称为"整九码"②射击。

① 1 英尺 =0.3048 米。——译者注
② "整九码"是一个英语俗语，其意思是"尽最大努力"或者"从始至终"，比较广泛认同的来源是 12.7 毫米口径机枪弹链完整长度为九码，从而引申出"整九码"的含义。——译者注

图 I-1　两架正在飞行的"雷鸟"战斗机（照片由美国空军提供）

图 I-2　柯蒂斯 1911 D-IV 型飞机（照片由美国空军博物馆提供）

图 I-3　特技飞机上的对称翼

这是一款柯蒂斯（Curtis）1911 D-IV 型飞机。显然，气流流过该机翼顶部和底部的距离相同。然而，这架飞机飞行成功了，而且成为美军在 1911 年购买的第二架飞机。

图 I-3 所示的是一架特技飞机上的对称翼。该机翼比较厚，而且机翼上部和下部的曲率很大，这使它拥有很好的失速特性并能缓慢飞行。而图 I-1 中喷气式飞机的机翼虽然也是对称翼，却很薄，这样的机翼使飞机可以快速飞行，但其代价是会使飞机突然进入失速状态。

能够证明升力的产生不是依靠翼型的最后一个例子，是一种非常现代化的翼型，就是图 I-4 所示的惠特科姆超临界翼型（Whitcomb Supercritical Airfoil）[美国国家航空航天局（NASA）/ 兰利委员会（Langley SC）(2)-0714]。这种翼型的顶部基本是平坦的，而底部则是弯曲的。显然，这与前述观点中流行翼型的形状相反，但这种翼型正是现代客机机翼设计的基础。

图 I-4 惠特科姆超临界翼型

在关于升力产生原因的众多解释中，人们之所以强调翼型的重要性，是基于"流动时间相等"这一原则。这个原则错误地认为，无论气流流过机翼上方还是下方，都必须在相同的时间内到达机翼后缘。由于气流在机翼上方流动的路程更远，所以其流速必须更快。根据伯努利原理，这样就产生了升力。但现在，我们知道"流动时间相等"这一原则是站不住脚的，"气流流过距离更远，流动速度更快"这一陈述也是没有说服力的。这只是"流动时间相等"原则的一个变体。实际上，"流动时间相等"原则只适用于没有升力的机翼。图 I-5 所示的是具有升力的机翼周围气流运动状态的模拟情况。显然，机翼上方的气流早于机翼下方的气流到达后缘。事实上，升力越大，机翼上下方气流到达机翼后缘的时间差越大。第二次世界大战前后，这一通行的对于升力的解释，才开始在小学到专业飞行训练班进行讲授。在这个理论渗入这些飞行指导课之前，教授的关于升力的正确理论都认为升力是一种反作用力。

> 在地面上观察，我们会发现机翼后面的气流几乎是垂直向下流动的。

使人们相信翼型决定了升力的产生的另一个错误论据是，机翼是一个半文氏管的观点。文氏管（见图 I-6）是通过限制气流的流动而工作的。随着气流的收缩，气流流动速度加快，就像是用拇指压在花园浇水的橡胶软管

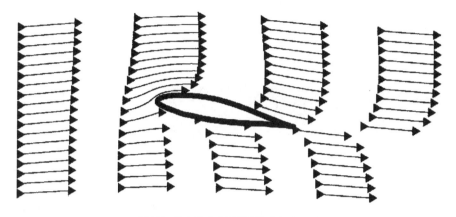

图 I-5　具有升力的机翼周围的气流流动

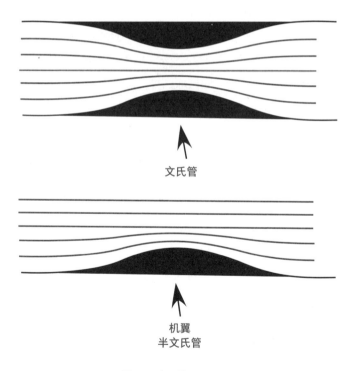

文氏管

机翼
半文氏管

图 I-6　文氏管和半文氏管

末端一样。根据伯努利原理，速度加快导致压力（垂直于气流流动方向的力）
减小。这种巧妙的装置产生低压以将燃料吸入汽车发动机。关于机翼的争论
如下：如果将文氏管的上半部分去掉，剩下的部分可以看作是一个机翼，如
图 I-6 所示。问题是——任何学过物理的学生都知道——此图中是不会产生
升力的。如果气流水平流入又水平流出，怎么可能会产生垂直方向的力呢？
关于这点，我们将在第一章中讨论。

我们写这本书，是为了推翻那些误导人们的
以及不正确的理论。本书从分析升力是一种反作
用力出发，介绍了升力在物理学上正确的原理。
虽然这个原理的基础在半个多世纪之前已经被人
们广泛应用，但是我们对其进行了很大的扩展和
补充，用来解释关于飞行的其他方面的现象。

> 不同于以往的机型，波音
> （Boeing）747-400ER（加
> 大航程型）飞机的尾翼结
> 构可以存储额外的燃油。

本书主要对飞行现象和航空学原理进行了清晰、直观的描述，并且尽
量避免复杂的数学计算。本书内容分为两个层次，其中大多数内容适用于一
般读者，他们只需要具备极少的与飞行相关的基础知识即可。在正文之外，
书中有时会插入一些简短的话题，并做出评论，以对正文内容进行补充说
明。这些补充性文字将会呈现在彩色背景上。跳过这些补充性文字，既不会
影响正文的连续性，也不会影响对本书的理解，但是它们会使本书更富有趣
味性。

第 1 章"飞行原理"，是我们研究升力和飞行的切入点。我们相信，这
一章给出了迄今为止最完整、最正确的关于升力的物理学描述。和之前已有
的描述一样，我们也用牛顿三大定律来解释升力的物理学原理。但与其他人
不同的是，从前述的理论逻辑出发，我们用的这种描述可以解释几乎所有关
于飞行方面的问题。这样可以使读者更直观地了解关于飞行的知识，而不像
以往那样，通常只涉及数学方面的原理和解释。例如，飞机减速时为何要增
大机翼的迎角？飞机高速飞行时为何产生升力所需的功率会减少？为何对称

的机翼可以应用于飞机上且飞机可以倒飞？诸如此类的问题，读者都可以通过阅读本书找到答案。

在本书的第一版中，"基本概念"这一章对飞机的基本术语和概念做了介绍，为读者和作者展开对飞行和航空的讨论，提供了一套共同的标准。然而，我们发现这章一次性介绍了太多的信息，作为一本普及性的书籍，放在开头显得混乱且没有必要。在本书中，我们将原来的这一章作为附录 A 放在书后。如果读者是飞行领域的初学者，应当首先快速翻阅附录 A，以作为阅读本书的参考。

本书还增加了两章内容，其中一章是"直升机和自转旋翼机"。在此之前，我们没有在任何一本书中找到关于直升机与自转旋翼机的具有可读性的、完整的讨论。写过这一话题的书籍，要么太过强调数学理论，要么太过详细烦琐或者不够完整。比如直升机的功率曲线等话题，就从未有书用物理学术语解释过。

增加的另外一章是对飞机结构的简短讨论。这章主要是向读者简要介绍飞机的构造。

总之，本书是一部用物理学术语直白地介绍飞行原理的完整教程，简单易懂，适合所有初学者阅读。

> 一架塞斯纳（Cessna）172 飞机在巡航飞行时每秒可以使约 5 倍于其重量[①]的气流转向，以产生升力。

---

① 本书中重量指质量（mass），单位为千克。——译者注

一、升力产生的物理学原理

喷气式发动机和螺旋桨通过将气流推向后方而产生推力，直升机的旋翼通过将气流推向下方而产生升力。图 1-1 所示为一架悬停在水面上的直升机，其产生的下洗流清晰可见。同样地，固定翼飞机的机翼也是通过将气流推向下方而产生升力的。总之，喷气式发动机、螺旋桨、直升机旋翼、固定翼飞机的机翼都是通过相同的物理学原理工作的，即将气流向相反的方向加速而产生所需要的升力或推力。

本章主要基于牛顿三大定律，介绍升力的物理学原理。这样的描述有助于读者理解与飞行相关的许多现象，而这是通过其他描述做不到的。这种方法可以使读者很清楚地了解升力是如何随着速度、密度、载荷、迎角和机翼面积等参数的变化而变化的。本章介绍的原理不仅适用于低速飞行，同时也适用于超声速飞行，还可以帮助飞行员直观地了解飞机的特点和局限性。根据本书内容，读者可以很容易地理解为什么飞机的迎角需要随着飞机速度的降低而增加，为什么飞机的机动飞行速度（湍流中飞机的最大速度）需要随着载荷的减少而下降，以及为什么低速飞行时发动机的功率需要加大等问题。

升力是一种反作用力，也就是说，机翼通过把气流推向下方而产生升力。既然我们都知道，螺旋桨通过把空气推向后方而产生推力，直升机的旋翼通过把空气推向下方而产生升力，如果将螺旋桨和旋翼看作简单的旋转机翼，那么关于机翼通过将空气推向下方而产生升力的这一解释就很好理解了。

> 在物体表面的流体速度一定为零，这一原理解释了人们为什么不能用软管将灰尘从汽车上吹走。

应当注意的是，升力不是由于空气撞击机翼的下表面并向下偏转而产生的。这种误解相当普遍，也是艾萨克·牛顿（Isaac Newton）爵士所持有的观点。牛顿爵士产生这种误解，是由于他不了解机翼上空气流动的细节，

图 1-1　悬停于水面上的直升机的下洗流（照片由美国空军提供）

他认为空气是碰到机翼的下表面而流向下方的。确实，会有一些升力来源于机翼下表面转向的气流，但是大部分的升力是由于机翼上表面气流的作用而产生的。我们在后文会介绍到，这主要是因为机翼上方形成的低压使气流加速流向下方。

二、牛顿三大定律

牛顿三大定律是理解飞行原理的最有利的工具。它们不仅易于理解，而且应用广泛，小到低空蚊子的飞行、大到宇宙中星系的运动全部适用。本章先介绍牛顿第一定律[①]：若物体不受到外力作用，那么静止的物体将保持

---

① 即惯性定律。——译者注

静止，运动的物体将保持匀速直线运动。

从飞行的角度来讲，牛顿第一定律意味着如果一个空气团或者气泡从静止状态开始运动，那么就一定有一个力作用其上。同样，如果气流的运动方向发生转变，例如气流碰到机翼时转向，也一定有一个力作用其上。而在连续体中，例如空气，这种力通常表现为压力差 [1]。

这里我们不按照顺序，接着介绍牛顿第三定律：每一个力都会有一个大小相等、方向相反的反作用力。

> 机翼的升力与迎角成正比，这一理论对于所有的机翼都成立，不论是现代喷气机的机翼还是可以看作机翼的一扇谷仓门。

这一定律很容易理解。当你坐在椅子上时，你就对椅子施加了一个力，而椅子也会施加一个大小相等、方向相反的力给你。你对椅子施加的力是作用力，而椅子施加给你的力就是反作用力。也就是说，椅子把你施加的力反作用于你。我们再来看另一个例子，是关于机翼上气流的流动转向的。从牛顿第一定律得知，气流的转向一定受到了外力的作用，而牛顿第三定律又告诉我们，气流一定会对造成它转向的物体施加一个大小相等、方向相反的力，而这个物体就是机翼。气流转向下方时，一定受到了一个向下的力的作用，根据牛顿第三定律，气流同时对机翼作用一个大小相等的向上的力。使空气流动的力是作用力，而作用于机翼上的力就是反作用力，即升力。

相比上述两条定律，牛顿第二定律稍微有些难以理解，但是在用来理解飞行相关的许多现象时，是更加有用的。牛顿第二定律最常见的形式是学生在早期的物理课程中所学的：

$$F = ma$$

---

[1]　即压强差。——译者注

也就是说，力等于质量乘以加速度。

这种形式的牛顿第二定律，可以计算出加速一定质量的物体所需要的力的大小。对于空气流动的描述，我们可以使用这一定律的替代形式应用在喷气发动机、火箭或者机翼的升力上。应用在火箭上的牛顿第二定律的替代形式可以表述为：火箭的推力等于单位时间内气体的排出量乘以该气体的速度。

前述形式的牛顿第二定律告诉了我们如何计算火箭引擎产生的推力。单位时间内排出的气体量可以磅每秒（lbm/s）或者千克每秒（kg/s）为单位。气体的速度可以英尺每秒（ft/s）或者米每秒（m/s）为单位。而为了使推力加倍，必须使单位时间内排出的气体量增加一倍，或者使气体的速度增加一倍，又或者由两者组合改变达成。

下面我们结合牛顿第二定律来看一下机翼周围气流的流动情况。图 1-2 所示为机翼周围的气流流动图，气流先是接近机翼，然后在碰到机翼后发生分流，最后在机翼的后方汇合，并沿最初的方向流动。这种情况下机翼是没有升力的，因为没有施加于空气上的作用力，因此，机翼上也就没有受到反作用力（升力）。如果机翼没有对空气施加净作用力，空气也就不可能对机翼产生作用力。现在再来看另外一张机翼周围空气流动的图片，如图 1-3 所示。图示的气流在机翼周围分离，经过机翼后以稍微向下的角度离开机翼。这种下行的气流称为下洗流，产生下洗流的作用力的反作用力即为升力。在这幅图中，气流经过机翼后，受到了一个净作用力，因而气流受到作用力后产生一个反作用力作用于机翼上。这个反作用力就是升力。

如果用一句话来总结机翼是如何产生升力的，那么可以表述为：机翼是通过把气流推向下方而产生升力的。其原理与螺旋桨通过把气流推向后方而产生推力一样。

图 1-2　基于牛顿第二定律，这个机翼没有升力

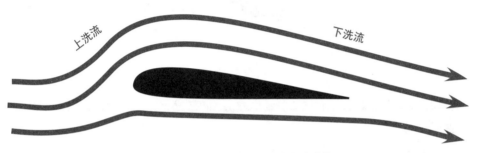

图 1-3　具有升力的机翼周围的空气流动情况

三、通过机翼后气流的转向

通常，简单的描述会产生更多的问题。一个很自然的问题是，为什么气流在机翼周围会转向？这个问题可能是在理解飞行原理过程中最有挑战性的问题，而且是最关键的问题之一。

首先，我们来看一个简单的示例。将一个玻璃杯水平放置靠近水龙头里流出来的水流，直到杯子外表面刚刚接触到水流，如图 1-4 所示。这时，水流会环绕玻璃杯流动。根据牛顿第一定律，为了使水流弯曲，必须有一个力作用其上，而且这个力是朝向水流弯曲的方向的。根据牛顿第三定律，我们知道一定有一个和这个力大小相等、方向相反的力作用于玻璃杯上。水流

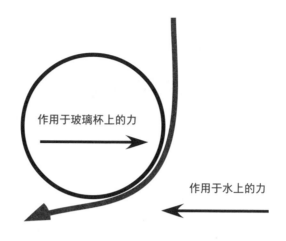

作用于玻璃杯上的力

作用于水上的力

图 1-4　水流绕玻璃杯流动

施加在玻璃杯上的力，将玻璃杯推向水流，而不是像人们起初预料的那样将玻璃杯推开。

那么，为什么水流会环绕玻璃杯流动，或者说为什么气流会绕机翼流动呢？首先我们来考虑低速（亚声速）飞行的情况。在低速飞行中，作用在气流上的力和压强都很小，所以此时的空气可以认为是不可压缩的流体。这就意味着在低速飞行时，一定质量的空气体积不会改变，并且气流之间不会相互分离产生间隙。

> 在美国注册的所有飞机中，每 11 架就会有 1 架每年都飞往奥什科什（Oshkosh）。

接下来我们要了解的是，流线之间是彼此联系的。在稳态飞行中，可将流线看作是流动的空气中粒子移动的路径。这是气流流过机翼时，一个小而轻的物体将会采取的路径。流线之间的联系表现为压强和黏性。压强指的是单位区域内，空气对邻近流线造成的力。气体或液体间的黏性类似于固体之间的摩擦。

现在我们来分析一下相邻的两条不同速度的流线。由于这两条流线具有不同的速度，所以它们之间的"摩擦力"会使较慢的那一条流线加速，并

图 1-5　机翼表面附近流体的速度变化

使较快的那一条流线减速。由黏性的原理得出，机翼表面的空气速度相对于机翼表面的速度为零。空气的速度随着其距机翼表面距离的增加而增加，如图 1-5 所示。现在假设第一条速度不为零的流线刚刚掠过了机翼顶部的高点，如果这条流线不是跟随机翼的方向，而是沿着原来的方向继续向后流动，那么它和机翼之间一定有一团速度为零的空气。黏性力会将这团空气从机翼表面带走，同时没有别的流线来补充，所以此处压强会降低。这种降低了的压强会使流线弯曲，直到它沿机翼的表面流动为止。

　　按照之前的分析，下一条流线跟随前一条流线，以同样的过程使运动轨迹产生弯曲，之后的流线以此类推。在机翼表面很近的距离内，流线的速度随着距机翼距离的增加而增加。例如在空客 A380（Airbus A380）机翼的后缘，这一很近的距离大约为 6 英寸[①]。这个流线速度快速变化的区域称为边界层。如果这一流动不是湍流的话，那么边界层就称为层流边界层。

　　因此，流线是由于压强的降低而弯曲的。这就是机翼顶部的气流会弯曲、机翼上

> 莱特兄弟（Wright brothers）为了保护他们发现的空气转向理论的专利，从 1905 年 10 月 16 日到 1908 年 5 月 6 日，没有进行任何飞行活动。

---

① 1英寸 =25.4毫米。——译者注

方的压强会减小的原因。而且这个压强的降低会随着距机翼距离的增大而逐渐减小，这是升力产生的基础。压强的降低产生的变化以声速传播出去，导致大量的空气在机翼周围弯曲。

流线之间的交流是以分子模式进行的，表现为空气的压力和黏性。没有黏性，流线之间就不会有交流，也就没有边界层一说。通常，升力的计算是在无黏性的极限条件下进行的。在这些情况下，库塔 - 茹科夫斯基（Kutta-Joukowski）定理重新隐式地引入了黏性，这要求空气在机翼的后缘平滑地离开。另外，近似计算还要求空气跟随在机翼的表面，这是引入黏性的另一个条件。在计算中近似消除黏性影响的结果就是，不必计算边界层的数据。

应当注意的是，机翼顶部均匀流的速度比自由流的速度（离机翼一定距离处未受干扰的气流速度）要快。气流的转向导致机翼上方的压强降低，压强的降低导致气流加速。我们通常认为是气流的加速导致压强的降低，但其实是压强的降低导致了气流的加速，这与牛顿第一定律相符。

图 1-6 所示为机翼周围空气的绕流情况。要使气流弯曲，就需要一个力的作用。如图中彩色箭头所示，作用在气流上的力的方向垂直于气流弯曲的方向。而且，力的大小与流线弯曲的程度成正比。气流弯曲得越厉害，作用在其上的力就越大。如图中黑色箭头所示，作用在机翼上的力与作用在气流上的力大小相等、方向相反。这些力是通过压强的作用产生的，代表了力转移到机翼上的原理。

再来看图 1-6 中代表着作用于机翼上的力的黑色箭头。这里有两点需要注意。第一，大部分的升力都作用在机翼的前部。事实上，在亚声速下飞行时，机翼总升力的一半是在弦长（从机翼的前缘到后缘的距离）的前 1/4 长度上产生的。第二，图中机翼前缘的箭头向前倾斜。因此，这种升力不仅使机翼有上升的趋势，还使其有向前的趋势。如果整个机翼上各点的升力都是这样，那当然是很好的事，但遗憾的是，机翼后缘水平方向的力把这部分

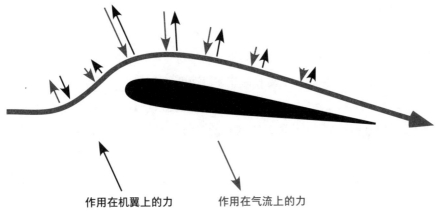

作用在机翼上的力　　　作用在气流上的力

图 1-6　作用在气流上的力及作用在机翼上的反作用力

向前拉动的力平衡掉了。

　　现在我们理解了机翼为何能产生升力。简言之，就是气流在机翼周围发生转向，从而产生了下洗流。牛顿第一定律指出，气流的转向需要有一个作用其上的力，而牛顿第三定律则表明，这个力的产生伴随着一个大小相等、方向相反的力，这就是升力。通过机翼两侧的压力差，由于气流转向而产生的升力就传递给了机翼，这就是机翼获得升力的机理。

> 由于石油禁运，1970 ~ 1980 年，每 1000 加仑①的 A1 号燃油（喷气式飞机使用）的价格从 100 美元上升到了 1100 美元。

四、下洗流

　　在最简单的形式中，机翼是通过改变气流流向，使其向下偏转产生下

① 美制 1 加仑约合 3.785 升。——译者注

洗流，来产生升力的。图 1-7 所示是飞机飞行区后部产生下洗流的很好的例子。从图中可以看出，这架飞机并非穿越雾气飞行，而是在雾气的上方飞行。飞机后方气流下沉而形成的雾气的旋涡清晰可见。这也是我们接下来要讨论的，下洗流的大小影响着机翼载荷与飞机速度的大小。

根据牛顿第二定律，我们可以看出机翼上的升力与其下洗流之间的关系：机翼的升力与单位时间内转移的空气量和下洗流的垂直速度之积成正比。

类似于火箭，可以通过增加转移的空气量、下洗流的垂直速度或者两者的组合来增加机翼的升力。下洗流垂直速度这一概念乍看起来可能不合常理。我们都习惯于从飞行员的角度来看机翼上方的气流或者是从风洞中来看气流，在这个参考系中，机翼是静止的，空气是移动的。但是，在空气静止不动、机翼运动的参考系中，飞行是怎样的呢？想象一下，你站在山顶上，一架飞机从你对面飞过，如果你可以拍下气流的所有速度，你将会看到什么呢？结果可能会让你感到惊讶。

从地面上观察，首先你会看到，机翼后面的气流几乎都是垂直向下的。然而由于与机翼的摩擦，气流实际上轻微地向前流动。那么我们该如何协调这两个参考系（机翼静止、空气移动的参考系和机翼移动、空气静止的参考系）呢？我们可以看一下图 1-8（a）。标有"速度"的箭头代表机翼相对于空气的运动方向以及速度。标有"下洗流"的箭头是飞行员或者工程师在风洞中看到的气流的运动方向和速度。标有"v_v"的彩色箭头是观察者在山上看到的下洗流的垂直速度。v_v 是下洗流的垂直速度，代表产生升力的分量。在图中，字母 α 代表的是下洗流与相对风[①]的夹角，这个角度

> 波音 777 飞机上安装的发动机，其直径与波音 737 飞机的机身直径仅仅相差几英寸。

---

① 或称"相对来流"。——译者注

图 1-7 喷气式飞机在云雾上飞行产生的下洗流 [摄影：保罗·博文（Paul Bowen）；照片由塞斯纳飞机公司（Cessna Aircraft）提供]

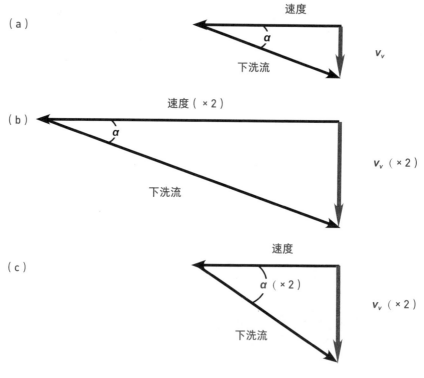

图 1-8　速度和有效迎角与下洗流的关系

的大小与机翼的有效迎角有关。关于有效迎角的内容将在下一节中讨论。

　　对于当机翼飞过时气流从机翼处垂直下落这一说法，其合理性很容易证明。打开一个小的家用风扇，然后观察其后产生的气流柱的形状。如果气流从风扇叶片（类似机翼）的后缘上分开，而不是垂直于叶片运动的方向，那么气流将形成一个圆锥形的气柱，而不是紧密的圆柱形。这种现象也可以在悬停在水面上的直升机图片（见图 1-1）中看到。水上的流谱形状与旋翼桨叶的尺寸相同。自然规律如此运作，对于我们来说是幸运的。如果飞机螺旋桨后面的气流是圆锥形的，而不是圆柱形的，那么螺旋桨的推力效率会低

> **地球在支撑着飞机吗?**
>
> 有些人认为,在水平直线飞行中,既然飞机对地球施加了一个作用力,那么地球也应当对飞机施加一个起支撑效果的反作用力。然而,事实绝非如此。机翼上的升力与地球表面的存在无关。下面两个简单的例子就能证明这一点。
>
> 第一个例子是将螺旋桨看作一个旋转的机翼,分析其推力。当然,它不是因为地球表面的存在而产生推力。同理地球表面的存在也不会使机翼在大角度倾斜飞行中产生升力的水平分量。
>
> 第二个例子是分析一下"协和式"超声速飞机的飞行。它以马赫数为 2 的速度(2 倍声速)在地球上方 55000 英尺处巡航。我们知道飞机的压强信息是无法以比声速更快的速度传递的。因此在地球上感知到"协和式"飞机的存在的时候,它早就已经不在原来的位置了。

得多。因为此时只有在飞机运动方向上的推力分量才是有用的,其余方向的推力则是无用的,相关的能量也被浪费掉了。同样,由于平衡飞机重力所需的升力的方向始终是垂直向上的,所以人们希望产生升力的加速气流的方向最好是垂直向下的。

机翼通过把动量传递到气流中来产生升力。动量是质量与速度的乘积。在水平直线飞行中,动量会通过气流向地球转移。这个动量最终会冲击到地球上。假设一架飞机飞过一个很大的重量秤,这个秤可以称出飞机的重量。飞机起飞时,地球的重量并未变轻。我们不应该就此误认为地球在以某种方式支撑着飞机。事实上,机翼上获得的升力就像向树上射击时射手感觉到的后坐力一样。无论子弹是否射中树,都与后坐力的产生无关。

五、升力的调节

我们在前文曾经提到过,机翼的升力与单位时间内转移的空气量成正比，与下洗流的垂直速度分量成正比。而且我们也已经说过，在静态参考系里，空气最初处于静止状态，机翼在移动。而机翼经过后，气流几乎是直线下降的。

如果机翼速度翻倍，迎角保持不变，会发生什么？如图 1-8（b）所示，垂直速度 v_v 增加了一倍，导致转向的空气量也增加了一倍。可以说，转向的空气量与飞机的速度成正比。因此，迎角不变时，转向的空气量和下洗流的垂直速度都随机翼速度的加倍而加倍，此时，机翼的升力会增加四倍。

图 1-8（c）中，机翼的速度不变，而相对迎角增加了一倍，则下洗流的垂直速度分量也增加了一倍。而由于机翼转向的气流的流量未受影响，于是机翼的升力翻了一倍。因此，可以得到，下洗流的垂直方向的速度与机翼的速度和迎角成正比。增加其中的任意一项，都可以增加机翼的升力。

在飞行过程中，飞行员既要控制飞机速度，又要控制迎角。飞机速度可以通过控制发动机功率来进行调节，也可以通过调整爬升率或者下降率来控制。迎角为整个飞机相对于飞行方向倾斜的角度，通常由安装于水平安定面后边的升降舵来操纵，如图 A-1（见附录 A）所示。升降舵的工作原理类似于机翼，通过推动气流向上或向下产生向下或者向上的升力，从而使飞机做俯仰运动。

六、迎角

现在我们来深入地研究一下机翼的迎角。几何迎角是指机翼的平均弦长（机翼前缘与机翼后缘之间的连线）与相对风方向之间的夹角。这是航空工程师讨论迎角时常使用的概念。而在我们的讨论中，将使用有效迎角的概念。有效迎角指的是从机翼零升力的方向开始测量的夹角。为了防止混淆，在这里特意强调一下大多数人所使用的几何迎角和有效迎角的区别。图 1-9 所示为具有零几何迎角的带弯度的机翼（也可参见图 A-4）和具有零有效迎

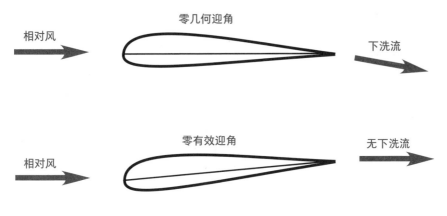

图 1-9　几何迎角和有效迎角的定义

角的同一机翼。零几何迎角的弧形机翼因为存在一个下洗流的净分量从而具

有升力。而根据定义，在零有效迎角下的同一机翼是不具有升力的，因此就没有这个净分量。当然，对称机翼的几何迎角和有效迎角是相同的。

　　对于任何机翼，无论是波音 787 飞机的机翼还是倒飞飞机的机翼，对于相对风方向的角度，都可以找到一个零升力的位置。如前所述，这就是零有效迎角。现在，从零有效迎角处开始上下

哈里特·昆比（Harriet Quimby）是第一位获得飞行员证书的美国女性，并于 1911 年成为第一位在英吉利海峡试飞飞机的女性。

倾斜机翼，向上和向下增大角度，来测量机翼的升力，其结果如图 1-10 中的曲线所示。我们可以看出，机翼的升力与其有效迎角成正比。当机翼向上倾斜时，升力为正值（向上）；当机翼向下倾斜时，升力为负值（向下）。对机翼面积和展弦比进行修正后，这一关于有效迎角的升力的函数曲线图对于所有正飞和倒飞的机翼基本都是相同的。但这一结论不适用于机翼接近失速的情况。当飞机的有效迎角足够大时飞机开始失速，气流开始从机翼的后缘分离。这一有效迎角被称为临界失速迎角，如图 1-10 标记所示。对于二

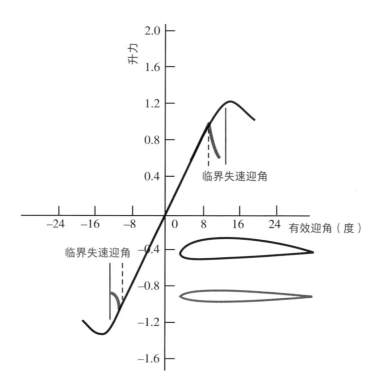

图 1-10　升力与有效迎角的函数关系

维机翼（无限展长机翼），所有翼型的升力与有效迎角的函数关系是相同的。

　　图 1-10 还画出了两种不同的机翼剖面图。一个尖锐的对称翼比一个厚的不对称机翼失速来得更早、更突然。但是对于较小的迎角，两者的升力是相同的。如果把图倒转过来，那么我们就会得到两个倒飞的机翼的升力特性。因此，如前言所述，任何关于机翼上的升力取决于机翼形状的理论，都是错误的。这样的理论，难以解释机翼的倒飞现象、对称翼以及载荷和速度对升力的影响。然而要再次指出的是，机翼的形状确实影响机翼的失速和阻力特性。

图 1-11　飞行中燕鸥的翅膀的迎角 [摄影：伯纳德 · 齐（Bernard Zee）]

　　这是一个非常重要的结果。这表明，机翼的升力与有效迎角成正比。对于所有的机翼都是如此，比如现代喷气式飞机的机翼、倒飞的机翼、平板机翼或者纸飞机，甚至是鸟的翅膀（见图 1-11）。

　　从图 1-10 中可以看出，上述升力与有效迎角之间的关系在临界迎角处不再成立。在临界迎角处，气流所受的力变得很大，以至于空气开始与机翼分离，机翼失去了升力的同时，其受到的阻力（使飞机减速的力）也迅速增加。在临界迎角处，机翼会进入失速状态。我们将在第 2 章详细介绍失速现象的有关内容。

七、"虚拟勺子"机翼

牛顿第二定律告诉我们，机翼的升力与其转移空气的量成正比，与气流在垂直方向的速度成正比。我们已经讨论过，气流在垂直方向上的速度与机翼的速度和有效迎角成正比，现在我们还需确定机翼转移空气的量。为此，我们可以采用一个方便可视的辅助手段，将机翼看作一个"虚拟勺子"，它可以拦截一定量的空气并将其转移到下洗流的角度。要注意的是，这并不意味着有一个真实的、物理上存在的勺子，具有明确的边界和均匀流。然而，这种可视化的辅助手段确实可以帮助我们清楚地了解，转移空气的量是如何受气流速度和空气密度影响的。事实上，"虚拟勺子"的概念确实有一个真实的物理依据，这将在本节的最后讨论。

对于典型飞机的机翼来说，可以近似认为，其机翼转向的空气量与机翼面积成正比。然而，从左机翼翼尖至右机翼翼尖所转向的空气量并不是一成不变的，而且越远离机翼的表面，转向的空气越少。机翼翼根①转向的空气量较大，翼尖转向的空气量较少。因此，我们可以引出"虚拟勺子"这一概念来说明这一点，如图 1-12 所示。

> 下洗流在垂直方向上的速度与飞机速度和有效迎角成正比。

如果我们在空中移动图 1-12 中的这样一个"虚拟勺子"，它将转移多少空气呢？当然，如果"虚拟勺子"在一定的速度下能使一定量的空气转移，那么当它的速度翻倍时，它转移的空气量也将翻倍。但是如果"虚拟勺子"被带到一个空气密度很低的高海拔地区，会怎么样呢？如果空气的密度减小一半，那么"虚拟勺子"在给定的速度下只能转移先前所转移空气质量的一半。因此，机翼拦截的空气量，与机翼面积、飞机速度和空气密度成正比。

---

① 靠近机身处。——译者注

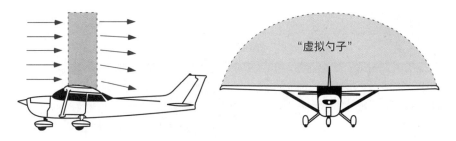

图 1-12 作为可视化辅助工具的"虚拟勺子"

　　对于飞行中迎角的正常变化，我们可以得出结论：机翼转向的空气量与机翼的迎角无关。转向的空气量也与受到迎角影响的机翼上的负载无关。

　　我们在这里粗略估算一下，看看一个机翼可以转向多少空气量。举个例子，一架塞斯纳 172 飞机重约 2300 磅①，它以 140 英里②/小时的速度飞行，并假设有效迎角为 5 度，我们可以得到在机翼上气流的垂直速度约为 11.5 英里 / 小时。如果我们假设被转移的空气的平均垂直速度是垂直速度的一半，那么根据牛顿第二定律计算转移的空气量约为每秒 5 吨。因此，为了产生升力，巡航中的塞斯纳 172 飞机每秒需要转移的空气量约为其自身重量的五倍。如上所述，我们不难想象，一架重 600 吨的空客 A380 飞机转移的空气量该有多么庞大。

　　既然我们知道了一架塞斯纳 172 飞机每秒大约转移 5 吨空气，那现在来了解一下"虚拟勺子"的大小。为了简便起见，我们把转向的空气团假设成密度均匀的矩形，长度与翼展相当，等于 36 英尺，取海平面空气密度为 2 磅 / 立方码(约 1 千克 / 立方米)，那么我们得到的空气团高度约为 18 英尺。这是一个很大的空气团。如图 1-12 中"虚拟勺子"所示，机翼根部的升力

① 1磅 =0.454千克。——译者注
② 1英里 =1.609千米。——译者注

"虚拟勺子"

为了便于理解，本书引入了"虚拟勺子"的概念。这种直观的方式，可以帮助我们了解机翼每秒转向的空气量与机翼速度和空气密度的关系。"虚拟勺子"的概念基于毕奥 - 萨伐尔（Biot and Savart）空气动力学定律。这个定律通过叠加（或者综合考虑）机翼表面各个部分对气流的影响，给出了机翼周围速度的变化。机翼对空气的影响随着距机翼上表面距离的增大而减小。由于机翼上的负载在翼根处最大，在翼尖处减小到接近于零，因此，机翼对气流的影响以及所转向的气流量也是在翼根处最大，在翼尖处减小到接近于零。这种由机翼转向的气流量的变化也可以在"虚拟勺子"的大体形状中看出来。

"虚拟勺子"作为可视化辅助工具的最大优势在于，它与牛顿第二定律一起为我们提供了迎角、诱导功率随飞机速度、载荷与飞行高度变化的正确函数关系。它同样可以使我们直观地了解许多复杂的原理，如功率曲线等。

最大，到翼尖越来越小[①]，因此，转向气流在翼根上方的距离要比我们估计的18 英尺还要远。

> 1989 年 4 月 12 日，英国航空的"协和式"飞机降落在澳大利亚的悉尼，其方向舵上面一半都没了。

当然，这些估计也并非完全准确，但是足以显示机翼转向的空气量之大。大量的空气被转向用以产生升力，这就是飞行相对高效的原因。如后文将要讨论的那样，如果我们能由几乎为零的垂直速度来转移近乎无限量的空气，那么将会获得最有效的升力。

之前提到过，机翼的上下表面之间的压力差是升力产生的来源。这容易给我们这样一个印象，即升力是一种局部效应，只涉及少量的气流。我们经常看到的机翼上空气流动的图片，只显示少量受影响的气流，在机翼上方

---

① 可以看出转向的空气切面是一个半圆柱形。——译者注

不远就是"未受干扰的空气"。然而，我们对机翼转向的空气流量的计算结果表明，这种观点是不正确的。升力的产生过程中，有大量的气流起作用。仅由机翼表面的压强，只能得出不完整的升力图像。

这种大量转向的气流导致了双翼飞机的上下两翼的升力会互相干扰。下翼转向的气流使上翼底部的气流压强降低，这就降低了上翼的升力与效率。因此，许多双翼机的上翼位置都要比下翼稍微靠前一些，或者至少将上翼翼根向前移动一些，以减少这种干扰。

八、升力小结

现在，我们已经知道，机翼的升力与空气转移的量成正比，与下洗流在垂直方向的速度成正比。机翼转向的空气量与机翼的速度和空气的密度成正比，下洗流在垂直方向的速度与机翼的迎角和速度成正比，见表1-1。通过这些知识，我们就能分析在飞行中如何调节升力这一问题了。

首先让我们看看如果飞机达到 $2g$ 的过载，使得机翼上的负载增加，这时会发生什么。在这种情况下，机翼的载荷增加了一倍。如果我们假定飞机的飞行速度和高度保持不变的话，那么就需要使下洗流的垂直速度加倍，来提供升力，从而补偿增加的载荷。这种情况，我们可以通过把迎角增加一倍来实现。

然后，我们再来分析，如果飞机水平直线飞行，飞行速度增加一倍，会发生什么。如果飞行员要保持迎角不变，那么转向的空气量和下洗流的垂直速度都会增加一倍，因此升力会增加4倍。由于飞机的重量没有改变，增加的升力会使飞机的飞行高度增加。因此，为了保持恒定的升力，必须减小迎角以降低气流的垂直速度。如果飞机的飞行速度增加了10%，那么"虚拟勺子"转向的空气量和下洗流都会增加10% 左右。因此，有效迎角必须降低到原来的约82.6%（ 1.1 × 1.1 × 0.826 ≈ 1），才能保证机翼的升力不变。

表 1-1　升力（被转移的空气质量乘以速度 v_v）与
飞机速度、迎角以及空气密度的关系

	飞机速度	迎角	空气密度
转向空气质量	正比		正比
下洗流垂直速度 v_v	正比	正比	

最后，我们来考虑飞行高度增加时的情况。飞行高度增加，空气的密度减小，因此，在相同的速度下，机翼转向的空气量就减小。为了保持升力不变，必须增大迎角来补偿转向空气量减少的这种情况。如果空气密度降低10%，则下洗流的垂直速度必须增加约11%才能补偿前述情况，而这可以通过增大有效迎角来实现。

德国空气动力学先驱奥托·李林达尔（Otto Lilienthal）在驾驶滑翔机时，由于滑翔机失速坠毁，不幸遇难。在临终时，他曾说过："牺牲是必需的。"

现在我们知道了，在载荷、飞行速度、飞行高度变化时，飞机该如何来调节升力。接下来，为了进一步了解飞行现象，我们需要了解功率和阻力的作用。下面我们先从了解功率开始。

九、功率

要了解飞行，首先要了解的最重要的概念之一就是功率。在一些航空航天的教材中，通常讨论的重点是阻碍飞机运动的力——阻力，而关于功率的讨论却很少。从飞机设计的角度来说，这样可能是合理的，但是对于一名试图了解如何操纵飞机的飞行员来说，却没有多少用处。

功率是做功的速率，用更简单的术语来说，功率也是消耗燃料的速率。涉及飞行的功率，还与人们对于发动机的需求以及飞行性能的限制有关。下面我们了解一下两种形式的需用功率。第一种为诱导功率（induced power），这是与升力的产生相关的功率。它等于飞机转移给气流以产生升力所需的能量的速率。因此，在飞行方面，见到"诱导"一词时，首先应想到升力。第二种功率为废阻功率（parasite power），它等于气流冲击飞机损失的功率。飞机的总需用功率就是诱导功率与废阻功率之和。

1. 诱导功率 P_i

　　首先来看飞行的诱导功率要求。如前所述，机翼通过加速空气来产生升力。在机翼飞过来之前，空气是静止不动的。机翼飞过后，气流才有了一个向下的速度，因为它被飞机赋予了动能。动能是与运动相关的能量。假如我们以速度 v 射出一枚质量为 m 的子弹，子弹被赋予的动能可以简单地表示为 $1/2\ mv^2$。由于诱导功率是飞机传递给气流的动能的速率，因此它和转向气流量与气流垂直速度平方的乘积成正比。（切记，在地面观察者的静止参考系中，下洗流的方向基本上是

> 第二次世界大战中，被美国飞机击落的敌机中有大概一半都是被 B-17 击落的，不过 B-17 并不是战斗机，而是轰炸机。

垂直向下的。）然而，由于机翼的升力与空气的转移量和下洗流的垂直速度之积成正比，因此我们可以对它们之间的函数关系做一个简化，即诱导功率与机翼升力及下洗流的垂直速度分量之积成正比。为了便于理解，可以写成公式形式，即

$$P_i \propto 转向气流量 \times v_v^2 \propto \alpha L \times v_v$$

　　式中，$\propto$ 表示正比关系，L 表示机翼上的升力。

　　下面，来分析诱导功率与飞机速度的函数关系。我们知道，如果飞机速度加倍的话，那么转向的空气量也会加倍。因此，必须调整迎角使气流的

垂直速度减半，才能保持升力恒定不变。而垂直速度减小一半会导致诱导功率也减小一半。通过这一点我们可以看出，载荷不变时，诱导功率与飞机的速度成反比。图 1-13 中的圆点虚线所示为诱导功率与飞机速度之间的函数关系曲线。这表明，飞机飞得越慢，维持升力所需的功率就越大。随着飞机在飞行中减速，必须增加更多的功率，因而必须增大迎角。最终，飞机在全功率飞行时，机头将在空中高高抬起。此时，随着飞机速度的降低，为了提供必要的升力，越来越少的空气需要越来越多的能量。

2. 废阻功率 P_p

废阻功率与飞机跟气流碰撞时损失的能量有关，它与碰撞时飞机转移到空气分子的平均能量及碰撞速度之积成正比。与前面提到的子弹的能量一样，飞机损失的能量与飞机平均速度的平方成正比。碰撞速度只是与飞机的速度成正比。飞机飞得越快，碰撞速度就越大。因此，我们会得到一个与飞机损失能量相关的速度的平方项，以及一个与碰撞速度相关的速度的一次项。因此，废阻功率与速度的立方成正比。这就意味着，如果飞机速度增加到 2 倍，则废阻功率就会增加到 8 倍！废阻功率关于速度的函数曲线如图 1-13 的第二条虚线所示。

废阻功率与飞机速度的立方成正比这一事实，对一架处于巡航速度状态下的飞机的性能具有非常重要的影响。这时，需用功率主要是废阻功率。为了使飞机的巡航速度增大 1 倍，必须将发动机的尺寸增大到接近 8 倍！因此，增大发动机尺寸时，可以改进飞机的爬升与转弯特性，但是对巡航速度性能的改进很有限。为了大幅度提高飞机的巡航

> 一个人在自由下落时能达到超声速吗？在 10000 英尺的高度，人将至少达到 750 英里 / 小时的飞行速度才能达到超声速。然而事实上，自由下落的人即便想要达到 500 英里 / 小时的速度也是很难的。

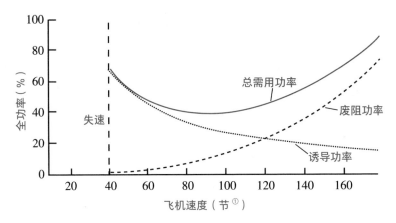

图 1-13　需用功率与飞机速度之间的关系

速度，必须降低废阻功率需求。为实现这一目的，可采用伸缩式的起落架、减小机身横截面面积和改进机翼设计等。

　　需用功率与燃油消耗率或者飞机的高度损失率有关。在巡航速度下，需用功率主要以废阻功率为主，废阻功率是巡航速度立方的函数。因此，燃油消耗率也是巡航速度立方的函数。但是，由于单位时间飞行的距离也在增加，所以燃油消耗量（单位燃油飞行的距离，例如英里每加仑）是速度的平方的函数。因此，发动机做的功与飞机速度立方成正比，其燃油效率与飞机速度的平方成反比。这就是为什么在高速公路上的汽车，看起来似乎有很大的功率，但是极限速度却很低的原因。在高速公路上适当减慢汽车速度，会大大提高汽车的效率。

3. 功率曲线

　　如前所述，总需用功率是诱导功率和废阻功率之和。图 1-13 中的实线

①　1 节 =1.852 千米 / 小时。——译者注

表示的是总需用功率与飞机速度之间的函数关系。在低速飞行时，飞机的总需用功率主要表现为诱导功率，是飞机速度的反比例函数。而在巡航速度下，飞机的总需用功率主要表现为废阻功率，是飞机速度立方的函数。总需用功率与飞机速度的关系曲线，称为功率曲线。低速飞行时，总需用功率随着速度的降低而增加，这一段就是飞行员所说的功率曲线的背面，或者在飞行员训练中被称为慢速飞行阶段。

大家可能会好奇高度的上升是如何影响功率曲线的。图 1-14 所示为 3000 英尺和 12000 英尺高度处的功率曲线。随着高度的增加，空气密度逐渐下降。因此，被机翼转向的空气量减少，此时为了保持升力不变，就必须增大迎角。由于诱导功率与下洗流的垂直速度 v_v 成正比，而下洗流的垂直速度又必须随着高度的增加而增加（以保持固定的飞行速度），所以诱导功率也必须随着高度的增加而增加。从 3000 英尺的高度到 12000 英尺的高度，空气密度减小了大约 30%，因此，下洗流的垂直速度和诱导功率需要增加约 40%（$1/0.7 \approx 1.4$）。飞机在功率曲线的背面数值范围内飞行时，如果飞行的高度更高，那么飞行需要更多的功率和更大的迎角。这里需要注意的是，由于临界迎角不随空气密度而变化，因此飞机在 12000 英尺处，失速速度也相应地增加了 40%。也就是说，飞机会在一个更高的速度下失速。

1924 年 4 月 6 日至 9 月 28 日，人类进行了世界上第一次环球飞行，起点和终点都是西雅图市（Seattle）。

对于废阻功率来说，这种由高度带来的影响是相反的。空气密度降低意味着飞机与空气分子碰撞的次数减少，因此废阻功率下降。所以，从 3000 英尺的高度到 12000 英尺的高度，空气密度下降 30%，废阻功率也就减小了 30%。一架飞机在以巡航速度飞行时，其废阻功率往往处于支配地位，这样你便会发现飞行高度越高，飞行越经济。

通常情况下，飞机在一个较高的高度飞行并不意味着飞行速度更高。因为高度越高，非涡轮增压发动机的功率越低，这类似于高度越高，大气密

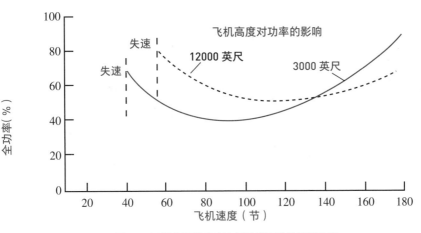

图 1-14 飞机在两种高度飞行时所需的总需用功率

度越低。也就是说,如果某高度大气密度是海平面处空气密度的65%,那么该处飞机发动机的最大功率也约为在海平面处时性能的65%。这是很容易理解的,因为空气密度的降低使得氧气的含量减少,从而使燃油能够燃烧的量减少。

> 1900年之前,塞缪尔·兰利(Samuel Langley)通过实验发现兰利定律。该定律表明飞行速度增加时,飞机的需用功率下降。然而,据资料显示,兰利的实验都是在功率曲线的背面进行的。

4. 载荷对诱导功率的影响

现在我们来看飞机载荷对诱导功率的影响,也就是产生所需升力的功率需求。首先需要记住的是,诱导功率与机翼升力和下洗流的垂直速度之积成正比。现在如果把载荷加倍,同时保持飞机的速度不变,则必须要加倍下洗流的垂直速度来提供必要的升力(因为转移空气的速率是没有改变的)。载荷和下洗流的垂直速度都增加1倍,诱导功率就会增加4倍。所以,在飞机速度保持不变的情况下,诱导功率相对载荷的平方成正比变化。这就很容易理解为什么飞机自身的重量和载荷的重量是如此重要。图1-15所示为一架大型喷气式

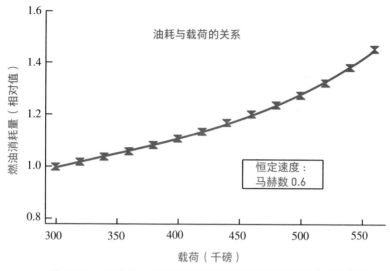

图 1-15　一架大型喷气式飞机在恒定速度下的油耗随重量变化的曲线

飞机的相对燃油消耗量和载荷重量的关系。这些测量是在恒定的速度下进行的。从数据中可以估计，在总重量为 500000 磅、速度为马赫数 0.6（声速的 60%）时，约 40% 的功率消耗是诱导功率，60% 的功率消耗是废阻功率。事实上，这种飞机一般以马赫数 0.8 左右的速度巡航，在该速度下诱导功率会更低，废阻功率会更高。遗憾的是，在实际情况下，由于功率消耗的详细情况非常复杂，人们很难以从现有的数据中分离出废阻功率与诱导功率。

十、阻力

到目前为止，我们已经详细讨论了功率问题，下面，我们讨论一下阻力的问题，阻力知识同样也是飞行员必备知识的一部分。阻力是阻碍飞机运动的一种力量。显然，其他条件不变的情况下，低阻力飞机比高阻力飞机飞得快。要达到相同的速度，低阻力飞机需要的功率也更少。那么，功率、阻

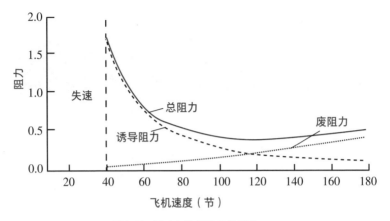

图 1-16　阻力与飞机速度的关系

力与飞机速度之间的关系是怎样的呢？

　　功率是做功的速率，也可以看成是燃油消耗的速率。用物理术语来说，功率等于力乘以速度。阻力是一种力，简单来说，它就等于功率除以速度。前面我们已经讨论了诱导功率和废阻功率与飞机速度的关系。根据功率和速度的关系，我们可以推导出阻力和速度的关系。由于诱导功率与速度成反比，所以诱导阻力与速度的平方成反比。而由于废阻功率与速度的立方成正比，那么废阻力就与速度的平方成正比。图 1-16 所示的是诱导阻力、废阻力和总阻力与飞机速度的关系。表 1-2 总结了两种功率和阻力与飞机速度的关系。

　　在前面的介绍中，我们知道诱导功率相对载荷的平方成正比变化。由于阻力只是等于功率除以速度，所以诱导阻力也相对载荷的平方。一般来说，任何关于功率的解释都可以很容易地转换为对于阻力的解释。[①]

　　我们曾经说过，阻力知识是飞行员必备知识的一部分。这是毋庸置疑的。但是在大多数情况下，提到阻力时，真正指的却是功率的概念。以一名

————————

① 　需要做的只是简单地把功率除以速度而已。——译者注

表 1-2　两种功率和阻力与飞机速度的关系

参数	诱导功率	诱导阻力	废阻功率	废阻力
与速度的关系	与速度成反比	与速度的平方成反比	与速度的立方成正比	与速度的平方成正比

飞行员驾驶一架带有可伸缩起落架的小型飞机为例，如果飞机采用全功率水平直线飞行，并不收回起落架，那么飞机在加速到一定速度之后就再也无法加速了。此时飞行员可能会说，飞机的速度受到了阻力的限制。

我们可以想象一下，飞机有两个感应装置，一个测量总阻力，另一个测量总需用功率。然后，记录下飞机在最高飞行速度时这两个装置的测量值。飞行员如果在全功率状态放下起落架与襟翼，会使飞机所需的功率与受到的阻力都增大很多，当然也会减慢飞机的速度。这时我们会发现，飞机的速度会减少到与之前的总需用功率相匹配，但是现在的总阻力却比之前同等速度下的总阻力大大增加。而为了使总阻力下降到以前的值，飞行员必须降低功率。所以飞机的最大飞行速度不是由总阻力决定的，而是由总需用功率决定的。因而，当飞行员说阻力影响了飞行速度时，他们往往指的是功率。

对于飞行员来说，功率的概念比阻力更容易理解。功率只与发动机有关，而阻力涉及飞机速度，飞行员了解阻力的目的是了解需用功率的大小，以便克服阻力。一定阻力下，一倍速度的功率仅仅是两倍速度下功率的1/2。最后需要注意的是，来自发动机的可用功率才是最重要的。

十一、机翼的升力效率

我们已经知道，载荷不变时，诱导功率与飞机的速度成反比例变化，而飞机速度不变时，诱导功率与载荷的平方成正比例变化。但有人可能会问，机翼的设计会如何影响到诱导功率的大小呢？换句话说，机翼的升力效率是怎样的呢？

升力效率与产生一定升力所需的诱导功率的大小有关。产生同样的升力，所需要的诱导功率越低，升力效率越高。提高升力效率最有效的办法是增加机翼转向的空气量。如果有更多的空气被转向的话，产生相同的升力，所要求的下洗流的垂直速度就更小，从而诱导功率也就越小。而增大转向的空气量可以通过增加机翼的面积来完成。人们可以通过增大翼展或者增大弦长来增加机翼的面积，但这也改变了机翼的展弦比。

对于一个简单的矩形机翼，展弦比就是翼展（两个翼尖之间的距离）除以弦长（机翼前缘到后缘的距离）。一般来说，展弦比等于翼展除以平均弦长，或者更准确地说，展弦比等于翼展的平方除以机翼面积。

如果两个机翼的面积相同，那么翼展长的效率更高。这是因为随着弦长增大，机翼转向空气的效率变差。一般来说，滑翔机在飞行时诱导功率起主要作用，因此，高性能的滑翔机的机翼具有很高的展弦比。图 1-17 所示的是一架滑翔比为 60∶1 的滑翔机。这意味着，在静止的空气中，滑翔机每下降一英尺，重力势能转化的功率足以支撑滑翔机水平前飞 60 英尺。值得注意的是，那些无法着陆需要长距离飞行的海鸟，也拥有高展弦比的翅膀，以获得最佳升力效率。而一些猛禽则拥有低展弦比的翅膀，因为它们需要在机动飞行时获得足够的力量。

> 莱特兄弟在北卡罗来纳州基蒂霍克（Kitty Hawk, North Carolina）进行的第一次飞行，在波音 747-400 飞机的 150 英尺长的经济舱内就足以进行了。

分析机翼的总效率时，也必须考虑废阻功率。机翼的废阻功率与其表面积成正比。因此，在废阻功率起主要作用的巡航速度下，为了减少诱导功率而增加机翼面积的这一办法，是有很大限制的。增加机翼面积，尤其是增加翼展时，还会产生其他问题。首先，增加机翼面积会导致机翼变重，从而会增大飞机的重量。其次，较长翼展的机翼比较短翼展的机翼结构强度差。

图 1-17　高性能的滑翔机 [照片由德国斯图加特的莫托尔布赫 · 费尔拉格出版社（Motorbuch Verlag, Stuttgart, Germany）提供，来自《穿越国家的航行》（*Cross-Country Soaring*）一书]

　　大多数高速飞机的机翼都比较短。而 U-2 侦察机是一个例外，它能在 55000 英尺以上的高度以 460 英里 / 小时的速度飞行。U-2 侦察机（见图 2-4）飞行高度极高，而该高度的空气密度很低，要使其在巡航速度下让诱导功率起主要作用，它就必须拥有很长的机翼。

　　由于直升机的旋翼尺寸相对于其重量来说比较小，所以它们必须将相对较少的气流加速到一个很高的速度（高动能）来产生所需的升力。这样的效率是比较低的。这也可以解释，为什么固定翼飞机不能依靠螺旋桨垂直起飞。虽然发动机可以产生足够的功率使机翼产生升力让飞机升起，但是螺旋桨在高速旋转时加速的气流太少，无法单独产生让飞机起飞所必需的升力。图 1-18 所示的贝尔 - 波音 V-22 "鱼鹰"（Bell-Boeing V-22 Osprey）倾转旋

图 1-18 V-22 "鱼鹰" 倾转旋翼飞机（照片由美国空军提供）

翼飞机是能够使用螺旋桨垂直起飞的飞机。在图中，飞机正在从垂直起飞转变为向前飞行。该飞机特殊的螺旋桨会转移大量的空气，使发动机产生足够的推力，从而使飞机垂直离开地面，然后再水平向前飞行。

十二、翼涡

　　机翼后面的下洗流有时也被称为下洗涡面。这个下洗涡面发生卷曲，会产生翼涡。靠近翼尖处，翼涡会卷曲得非常厉害，从而形成翼尖涡。翼尖涡的能量仅占翼涡总能量的一小部分。但是由于卷曲得太厉害，翼尖涡就像一场小龙卷风一样，其核心压力非常低。低压通常伴随着低温，因此在一定

产生升力所需的功率

我们知道，在传统的二维空气动力学中，机翼不需要做功来产生升力，而且机翼后面也没有净下洗流。通过二维翼型的理论和计算可以说明这一点。这些二维翼型实际上是翼展无限长的机翼。这是因为，一个二维的，或者说无限长翼展的机翼比有限长翼展的机翼更容易计算。因为转向的空气量随着机翼面积的增加而提高，机翼的升力效率随着翼展的增加而增加。因此，一个无限展长的机翼可以用接近于零的速度来转向无限量的气流，从而产生升力，所以它的效率是无限大的。而此时，下洗流的净垂直速度几乎为零。因此，无限展长的机翼不需要动力来产生升力。当然，这不是真正的三维机翼的情况。

有人认为，机翼在产生升力的时候没有做功。因为功等于力乘以距离。该观点认为，由于水平直飞不会改变机翼的高度，所以不需要做功去抵抗向下的重力。但是，如果你在一个平坦的地板上推动一个很重的箱子的话，必须要做功来抵抗摩擦力。诱导阻力是产生升力过程中伴随的水平方向的力，它就像例子中的摩擦力一样，与运动的方向相反[①]。因此，产生升力时机翼所做的功等于诱导阻力乘以机翼前进的距离。

条件下，空气中的水分子会凝结，使得翼尖涡清晰可见。

最终，整个翼涡都会在每一侧卷曲成一个单一的尾涡。由于尾涡的强度与升力有关，所以重型飞机产生的尾涡比轻型飞机产生的强度更高。当一架大型飞机准备降落时，必须要与后面的飞机留下足够的分离区，以便尾涡下沉和消散。否则，后面的飞机可能会被前面的飞机的尾涡掀翻。如前所述，翼涡之所以会下沉，是因为在地面静止参考系中，下洗流几乎都是垂直向下运动的。

为了了解翼涡为什么会卷曲，首先我们要分析一下机翼的升力分布情

① 可以看作是另一种形式的摩擦力。——译者注

图 1-19　一架 F-14A 喷气式战斗机机翼上的载荷分布情况
［ 照片由美国国家航空航天局（NASA）提供 ］

况。在前面有关"虚拟勺子"的讨论中，图 1-12 展示了机翼转移的空气量在翼根附近是最大的，而在翼尖处则减小到零。沿着机翼的任何一点处的"虚拟勺子"的高度代表该点处的载荷与被转移的动量。图 1-19 所示为在高机动情况下战斗机机翼顶部的冷凝情况，该图清楚地展示了机翼上的载荷分布情况。就像在翼尖涡中一样，机翼上方压力的降低也会伴随空气温度的降低，从而导致雾气凝结。这种凝结的雾气显示了沿着机翼的载荷的变化。我们可以看到，在机翼根部的载荷是最大的，并且在翼尖处减小到零。本图中，由于机身体形较大，因此在机身中心线附近雾气的凝结逐渐减少。

> 最早的机上乘务员都要求取得注册护士资格。

　　前面我们曾讨论过气流在机翼上方转向的情况。我们知道，快速流动

图 1-20　襟翼旋涡 [照片由简 - 奥洛夫 · 纽伯格（Jan-Olov Newborg）拍摄]

的气流总是弯向慢速运动的气流。在下洗涡面也存在同样的情况。由于下洗流的速度在翼根处最高，随着靠近翼尖而降低。结果是，机翼通过后，下洗流向翼尖弯曲。最后，如前所述，整个下洗涡面会卷曲成两个反向的旋涡，在机身两侧各有一个。在图 1-7 喷气式飞机穿越云雾中可以清楚地看到翼涡的细节，机身后的下洗涡面形成的低压中心具有光滑的侧边，一直延展到翼涡的紧密涡流中。

　　翼涡卷曲的程度与沿着机翼移动时的下洗速度（升力）的变化率有关。翼尖通常是机翼上升力变化最大的地方，因此应该会产生最明显的旋涡。但是情况并非总是如此。图 1-20 显示了一架正在着陆的飞机所产生的襟翼旋涡。在这个例子中，升力在机翼襟翼的外缘处变化最大。

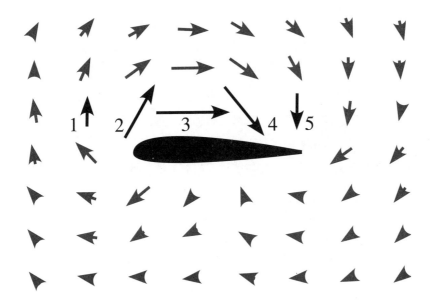

图 1-21　观察员在地面上看到的机翼周围的气流

十三、环流

在空气静止、机翼运动的静止参考系上，空气围绕机翼旋转产生环流。一些人错误地将环流当成一种加速机翼顶部空气的"驱动"机制，导致压强降低，产生升力。现在让我们回顾一下山顶上观察者的例子。在静止参考系下，他可以拍摄到机翼周围的空气流动方向，拍下来的照片看起来会像图1-21。在研究这幅图时，切记它是一个移动着的机翼的快照，而箭头代表了某个时刻气流的速度。空气不是在机翼周围移动，而是以圆形的轨迹移动。标有 1 的箭头将变成标有 2 的箭头，以此类推。如果将相对风（从机翼上看到的）的速度和方向标在图中的每个箭头上的话，就会产生我们熟悉的上洗流和下洗流的流线。

那么为什么会这样呢？首先，必须记住，我们讨论的空气被认为是不可压缩的流体。这意味着它的体积不能被改变，而且无法形成真空。现在，由于压强减小，导致气流在机翼顶部加速。这样，将气流从机翼前方吸进来，然后从机翼后方向下、向后排出。被抽走的空气，会由周围的空气来补偿，于是为了填充空缺，空气将在机翼周围循环。这类似于水中独木舟的桨周围水的环流，只不过机翼周围的环流不再是产生升力的驱动力，而是类似于桨叶在水流中产生的环流。如果能够确定机翼周围的环流量，就可以计算机翼的升力。升力和环流是互相关联的。

机翼周围产生环流的最明显的结果是，气流从下方开始接近机翼。这就是上洗流产生的原因。当一架飞机以马赫数 1 或者更快的速度飞行时，气流的信息将不能向前传递，因此机

> 北美航空的 P-51 "野马"（Mustang）原型机的设计与制造仅用了 102 天。

翼处没有上洗流。然而，对于一般小型飞机，其飞行速度较低，上洗流是相当明显的。如果扩大图 1-21 的话，我们可以看到更多的气流，而且会发现在机翼后方很远处，气流几乎是直线向下运动的，同时机翼对于其上方气流的影响可以延伸至很远。

在环流的模拟中，需要注意的是，机翼下方的空气运动变化几乎可以忽略。绝大多数的空气运动变化发生于机翼上方。这就是为什么军用飞机底部可以杂乱地塞满弹药和燃油箱的原因，图 1-22 所示的 F-16 战斗机就是如此。这些外挂物只会引起废阻功率增加，但对机翼升力效率影响不大。然而，在机翼上部情况就不同了。机翼上方的障碍物会干扰升力。这种对升力的干扰解释了为什么支柱常安装在机翼的下方，而安装在机翼上方的却很少见。

十四、地面效应

地面效应的概念是飞行员所熟知的。当飞机与地面的距离在一个机翼

图 1-22　军械装备悬挂在 F-16 战斗机机翼的底部（照片由美国空军提供）

的长度之内时，地面效应会使机翼升力效率提高。随着离地面距离的缩短，地面效应也随之加强。一架低翼飞机在降落触地之前，其诱导阻力会减少达50%。人们常常可以看到大型鸟类在水面上飞行，它们利用的就是地面效应致使阻力减小的效果。飞行员驾驶飞机从厚草地或者软跑道上起飞时，也会利用地面效应。飞行员能够使飞机以较低的速度在软地面上起飞，并维持到离开地面效应影响范围。这样减少了机轮阻力，并允许飞机在飞出地面效应距离之前增加到更高的速度。

那么为什么地面效应会使阻力减小呢？有两个原因。首先，地面影响了机翼周围的流场，在给定的迎角下，增大了升力。同时，也减少了下洗流。我们可以推测，额外增加的升力来源于机翼和地面之间的压力增加。其次，既然在特定迎角下，升力会增加，那么保持升力不变的话，就可以减小迎角，从而导致下洗流和诱导阻力的减小。

地面效应的引入，使得人们对高空飞行问题的讨论产生了根本性的变化。不考虑地面时，升力、阻力和下洗流之间的关系是明确的。在高空，由于地面十分遥远，以至于不存在地面效应。然而，在靠近地面的地方，机翼、气流和地面之间会相互影响。靠近地面时，这种相互作用由于机翼下方压力的增加能有助于产生升力，并减少下洗流。地面效应的细节非常复杂。大多数航空航

> "流动时间相等"原则不适用于具有升力的机翼。

天类书籍都只用一两个段落来介绍地面效应，但是不会进行深入分析。事实上，地面效应的变化多种多样，很难通过单一的气流变化或者是公式中的某一变量来描述。目前还没有简单的方法来描述气流是如何调整来满足条件的变化的。

十五、船帆上的"升力"

有时人们会问，船帆上的"升力"在物理学原理上是否与机翼上的升力不同。当然，顺风航行的帆船是被风推动的，因此物理学上是明显不同的。但是，与风向成一定角度（如 45 度角）航行的帆船，其遵循的物理学原理

昆虫的飞行

在传统的空气动力学理论中，是无法解释昆虫的飞行的。但是我们可以用熟悉的环流理论来合理解释昆虫的飞行。环流理论是为了研制大型飞机开发的模型，并不很适用于小型昆虫。但是，昆虫也遵循与飞机相同的物理定律，它们也是通过将空气向下转向而产生升力。有机会你可以观察一下给花朵授粉的黄蜂，就会看到，当它飞过植物上的一片叶子时，叶子被推下，就像它已经降落在上面一样。这显然与飞机产生升力的方式相同。

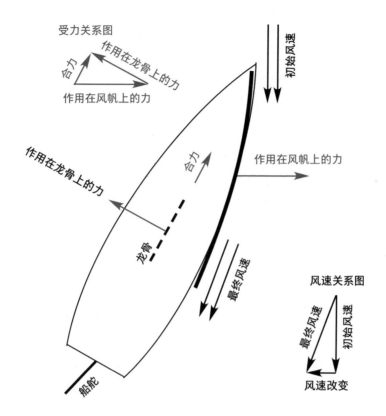

受力关系图

合力

作用在龙骨上的力

作用在风帆上的力

初始风速

作用在龙骨上的力

合力

作用在风帆上的力

龙骨

最终风速

风速关系图

最终风速

初始风速

风速改变

船舵

图 1-23　船帆上的力与风速

与机翼是相同的。

参照图 1-23 中船帆的形状和图 I-2 中柯蒂斯飞机的机翼你会发现，它们在形状和功能上基本是相同的。气流流动的方向发生变化，产生了与原始风的方向垂直的力。如即将讨论的那样，初始风向是相对的，需要把帆船的运动方向和气流运动方向叠加。如图 1-23 右下角的风速图所示，气流被船帆弯曲，产生垂直于气流初始方向的速度变化。这在船帆的反方向上产生了一个力。在这种情况下，大部分力是垂直于船的行进方向的。

接下来，就是龙骨发挥作用的时候了。龙骨可以看作在水中飞行的一个机翼。它的迎角由船舵控制，就像飞机的升降舵控制机翼的迎角一样。龙骨船帆小很多，迎角也小，但其产生的力是足够大的，因为龙骨是在比空气密度高近 1000 倍的流体中"飞行"。作用在龙骨上的力垂直于帆船在水中运动的方向，龙骨上的力与风帆上的力的合力沿着船的运动方向，如图 1-23 左上角的受力关系图所示。

就像柯蒂斯飞机的机翼一样，升力的一部分是由风帆凹面转向的空气产生的。然而，与机翼一样，大部分的升力是由风帆凸面降低压力转向并加速气流而产生的。

十六、小结

关于飞行现象，艺术家、发明家莱昂纳多·达·芬奇（Leonardo da Vinci），共写了 35000 字的著作，并画了 500 篇草图。

关于升力，我们要记住的关键内容是，升力是气流向下转向而产生的反作用力。从物理学角度解释就是，气流转向是由于机翼顶部产生升力的压强降低而造成的。机翼的升力与转移的空气量和下洗流的垂直速度之积成正比。对于特定的机翼，转向的空气量与机翼速度和空气密度成正比。下洗流的垂直速度与机翼迎角和机翼速度成正比。诱导功率与翼载和下洗流的垂直速度之积成正比，并与飞机的速度成反比。废阻功率与空气密度成正比，并与速度的立方成正比。有了这些基本概念，就可以很容易地理解飞行现象。

在这一章的讨论中，我们淡化了机翼形状的重要性。但是对于那些一直在飞机相关行业工作的人来说，机翼的结构是非常复杂的，涉及了许多工程问题。在第 2 章中，我们将详细讨论机翼。

　　有必要讨论一下相对风速和风向对运动的影响。举个例子，如图 1-24 所示，一艘船在风向 45 度、风速 10 千米 / 小时的水面上，以 12 千米 / 小时的速度行驶。船上看到的风速大约是 20 千米 / 小时。此外，船上看到风与船的夹角只有 18 度，而不是 45 度。正如我们将在后面看到的那样，理解移动物体所看到的风向和速度的这种变化，对于理解自旋（无功率的直升机的受控下降）和风力发电机是非常关键的。

图 1-24　船上看到的相对风的速度和方向

在前言中，我们已经了解到机翼的形状并不是影响升力大小的决定性因素。在第 1 章中，我们介绍了飞行的物理学原理。本章将利用飞行的相关概念来帮助读者理解机翼的设计。在机翼的设计中要考虑到很多因素，应该选择后掠式机翼还是梯形机翼？选取哪种翼型？采用什么增升装置来改善飞机的起飞和着陆性能？这些都是设计机翼时必须要解决的问题。

除了空气动力学问题之外，机翼设计师还必须权衡一些其他因素，例如结构、重量和成本等。有些空气动力学原则在面对工程造价、结构重量和可维护性这些现实问题时，也会变得不适用。在做权衡时，个人的经验比正式的培训更加有用。希望通过阅读本章，可以让你对必须要做的决定有个考量。

一、翼型选取

设计机翼之前，必须先选择机翼的翼剖面，也就是翼型。翼型是从横截面上截取的机翼薄片，可参考附录 A。在第 1 章中，我们曾强调升力主要是迎角的函数，与机翼形状的关系不大，那么是不是所有翼型都可以拿来使用呢？下面，我们来讨论一些所使用的具体的机翼设计特性，以及它们对飞机性能的影响。在翼型选取时必须要考虑的性能指标有：巡航迎角下的升力、阻力、失速特性、层流、燃油空间和内部结构等。

1. 机翼安装角

当机身与相对风气流方向处于同一直线时，机身所受到的阻力最小。机翼总是以一个固定的安装角或是有效迎角安装在机身上，使得机身在和气流方向平行时，机翼处于正迎角状态。翼弦和机身纵轴之间的夹角被定义为机翼安装角（incident angle）。在民用航空领域，机翼安装角通常只有几度。

路易斯 - 弗朗索瓦 · 卡蒂埃为了让飞行员阿尔贝托 · 桑托斯 · 杜蒙能够在飞行途中的恶劣环境下更方便地掌握时间，设计出了手表。随后，手表开始流行起来。

大型喷气式飞机的最佳速度往往是通过机翼来确定的，因此，最佳速度是固定的。机翼安装角的设计需要综合考虑速度、载荷以及高度的共同影响，但遗憾的是，这是很难做到的[1]，所以大型喷气式飞机通常会与相对风方向存在一些小的偏差。在理想情况下，大型喷气式飞机可以在飞行过程中随时调整机翼安装角，但考虑到实际的飞机重量和成本，这种想法是不现实的。

2. 机翼厚度

机翼厚度是另外一个设计指标。即便是在零迎角状态下，厚机翼也会产生较大的尾流，从而产生较大的废阻力。厚机翼周围的气流容易分离，从而产生形状阻力（form drag），这也是废阻力的一种。

不过，厚机翼也有它的结构优势，可以方便人们将机翼部件[2]设计在机翼内部。早期飞机采用的薄机翼需要在外部进行支撑，从而产生了非常大的废阻力。在第一次世界大战结束之前，人们还没有了解飞机的空气动力学阻力，当时的飞机设计师把重点放在了机翼上，采用了大量的张线和支柱来增加机翼强度。在当时，设计师广泛地采用双翼机，因为其两个机翼可以形成一个效果不错的箱式结构。在机翼设计上，空气动力学家和结构工程师之间始终存在着分歧，前者希望采用薄机翼，而后者则希望机翼内部看起来像一个漂亮的大盒子。

---

[1] 指很难确定合适的机翼安装角去满足所有的设计需求。——译者注
[2] 即我们通常说的弹药舱、燃油箱、起落架舱等。——译者注

分离点

分离点

图 2-1　两种翼型的气流分离

3. 机翼前缘和弯度

　　机翼弯度（the camber of a wing，详见附录 A 图 A-4）是一个衡量机翼上下表面之间不对称性的指标，正弯度的机翼就意味着机翼上表面相对于下表面是突起的。机翼弯度和前缘形状往往是关联的，并且影响着飞机何时以及如何失速。一般来说，弯度越大[1]，失速前取得的升力也越大，因此机翼的载荷也就越大。图 1-10 中对此有所说明。

　　机翼前缘的曲率半径也会影响到飞机进入失速状态的缓急度。尖前缘[2]的机翼会突然地进入失速，而钝前缘[3]的进入失速状态就不会很突然。分离点是指气流开始与机翼分离的位置，随着迎角的增加，分离点会逐渐地由机翼后缘往前移动，同时，失速的趋势也会越来越严重。图 2-1 显示了钝前缘

---

[1]　中弧线上最高点的 Y 轴坐标 f 的相对值越大，也就是机翼的弯度越大。——译者注

[2]　前缘内切圆半径较小。——译者注

[3]　同理，即前缘内切圆半径较大。——译者注

图 2-2　采用薄而尖锐的机翼的 F-104 "星" 战斗机（图片来自美国国家航空航天局）

翼型和尖前缘翼型正在进入失速状态的发展过程，我们可以看出，尖前缘机翼直接进入完全失速状态。从图 1-10 中也可以分析机翼的失速过程，图中给出了带有弯度的翼型和较薄的翼型的升力与有效迎角的关系。很明显，尖锐的翼型在最大升力状态进入失速状态时的迎角变化非常小。

历史上第一次空袭发生在利比亚，意大利飞行员朱利奥·加沃蒂中尉在土耳其阵地上丢下了 4 枚 4.4 磅的手榴弹。

低速飞机和教练机一般具有非常圆的前缘，而高速喷气式战斗机的前缘就非常尖锐。飞行员们从低速教练机向高速战斗机转型时面临的最困难的问题就是要适应越来越突然的失速。很多新的战斗机飞行员在失速之前没有收到警告，这让他们非常惊讶。F-104 "星" 战斗机是使用尖锐前缘机翼的典型，如图 2-2 所示。机翼前缘太过尖锐，以至于有传言说一名机械师

图 2-3　采用厚的圆形前缘机翼的短距起降飞机（图片来自捷克航空公司）

的手在不经意间触摸机翼前缘时被切掉了。

短距起降（STOL）飞机的机翼前缘一般又厚又圆，这会降低飞机的最高巡航速度，不过最高巡航速度一般不是短距起降飞机的首要性能指标。图2-3所示为典型短距起降飞机的机翼，比典型通用飞机的机翼厚了很多，并且具有非常圆的前缘。

大多数商用客机在飞行时，当速度接近声速时，其机翼的上表面会出现部分超声速气流。为了减小由这些跨声速或超声速气流引起的阻力，机翼的上表面一般非常平坦，而下表面则比较弯曲，图 I-4 中的惠特科姆超临界翼型 [美国国家航空航天局／兰利委员会 SC(2)-0714] 正是这种情况，在本书第 5 章中我们会对这些问题进行详细的讨论。可以看出，选择什么样的翼型取决于该飞机所承担的任务。

二、机翼平面形状

除了选择合适的翼型，设计师们还需要选择合适的机翼平面形状，也就是从机翼上方观察的外部轮廓。机翼应该多大？需要大展弦比还是小展弦比？机翼应该是后掠式的还是梯形的呢？在这一节中，我们将研究如何选择机翼的基本平面形状。

1. 翼载荷

我们首先要确定的机翼设计参数是翼载荷，它是飞机重量与机翼面积的比值，单位是磅/英尺^2，或是千克/米^{2①}。很多基本的飞机性能参数都表示为翼载荷的函数，包括巡航性能、起降距离、需用功率等，这些将在第 6 章中详细地讨论。各种飞机的典型翼载荷见表 2-1。值得注意的是，轻型教练机的翼载荷非常小，而商用运输机和军用飞机的翼载荷比轻型教练机高了 10 倍。

表 2-1　典型翼载荷

机型	翼载荷	
	磅/英尺^2	千克/米^2
滑翔机	6	30
通用飞机（单发）	17	85
通用飞机（双发）	26	130
喷气式战斗机	70	350
喷气式运输机	120	600

选取翼载荷参数时要权衡很多因素。翼载荷越大，失速速度就高，这

---

① 原文单位（牛/米^2）有误，已做修订。——译者注

也是教练机的翼载荷较小的原因。然而，翼载荷太小也会限制飞机的最大巡航速度，所以高速飞机需要选定较大的翼载荷。此外，翼载荷大的飞机不容易受到晴空湍流的影响。由于惯性较大，翼载荷大的飞机在遇到湍流时会更加稳定。本书第 6 章中会对这些问题做更深入的讨论。

2. 展弦比

　　机翼的展弦比是指机翼翼展（翼尖到翼尖的距离）和平均几何弦长之比。第 1 章中已经讨论了大展弦比机翼（细长型机翼）在低速飞机上的优势，由于机翼的弦长越长，机翼产生升力的效率越低，所以大展弦比机翼效率更高。一般来说，大展弦比机翼诱导阻力较小，但废阻力较大。相对于小展弦比飞机，大展弦比飞机需要的发动机功率小，起降距离短。但是，很多低速飞机采用了小展弦比机翼，比如一些特技飞机。一些情况下，设计师会选择小展弦比飞机配合上大功率发动机来增加飞机的最大速度。

> 来自塔斯基吉的非裔美籍飞行中队队员们难以说服上司相信他们已经具备参战资格。后来他们如愿以偿被送往欧洲后，以一架未失的结果成功护航一批轰炸机，以此证明了他们自己。

　　结构性因素也会影响到人们对展弦比的选择。在相同载荷下，细而长的机翼需要更多的材料，并且弯曲得更厉害。由于诱导功率与载荷的平方成正比，所以小展弦比机翼可以通过减少足够的结构重量来解决升力效率降低的问题。重量是飞机设计中最为重要的标准，所以设计机翼时也必须考虑重量问题。更轻的机翼意味着更轻的飞机，设计师能够使用的机翼面积也越小，从而使机翼重量进一步减小，这也就形成了机翼设计中的级联正效应。

　　选择小展弦比机翼的另一个原因是它具有优越的操纵性，尽管小展弦比机翼效率低下，但是它的滚转速度是大展弦比机翼无法达到的。在特技飞行中，滚转速率高就意味着竞争优势大。这对于战斗机同样适用。在近距格

图 2-4　具有大展弦比的 U-2 侦察机（图片来自美国空军）

斗中，飞行员都希望自己的飞机的操纵性与机动性更优于对手。

相反地，高空飞行的飞机其机翼具有非常大的展弦比，如图 2-4 所示的 U-2 侦察机。在高海拔地区，机翼可以转移的气流量非常稀少，所以飞机必须保持大迎角飞行。第 1 章中已经指出，大迎角意味着较大的诱导功率。而大展弦比机翼可以有效地减小诱导功率，因此这是高海拔地区飞机的最佳选择。值得注意的例外情况是图 2-5 中所示的 SR-71B"黑鸟"教练机，这种飞机还有一些与其他高空飞机不太一样的性能标准，具体情况将会在第 5 章进一步讨论。

3. 后掠角

大多数现代飞机采用后掠翼布局。图 2-6 中的 X-5 验证机是一架变后掠翼飞机，它可以在飞行途中通过大型螺旋千斤顶结构进行后掠角调整，其

图 2-5　SR-71B"黑鸟"教练机（图片来自美国国家航空航天局）

图 2-6　变后掠翼 X-5 验证机（图片来自美国国家航空航天局）

后掠角可调 20 度、40 度和 60 度。这个型号的飞机在 20 世纪 50 年代初只生产了两架试验机。

> 波音 777 的水平安定面面积与波音 737 的机翼面积大致相等。

使用后掠翼的主要目的是在高巡航速度下减小阻力。在 20 世纪 30 年代末，德国科学家发现在高速飞行时，机翼的废阻力与气流和机翼前缘夹角有关，通过使机翼后掠，可以减小其高速状态下的阻力，相关原理将在第 5 章中做详细讨论。在跨声速或超声速飞行时，必须要采用后掠翼布局以减小维持巡航速度的需用功率。很多商用运输机、军用飞机和新型喷气式公务机都以声速的 70% ~ 90% 飞行。因此这些飞机都采用了后掠翼。通常情况下，有经验的专业人士仅从喷气式飞

鸟类翅膀的展弦比

不同鸟类的翅膀有不同的展弦比，表 2-2 中给出了几种鸟类的翅膀展弦比。通常而言，飞行距离较近或者行动灵活的鸟类的翅膀展弦比较小，而飞行距离远，特别是需要在水面飞行的鸟类则拥有展弦比较大的翅膀，漂泊信天翁就是一个典型的代表。

表 2-2　几种鸟类的翅膀展弦比

品种	展弦比
普通乌鸦	5
家雀	6
苍鹰	6
金雕	8
银鸥	10
普通燕鸥	12
漂泊信天翁	19

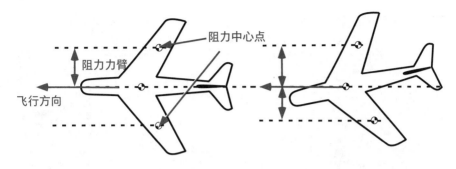

阻力中心点

阻力力臂

飞行方向

图 2-7　后掠翼对飞机稳定性的影响

机的机翼就可以判断出这架飞机的设计飞行速度。

　　机翼后掠角也会影响飞机的稳定性，一般来说，后掠翼飞机要比平直机翼飞机更加稳定。这种稳定性的原理非常简单：机翼所受到的总阻力可以被看作作用在机翼上一点，这一点我们称之为"阻力中心点"，如图 2-7 所示。

当飞机水平直线飞行时，飞机所受的阻力在机身两侧有着相同的力臂；当飞机做偏航运动时，前翼的阻力力臂要大于后翼的阻力力臂，使得飞机具有一个回到原飞行方向上的趋势。

　　由于后掠机翼可以增强稳定性，在飞机遭遇气流扰动时会有一个回到稳定状态的趋势，因此客机倾向于采用后掠翼。相反地，前掠翼会降低飞机的稳定性，但飞行试验表明，它能增加飞机的机动性。

美国陆军航空兵约翰·A.麦克雷迪中尉在 1926 年试图创造一个新的世界飞行高度纪录。但他在 37000 英尺的高度耗尽了燃油，结果却创造了最远滑翔距离的世界纪录。

　　20 世纪 70 年代末，美国国家航空航天局启动了一个研究前掠翼的项目，图 2-8 中的 X-29 前掠翼飞机就是这个项目的产物。采用前掠翼的目的是创造一个天然不稳定的飞机，由此来增强飞机的机动性。但是这种飞机过于不稳定，以至于飞行员无法单独控制，于是设计者在飞行控制回路中加入

图 2-8　X-29 前掠翼飞机（图片来自美国国家航空航天局）

了一种被称作电传操纵系统（fly by wire）的复杂计算机控制系统，以使得飞机可控。但是一旦计算机出现故障，飞机会立刻失控。

> 为了保持稳定,X-29 飞机（见图 2-8）的飞行控制系统每秒需要做 40 次修正。

滑翔机有时也会采用前掠翼，目的是让翼梁处于飞行员身后，而让升力中心点靠前，由此引起的不稳定性可以通过增加上反角来解决，下文将进一步讨论这些问题。

实际上，飞机基本上采用的都是后掠翼。值得注意的是，无论是前掠翼还是后掠翼，在飞机高速飞行时减小的阻力是一样大的。前掠翼的主要优点是机动性强，但是在结构设计上是非常困难的。如果机翼的刚度不足，就会发生所谓的结构发散性问题。当载荷过大时，前掠翼的翼尖会发生弯曲，翼尖弯曲又会使载荷进一步增大，最终会导致翼尖从飞机上折断。现代复合材料的问世能够满足特定的刚度需求，于是使前掠翼的实现成为可能。此外，复合材料的制造方式可以消除结构发散等问题。

图 2-9　采用梯形翼的 DC-8 飞机（图片来自美国国家航空航天局）

4. 梯形翼

　　机翼设计者有时会采用梯形翼，梯形翼翼尖处的弦长比翼根处短，如图 2-9 中的 DC-8 飞机。梯形翼有几个优点，其一是机翼沿着翼展方向逐渐减小载荷，最理想的结果是，在翼尖处的载荷最小，因为翼尖的载荷越大，意味着弯曲载荷就越大，就必须加强整个机翼的结构强度，从而使得机翼重量增加。平直翼的翼尖载荷非常大，其结构强度也必须很大。

> 1913 年 9 月 30 日，法国飞行员罗兰·加洛斯耗时 7 小时 53 分钟飞越了地中海，而当时他飞机上的燃料只能飞 8 个小时。

　　梯形翼的主要缺点是难以制造，大多数小型、低价位的飞机都采用局部等弦长机翼。图 2-10 所示的塞斯纳 172 飞机就是一个采用局部等弦长机翼的典型代表。图 2-11 中被称作切诺基的派珀飞机是 20 世纪 60 年代非常

图 2-10　塞斯纳 172 飞机（图片来自塞斯纳飞机公司）

图 2-11　拥有"好时巧克力机翼"的派珀切诺基 140 飞机（图片来自艾伯特 · 戴尔）

著名的局部等弦长机翼代表。这些早期的切诺基飞机的机翼形状像一个好时巧克力块[①]，因此被称作"好时巧克力机翼"。

采用梯形翼的另一个优点是可以沿翼展方向调节升力分布，从而使阻力最小。在第 1 章我们讨论过，机翼的升力与转向气流量和下洗流垂直速度之积成正比，转向气流量与升力都沿翼展方向变化。传统空气动力学中，效率最高的机翼其升力是以椭圆形分布的，升力从翼根到翼尖不断减小，且保持机翼迎角与机翼后缘下洗速度不变，可以使诱导阻力降至最小。因此，改变机翼平面形状可以使升力按照椭圆形分布，并且转向气流量也沿翼展方向逐渐递减。这一理论在 20 世纪 30 年代被设计师们广泛应用，出现了很多椭圆形翼的飞机。第二次世界大战时期有两架椭圆形翼的战斗机非常有名，分别是英国喷火式战斗机和美国 P-47 雷电战斗机，图 2-12 为 P-47 雷电战斗机。

图 2-13 中分别显示了矩形翼、椭圆形翼以及线性梯形翼的载荷分布。矩形翼在翼尖处载荷最大，而梯形翼在翼尖处没有荷载。现如今已经基本看不到椭圆形翼的飞机了，其中一部分原因是这种机翼造价昂贵。设计高速飞机（例如商用运输机）时，若将后掠翼、上反角、结构重量、飞行速度等所有因素都综合考虑在内，三角翼仍是设计师的首选。

> 当美国参加第一次世界大战时，美国陆军通信部队和海军陆战队一共拥有 304 架飞机。然而，英国皇家飞行团已经在 3 个月内损失了 1270 架飞机。

5. 扭转

调节机翼上升力分布的另一个方法是扭转机翼，使翼根处的迎角大于翼尖处的迎角。这种扭转的专业术语叫作外洗（washout）。翼尖处的小迎角会卸载翼尖处部分载荷。外洗的另一个优点

---

① 好时巧克力是北美地区最大的巧克力及巧克力类糖果品牌。——译者注

图 2-12　拥有椭圆形翼的 P-47 雷电战斗机

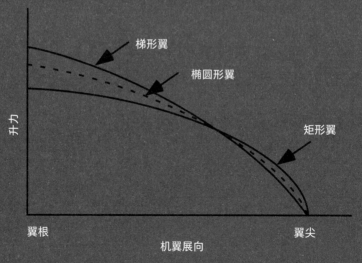

图 2-13　机翼形状对升力分布的影响

是，由于翼根处具有较大的迎角，机翼首先在翼根处失速，而控制滚转的副翼通常在机翼的外侧部分，所以在翼根失速之后副翼仍可以有效工作。如果是翼尖处先发生失速，飞行员将立刻失去对飞机的滚转控制能力，从而可能导致飞机进入失速尾旋状态。通过对机翼的扭转设计，使翼根处首先发生失速，可以使飞行员继续控制飞机，避免尾旋运动的发生。

> 机翼上部气流速度增大是压力降低的结果，而不是造成压力降低的原因。

通用航空飞机一般采用机械方式来扭转机翼，而商业运输机或其他高性能飞机一般采用气动扭转方式。气动扭转方式通常是改变翼根到翼尖的翼型，换句话说，就是沿着翼展方向的不同位置选择不同的机翼翼型设计。例如，设计师可能会从翼根到翼尖逐渐减小机翼弯度，其目的就是通过设计使翼尖处的载荷更小，同时避免在相同迎角情况下翼根较翼尖先发生失速。机翼的这种特性像是机翼扭转产生的，但这是空气动力学的作用结果，而不是机械扭转所致。

三、机翼的构型

除了翼型和机翼平面形状之外，机翼的构型（从飞机前方观察的机翼布局）也会对飞机的稳定性、效率和适用性产生影响。为什么有时机翼从翼根到翼尖是向上或向下倾斜的？飞机应该选择下单翼、上单翼还是中单翼呢？选取什么类型的翼尖是最优的？什么时候应该采用双翼机呢？

1. 上反角

教练机和运输机必须要具备滚转稳定性和偏航稳定性，这两种特性都可以通过在机翼上设计上反角来得到加强。上反角（dihedral）是沿翼展方

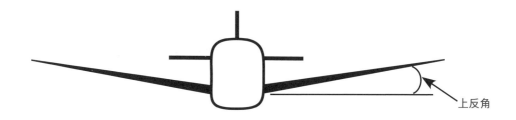

图 2-14　上反角

向上机翼基准线和地平线之间的向上的角度，如图 2-14 所示。飞行员在接受培训时，教官会告诉他们，上反角之所以能增强飞机的稳定性，是因为在飞机滚转时，重力会把向上偏转的机翼拉回到水平线的位置。但是真实的情况更为复杂。

当飞机做滚转运动时，会有一个向相反方向偏航的趋势。例如，如果飞机向右侧滚转，就一定伴随着向左侧的偏航运动，也就是说，飞机的机头会向左倾斜，这就是所谓的反向偏航（adverse yaw）。这也是飞行员必须依靠方向舵来协调飞机转弯的原因。反向偏航的原因是机翼向上滚转的一侧会比向下滚转的一侧受到更大的阻力，无论滚转是由副翼引起的还是由阵风引起的，其本质都是一侧机翼上的升力大于另一侧。我们知道，产生升力需

莱特兄弟 1902 年研制的第三号滑翔机最初没有设计方向舵。兄弟二人在长时间的滑翔飞行中练习转弯。但是让他们沮丧的是，当他们驾驶飞机倾斜飞行时，机头总会偏向与倾斜飞行方向相反的一侧，飞机就发生侧滑。于是，他们发现了反向偏航。头脑敏捷的兄弟二人推断出，飞机需要垂直安定面和方向舵才能解决三轴控制的难题，从而让可控飞行成为可能。

图 2-15　上反角图示

要做功，这一点体现为诱导阻力的增大，因此，机翼的升力越大，其所受的阻力也会越大。

　　上反角之所以能够增强飞机的稳定性，是因为反向偏航使向上滚转的机翼迎角减小、使向下滚转的机翼迎角增大，这样的结果是在下侧的机翼升力增大，上侧的机翼升力减小，相当于产生了一个偏航恢复力。这个力有助于调平机翼并取消偏航动作，图 2-15 对此做了图解。假设左侧的书是一架正飞向你的飞机，你的视角就是气流的"视角"，也就是说，两个"机翼"看起来是相同的，并且有一个正的迎角，因为机翼的底部是可见的。假设右侧的书是一架正在向飞机的右侧①偏航的飞机，现在气流可以"看到"飞机右侧机翼的上部和左侧机翼的下部，右侧机翼较高并且已经向后偏转，而左侧机翼较低且靠前。较高的机翼迎角将会减小，而较低的机翼迎角会增大，这就抬起了飞机左侧机翼，使飞机调平，反向偏航使飞机重新回到平衡状态。

　　小型通用航空飞机和商用运输机都有上反角，这些飞机在遭遇阵风或

①　从飞行员的角度看过去是右侧，本图由于读者正对飞机，相对于读者是左侧。——译者注

图 2-16　采用了下反角的 F-104 战斗机（图片来自美国国家航空航天局）

突入的控制之后都有回到原飞行状态的趋势。现如今，飞机都非常稳定，以至于飞行员们在跨国飞行途中甚至会觉得很无聊。

　　一些军用飞机，例如图 2-16 中的 F-104 战斗机，采用下反角机翼。下反角就是负的上反角，换句话说，机翼是向下倾斜的。上反角可以增强飞机稳定性，而下反角却降低了飞机的稳定性。前面提到过，飞机的稳定性越高，机动性就越低。下反角通过降低飞机的稳定性，来增强机动性能，所以下反角大多用于军用战斗机和特技飞机。

　　为了表述的完整性，这里我们应该分析一下所有机翼的另一种稳定作用。假设一架飞机由于遭遇阵风或者副翼的突然小幅度移动而开始转动，当阵风结束后或副翼又回到了平衡位置，两个机翼上的升力似乎是相同的，但是惯性会使飞机继续旋转。向上旋转的机翼迎角不断减小，而向下旋转的机翼迎角不断增大，这就产生了一个与旋转方向相反的作用力，使飞机旋转有一个停止的趋势。当旋转运动停止之后，这个作用力也就消失了。

在飞行年代的早期，莱特兄弟提倡设计的飞机应该略微地不稳定，他们觉得这会迫使飞行员们在飞行途中一直集中注意力驾驶。与此同时，莱特兄弟的竞争对手制造了具有固有稳定性的飞机。最终，莱特兄弟无法与这些稳定的设计竞争。这是导致莱特的名字从现代飞机制造商中消失的一个因素。

2. 上单翼和下单翼

机翼设计者必须要确定机翼在飞机上的安装位置，机翼应该安低一点好呢，还是安高一点好？或者是安装在机身的中间？不同的安装位置分别有什么好处呢？机翼位置对稳定性的影响非常小。上单翼的稳定性比下单翼稍好，但是与上反角和后掠角引起的稳定性改变相比，这种稳定性差异是非常小的，因此，机翼安装位置的选择更加关乎实际的需求。私人飞行员经常在机库中讨论机翼位置的问题，驾驶下单翼飞机的飞行员坚持认为，更加清晰广阔的天空视野，让下方视野的缺失显得无足轻重；驾驶上单翼的飞行员则认为，地面的视野要比天空的视野更加重要。那些在炎热和日照较多地区飞行的飞行员则更喜欢上单翼，因为机翼可以给他们的驾驶舱遮阳。

除了稳定性略有增加之外，上单翼飞机在停机时机身更加靠近地面，军用运输机采用这种布局可以更轻松地装卸货物，图 2-17 所示的 C-130 "大力神" 军用运输机就是一个很好的例子。上单翼也为增升装置提供了很多的空间，例如，襟翼可以进一步地下放而无须担心地面的干扰。此外，上单翼还有一个优势是可以在机翼下面使用支柱而不影响升力。

上单翼的一个缺点是起落架必须放置在机身内，这通常需要设计凸起的吊舱来容纳起落架。另外一个缺点是较低的机身使得飞机尾部的空间变小。如图 2-17 所示，为了使飞机在起飞时可以抬头同时机尾不触及地面，机尾必须向上弯曲，这会牺牲宝贵的货物空间。

图 2-17　机身尾部向上弯曲的 C-130 "大力神" 军用运输机（图片来自美国空军）

　　下单翼飞机上的起落架安置则非常简单，但是对于机翼上挂有多个发动机的下单翼飞机来说，起落架必须足够长，防止地面干扰到发动机。[1] 下单翼飞机在结构上也有优势，翼梁（支撑机翼的内部结构）可以穿过客舱甲板下面的机身，从而形成连续的翼梁结构，这使得机翼能完全伸出悬臂（由一端支撑），不需要外部的支撑。在 DC-3 飞机之后，大多数商用运输机都选择了这种结构。由于机身的位置比上单翼飞机要高，所以下单翼飞机的机身几乎没有向上弯曲的必要。下单翼飞机的主要缺点是需要足够长的起落架，以便为发动机提供足够的离地间隙。

> 一架有名的自制飞机 Long-EZ[2]（图 2-20 所示）具有层流鸭式翼，不过在雨中飞行会出现一些问题。当它在雨中飞行时，水滴会破坏层流特性，从而使飞行员难以注意到飞机操纵性能的变化。

　　中单翼一般只用于军事战斗机或特技飞机。中单翼既可以为翼下外挂

---

① 比如防止距离地面过近导致异物吸入发动机。——译者注
② Long-EZ 飞机是在 Vari-EZ 的基础上设计的，主要区别是增加了翼面积和机翼后掠角，并加装了 "鸭式方向舵"。——译者注

整流罩拯救了波音 737 飞机

波音 737 最初设计为采用涡轮喷气发动机（详见第 4 章），但为了提高效率，改用了直径更大的涡扇发动机。由于涡轮喷气发动机的直径较小，不需要太大间隙，所以波音 737 最初设计的机身比较贴近地面。没有足够的安装空间，给改装涡扇发动机带来了很大的困难。最后，设计师们设计了不同寻常的整流罩，如图 2-18 所示（图中左下角的插图是老式发动机，以供比较），其底部比较平坦。开发出这种创新的整流罩拯救了波音 737 飞机。目前，波音 737 已经成为了历史上最受欢迎的商用喷气式飞机。

图 2-18　波音 737 的非圆形整流罩（左下角插图为原发动机）

物提供足够的空间，又能保证上空的视野。这种布局的机翼所受的阻力也是最小的。中单翼的主要缺点是，机翼与机身的连接处在机身的中间部分，使得机翼的结构必须在放置乘客或者货物等的位置处贯穿机身。

3. 翼尖设计

翼尖的设计会对机翼的升力产生影响。虽然圆形翼尖看起来更漂亮，但实际上它的机翼效率却比方形翼尖低。翼尖的设计会改变机翼上的升力分布，从而影响机翼效率。因此，翼尖的形状已经成为一个重要的设计参数。

选择正确的翼尖需要综合考虑多种因素，包括空气动力性能、结构载荷、制造和营销（可能是最重要的）。在早期，制造圆形翼尖非常容易，因为制造者只需要将一根杆从机翼前缘弯曲到后缘，翼尖处的载荷较小，并不需要复杂的内部结构支撑。第二次世界大战之前，很多飞机都采用了圆形翼尖，但实际上，方形翼尖的空气动力学效率更高一点。方形翼尖更好地限制了机翼下部的高压气流流向机翼上表面，因为高压气流泄漏到上表面会导致气动效率的下降。因此，当今大多数飞机采用了简单的方形翼尖。

> 波音 747 的废阻力与同等长度直径为 0.5 英寸的电缆相当。

4. 翼梢小翼

翼梢小翼（winglets）是指机翼在翼尖处折向垂直方向的部分，如图 2-19 所示。现如今，很多飞机都设计了翼梢小翼。需要注意的是机翼上的小翼是向上折的，而水平安定面上的小翼是向下折的，因为水平安定面通常是产生向下的拉力，这些问题将在第 3 章中详细地讨论。翼梢小翼可以进一步地防止机翼下表面的高压气流流向上表面，从本质上讲，翼梢小翼封闭了

图 2-19　K-C135A 飞机上的翼梢小翼（图片来自美国国家航空航天局）

气流向上的通道，结果使得机翼从翼根到翼尖都可以保持一定量的升力。正如第 1 章中讨论的，机翼的升力效率随面积的增大而增大，翼梢小翼增加了机翼的有效长度，从而在没有扩大翼展的前提下增加了机翼升力效率。正是这些优点，使得翼梢小翼结构成为飞机销售代表们手中的"香饽饽"。

　　不过，翼梢小翼也有它的缺点。翼梢小翼的净效应最大也只是等同于将其平展产生的效应，所以设计师可以通过将翼梢小翼平展来获取相同的机翼性能，不过将小翼平展会增大额外的翼展和翼面积。翼梢小翼也会增大翼尖处的载荷，这要求机翼更加坚固，也就增大了机翼重量（但是没有增大翼展所产生的影响大）。因此，如果不改变使用条件以降低机翼载荷或增大机翼强度的话，是不能在现有飞机上加装翼梢小翼的。然而，在新的机翼设计中，同等升力要求下，翼梢小翼可以通过降低对诱导功率的需求来增加机翼效率，当然增加翼展也可以做到。但是在翼展受限的情况，例如机库或机场大门的宽度限制，加装翼梢小翼仍可以增大机翼效率，这也许是小翼最大的优势了。尽管如此，在今天的商用喷气式飞机上，采用翼梢小翼的最大原因之一是人们觉得小翼"非常性感"。

> 第二次世界大战期间，美国每个月生产 5500 架飞机。

有人可能会感到疑惑，为什么一些喷气式飞机上的翼梢小翼仅仅覆盖了翼尖的最后部分，就像图 2-19 所示的那样。这是因为在巡航速度下，机翼前缘的气流将达到或者接近声速，这个问题将会在第 5 章中详细讨论。如果在跨声速喷气式飞机的机翼前段安装小翼，可能会产生激波并增大阻力。

5. 鸭翼

莱特兄弟设计飞机时，将水平安定面安装在机翼之前，这种布局被称作鸭式（来自法语单词"canard"）布局。但是在莱特兄弟之后，鸭式飞机很快就销声匿迹了，直到最近才回到人们的视野中。现如今，像翼梢小翼那样，鸭翼凭借着它的"性感外表"流行起来。两个令人印象深刻的鸭式飞机分别是图 2-8 中美国国家航空航天局的 X-29 试验机，以及图 2-20 中的 Long-EZ 飞机。

鸭式布局的优势在于水平安定面是向上产生升力，而不是像常规飞机那样向下产生作用力，这样减小了机翼上的载荷。由于机翼和水平安定面都会产生升力，因此鸭式布局飞机的效率更高。但是，在设计时需要确保鸭翼在机翼之前失速，如果鸭式布局中机翼先发生失速，飞机的尾部会下沉，进一步增大迎角，飞机将无法从失速状态中改出；如果鸭翼先发生失速，则机头下沉，飞机的机翼就不会失速。这种安全特性使得很多现代飞机设计师更

图 2-20　自制鸭式布局 Long-EZ 飞机（图片来自桑迪·迪法齐奥）

加青睐鸭翼。

　　事实上，人们在吹捧鸭式布局的升力效率比常规布局高时，都忽略了鸭式布局对诱导功率的需求。由于水平安定面处于大迎角状态，所以其产生的升力也较大，大约三分之一的飞机重量是由鸭翼单独承担的。相比之下，机翼的表现就略差了。为了提高升力效率，就必须使机翼产生的升力更多，同时就牺牲了部分鸭翼的升力效率，使得水平安定面总是先失速。

> 梅塞施密特 BF-109 战斗机是历史上产量最大的一款战斗机，共生产了大约35000 架。

四、边界层

　　第 1 章中已经介绍了边界层的概念，为了进一步理解机翼设计的有关问题，有必要进一步细化。本节将会讨论边界层的能量效应，并引出之后的

图 2-21　边界层

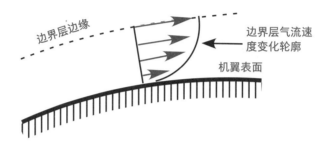

图 2-22　边界层气流的速度变化

增升装置。

　　图 2-21 中给出了机翼横截面上的边界层，图中夸大了边界层的厚度，实际上，边界层是非常薄的。例如，波音 747-400 的机翼后缘（边界层最厚的位置）靠近机翼翼根处的边界层大约 6 英寸，而机翼弦长 30 ～ 35 英尺。图 2-22 是边界层的放大示意图，可以看出气流相对于机翼的速度是如何从翼表面处的零向外增加的，这种速度的变化是由气流分子与机翼表面的摩擦和黏度引起的。

　　机翼表面的低速气流具有较低的动能。边界层的能量非常重要，因为较高的能量可以使边界层在压力逐渐增大的情况下继续沿机翼表面保持流动。如第 1 章所述，低速机翼上的升力大部分位于弦长的前四分之一处，这个位置的压力最低。当气流在机翼上方向后运动时，压力逐渐增加，直到达到机翼后缘的环境压力为止，这就是机翼的后缘条件（trailing-edge

机翼上的冰

设计成在后缘首先失速的机翼，在结冰的情况下可能会失去这种特性。飞机在一定温度范围内飞入湿气云团中时表面会结冰，过冷水滴在冲击下冻结形成粗糙且不透明的霜状冰，温度较高的水滴撞击到机翼上形成平滑且清晰的明冰，同时还会形成由霜状冰和明冰构成的混合冰。

冰的积累会对机翼产生一些负面影响。首先，它会改变机翼形状，从而改变机翼的失速特性。一般来说，积冰机翼的失速迎角会比无冰机翼小。其次结冰会增加机翼的重量，给机翼增加额外的载荷。为了补偿升力，飞行员必须增加机翼迎角。最终，保持飞行的迎角达到了新的失速迎角，飞机就不能再继续飞行。结冰还有另外一种负面影响，即增大了诱导阻力和废阻力，也就是增大了需用功率。

condition）。气流在向高压区运动时，速度会减小，这和将一颗球滚上坡的情况类似。如果边界层有足够的能量来克服不断增加的压力，气流就会一直沿着机翼表面移动。一旦边界层的能量不足，边界层气流将会停止流动，并从机翼表面分离。在分离点之后，气流会向相反的方向运动，机翼会发生失速。在临界迎角状态下，分离点位于机翼的后缘处，随着迎角不断增大，分离点向前移动，升力减小，阻力增大。

机翼设计师需要了解边界层的能量来阻止边界层与机翼分离。如果机翼在失速之前可以达到更大的迎角，那么飞机就可以以较低的速度起降，或承载更重的载荷。更低的起降速度意味着更短的跑道，更大的运载能力意味着更多的收入。

五、边界层湍流

作为乘客或者飞行员，我们通常认为湍流和大气条件相关，这就是所

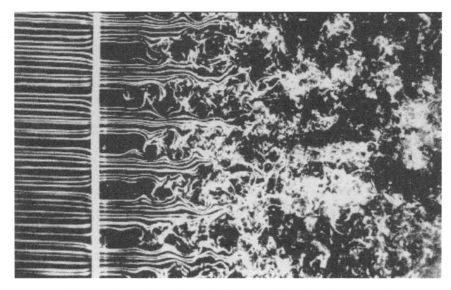

图 2-23　由层流向湍流的转变（图片来自托马斯·科克和哈桑·纳吉布）

谓的晴空湍流（clear-air turbulence）。晴空湍流对于结构设计人员进行阵风载荷设计具有重要意义。然而，还有另一种类型的湍流对于机翼的气动设计至关重要，那就是只发生在非常薄的边界层内的边界层湍流（boundary-layer turbulence）。

　　大多数机翼表面的空气流动图片显示，空气是以一种平稳的方式流动的，这是层流，而不是湍流。图 2-23 分别显示了层流和湍流，该图中层流中的烟雾穿过一个特殊的屏幕后不久，变成了湍流。两者最基本的区别是，层流是平稳的，而湍流是混乱无秩序的。随着边界层湍流的增多，机翼表面的摩擦和阻力会急剧增加。处于层流的机翼比处于湍流的机翼具有更小的摩擦阻力。

　　如果可以设计出一个机翼，使其整个表面都是层流，那将是一个巨大的贡献，但是实践证明这极其困难。边界层湍流是自然现象，随着飞机的飞行速度和尺寸越来越大，湍流的出现也更普遍。除了由层流转变为湍流的自然趋势之外，诸如铆钉、虫子和雨滴之类的东西都可以触发边界层湍流。为了充分了解湍流的性质，并设法减小或消除湍流，人们已经付出了很大的努力。现代飞机机翼的设计总是尽可能地保持机翼上的层流，然后使气流在发生分离之前转变为湍流。如果你观察一架商用喷气式飞机的机翼，可以发现，气流一开始很平稳，之后平滑度就会变得很差。

但是湍流也有其有利的一面，由于边界层湍流的剧烈运动，它把机翼表面的气流和能量较大的气流混合在了一块，因此，边界层像是被"赋能"一般，增加了表面气流的动能，这样的好处是可以使气流附着在机翼上更久。因此，层流机翼的失速迎角小于非层流机翼。另一种激发边界层的方法是安装涡流发生器，许多飞机使用涡流发生器来延迟气流的分离，从而延缓失速。更多涡流发生器的内容将在下文讨论。

六、形状阻力

为了充分了解机翼失速问题，我们有必要研究一下阻力。废阻力由摩擦阻力和形状阻力两部分构成。第1章中讨论了摩擦力的影响，也提到了形状阻力。形状阻力是一种与移动物体有关的阻力，例如天线和轮子在空气中移动所产生的阻力。形状阻力可以看作是一种与拉动飞机尾流的力相关的阻力。

> 查尔斯·林白（Charles Lindbergh）在第二次世界大战中执行了 50 次飞行作战任务，虽然他只是个平民。

人们通常将形状阻力和空气动力学联系起来，当看到汽车的外形，就可以凭直觉知道哪一辆的空气动力学性能更好。我们经常比较汽车的流线型，通过观察车后是否有明显的尾流来区分流线型汽车和非流线型汽车。如图 2-24 所示，卡车后面有很大的尾流，形状阻力也会较高。飞机设计师总是尽可能地减小飞机的形状阻力，这就意味着减小尾流。在飞机表面，任何一个出现气流分离的部分都会产生

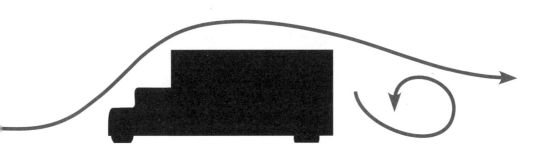

图 2-24　卡车尾流和形状阻力

尾流，即使是一个很小的圆柱形天线也会产生一个显著的尾迹。因此，飞机表面上类似于天线的任何凸起物都要被包裹在整流罩内。

　　1920 年前后，飞机设计师们认为机翼必须变薄。为了创建一个高效的机翼结构，他们采用了很多外部金属线支撑。但是讽刺的是，外部支撑产生的形状阻力远大于薄机翼节省的阻力。在第一次世界大战后期，德国人才发现金属线支撑物增加了很大的形状阻力，然后开始使用较厚的机翼以容纳更多的支撑结构。

> 1919 年，温斯顿·丘吉尔被任命为英国空军部长。

　　在讨论机翼的失速问题时，我们着重于减少升力的产生。其实失速机翼引起的尾流会产生巨大的形状阻力，这是个同等重要的问题。飞机需要使用所有的功率从失速状态中改出，但此时巨大的形状阻力还会增加一个额外的需用功率，这使得从失速状态中改出变得更加困难。

七、涡流发生器

　　边界层的动能越大，气流越不容易从机翼表面分离。涡流发生器是增加边界层动能并增大机翼失速迎角的一种装置，它结构简单，可以改装到任

图 2-25 美国海军 A-4 "天鹰" 攻击机的缝翼和机翼上的涡流发生器

何飞机上。涡流发生器是与局部空气成某一迎角，并垂直地安装在机翼表面上的小型平板，如图 2-25 所示。涡流发生器通过混合机翼上部的高动能气流，给边界层传递动能。为了使涡流发生器生效，其高度必须与边界层一样厚。涡流发生器通常加装在气流速度最高的区域偏后一些，也可以安装在前缘缝翼处（如图 2-25 所示）。前缘缝翼是一种增升装置，将会在下文讨论。

不幸的是，使用涡流发生器也需要付出代价。由于涡流发生器会对气流做功，却没有为机翼增加升力，因此采用涡流发生器时需要额外的功率。涡流发生器实际上经常被用来改善已经存在问题的机翼。它们增加了功耗，所以没有必要在初始机翼设计上安装涡流发生器。一个设计良好的机翼是不需要涡流发生器的。

> 奥维尔·赖特用滑翔机飞行了 9 分钟，这个世界纪录保持了 10 年。

不过，有几种情况需要使用涡流发生器。第一种情况是它们仅用于起飞和着陆，在巡航时收起。有时在一些飞机襟翼的前缘处也会使用涡流发生器。襟翼的使用将会在下一节中讨论。

第二种需要使用涡流发生器的情况是在改进现有飞机以满足新的性能参数时。性能参数的一个典型变化是减小现有飞机的起降距离。理想情况下，人们可以设计一个全新的机翼，然而，为现有飞机设计新的机翼成本过高。

高尔夫球

湍流对于减少物体的尾流具有积极作用。如果边界层的气流变为湍流，那么湍流中较高的动能将有助于气流在分离之前附着在物体表面更久，其最终结果是降低了形状阻力。

如图 2-26 所示，在空气中运动的光滑小球具有很高的形状阻力，层流很快分离，在球的后方产生远远超过小球表面摩擦阻力的尾流。提高小球的射程的一种方法是通过搅动空气，来增加小球周围气流的能量。这样会增长气流在小球表面的依附时间，从而减小尾流的大小。

高尔夫球大小的光滑小球通常会造成层流和相当大的尾流，这也就是为什么高尔夫球的表面都是凹坑，因为凹坑可以促进湍流的产生。如图 2-26 所示，凹坑减小了尾流的大小，从而减小了形状阻力。结果是，具有凹坑的高尔夫球比光滑的小球飞得远很多。

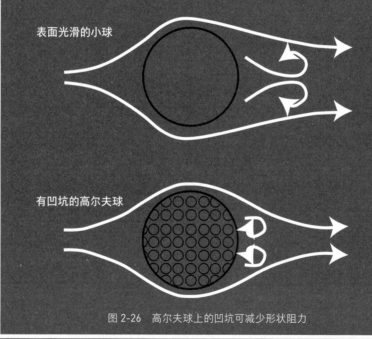

表面光滑的小球

有凹坑的高尔夫球

图 2-26　高尔夫球上的凹坑可减少形状阻力

因此，可以通过加装涡流发生器来改善起降性能。很多航空公司通过这个方法将现有的飞机改型为短距起降飞机。

八、增升装置

能够增加机翼失速迎角的设备或装置称为增升装置。通过采用各种增升装置可以提高飞机的起飞和着陆性能。这些装备的基本工作原理是使机翼在不失速的情况下，将更多的气流转向机翼下方。上一节讨论的涡流发生器就是一种增升装置。在飞机起飞和降落时，需要尽可能以最低速度飞行，因为起降速度越大，需要的跑道越长。因此，设计机翼的主要目标之一是尽可能地减小失速速度。实现这一目标的最简单的方法是设计一个面积和弯度都很大的机翼，这样的机翼能够以较低的速度飞行，而不失速。然而，如前所述，在巡航速度下，机翼弯度越大，受到的阻力也就越大，所以解决方案是设计一个可以改变起飞和着陆特性的机翼。增加失速迎角的第二种方法，前文我们也讨论过，就是控制边界层。

> 现代飞机上的计算机和电子系统的成本接近飞机总成本的50%。

最常见的增升装置是机翼襟翼，其次就是安装在机翼前缘的缝翼。在极少数情况下，低速下使螺旋桨的滑流偏转或喷气式发动机的排气方向转向下，也可以产生额外的升力。

1. 襟翼

几乎在所有现代飞机上都可以发现襟翼的身影。在机翼后缘添加襟翼的效果相当于增加了机翼的弯度。有些襟翼也会增加机翼弦长，这样其实就是增加了机翼面积，从而使更多气流转向，减小了产生升力所需的迎角。

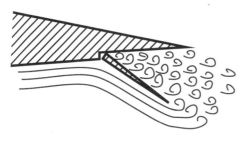

图 2-27　分裂式襟翼

图 2-28　B-17 轰炸机上的分裂式襟翼

　　襟翼有很多种类型。在 20 世纪 30 ~ 40 年代，如图 2-27 所示的分裂式襟翼（split flap）面世，这是生产型飞机上出现的第一种襟翼。这种襟翼大约是从机翼的后 20% 处分离，机翼的上表面不改变，下表面会降低。分裂式襟翼可以有效地提升升力，但是产生了很多的形状阻力。如图 2-28 所示，DC-3 和波音 B-17 飞机上都采用了分裂式襟翼。在第二次世界大战期间，分裂式襟翼也被用于俯冲轰炸机上，因为它有助于提高轰炸机低速时的升力，从而降低俯冲速度。

　　简单铰链式襟翼（hinged flap）在小型飞机上最为常见，如图 2-29 所示，机翼上大约后 20% 部分用铰链简单地与机翼主体连接，以便调节机翼的

> 1979 年 2 月 21 日，在基蒂霍克，前宇航员尼尔·阿姆斯特朗驾驶一架喷气式公务机爬升到 50000 英尺的高度，创下了 5 项世界纪录。

弯度。对于低速飞行，如果襟翼下放 20 度以内，升力会增加，而阻力却不会显著增加。许多飞机在起飞时会将襟翼下放 10 度或 20 度，以缩短起飞距离。当襟翼下放角度超过 20 度时，形状阻力会迅速增加，而升力却增加极少或不增加。增加形状阻力可以增加下降速率，这对飞机降落很有帮助，所以飞机着陆时一般将襟翼调定为 40 度。

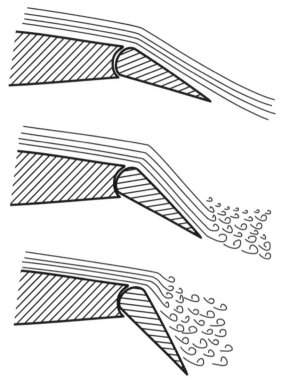

图 2-29　铰链式襟翼

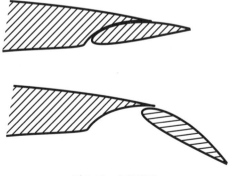

图 2-30　富勒襟翼

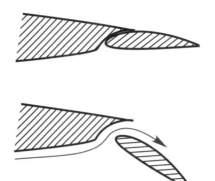

图 2-31　单开缝襟翼

　　还有一种更为复杂的襟翼，叫作富勒襟翼（Fowler flap），如图 2-30 所示。富勒襟翼不仅改变了机翼后部的角度，还可以使其前后移动，从而增加了机翼的弯度和面积。机翼越大，可以转向的气流越多，而机翼弯度的增加会增加下洗流的速度。不过富勒襟翼的操纵机制非常复杂。这种襟翼在小型的塞斯纳飞机上较为常见，比如塞斯纳 172 和塞斯纳 182。

　　襟翼产生的最大升力受襟翼临界失速迎角限制，开缝式襟翼（slotted flap）改善了这一点。图 2-31 所示为单开缝襟翼。单开缝襟翼不仅可以像富勒襟翼那样，将机翼后部向后和向下延伸，而且它的设计考虑了利用襟翼和机翼之间的间隙。机翼上表面边界层中的空气经过机翼最高点后，已经失去了大部分动能，因此，当气流到达襟翼部分时很可能与襟翼分离并失速。然而机翼下部的气流不会遇到这样的问题。襟翼和机翼之间的间隙会将机翼下侧的高动能气流转移到襟翼上侧，并且气流会继续附着在襟翼上，从而减小阻力，抑制了失速的产生。图 2-32 中的波音 C-17 运输机和图 2-33 中的

> 有时科技并不能说明一切。在越南战争期间，被击落的美军战机中，有 91% 是被手动瞄准的高射炮击落的。

图 2-32　波音 C-17 运输机上的单开缝襟翼

图 2-33　第二次世界大战时期德国容克斯 Ju-52 运输机上的单开缝襟翼

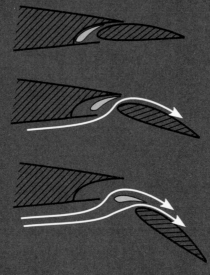

图 2-34　双开缝襟翼

图 2-35　波音 747 飞机上的三开缝襟翼

第二次世界大战德国容克斯 Ju-52 运输机是两款典型的采用单开缝襟翼的飞机。

双开缝襟翼其实是将单开缝襟翼的工作重复了两次，如图 2-34 所示，它将两个独立的襟翼串联在一起。这种襟翼设计可以产生最大的升力，但是操作结构复杂笨重。目前，许多现代喷气式客机采用了多开缝式襟翼，而较小的飞机采用单开缝襟翼。图 2-35 中所示的是一个三开缝襟翼的例子。

20 世纪 90 年代之前，飞机性能是飞机设计的关键标准，飞机公司为其复杂的三开缝襟翼系统而感到自豪。但是进入 20 世纪 90 年代之后，降低制造成本转变为关键的设计标准，这使得飞机公司开始最大限度地发挥单开缝襟翼的性能。一种方法是在单开缝襟翼的前缘安装涡流发生器，当襟翼收起时，涡流发生器就隐藏在机翼内。因此，涡流发生器仅仅在起飞和降落时工作，并不影响飞机的巡航飞行。

下次乘坐飞机，你可以选择坐在机翼后面靠窗的座位。在飞机起飞和降落时，注意看襟翼展开的过程，你就能够清晰观察到机翼是如何从巡航状态转变为高升力状态的。

2. 前缘缝翼和前缘翼缝

与后缘襟翼一样，前缘装置也可以增加机翼的弯度和失速迎角，但是具体的方式有些不同。前缘装置使气流从机翼下表面流动到上表面，并减小机翼前缘附近的低压峰值，也就是减小了机翼前缘低压区和后缘之间的压力差。压力差的减小使得气流能够顺利地附着在机翼上表面，从而增大了机翼的临界失速迎角和最大升力。

最简单的前缘增升装置是图 2-36 所示的固

> 1709 年，巴西耶稣会士巴尔托洛梅乌·洛伦索·德·古斯芒向葡萄牙国王展示了世界上首个热气球。但不幸的是，热气球中的火点燃了皇室的帐幔，造成了重大的损失。

图 2-36　固定翼缝

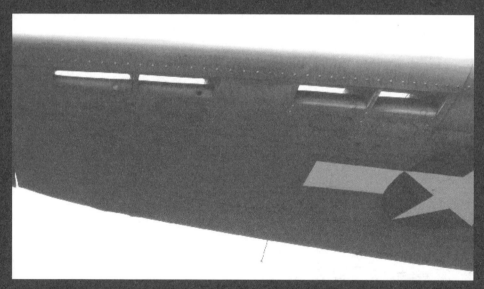

图 2-37　洛克希德公司 C-60 "北极星" 客运飞机上的固定翼缝

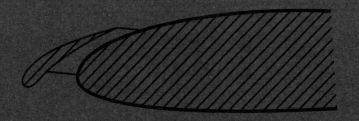

图 2-38　固定式前缘缝翼

图 2-39　短距起降飞机上的固定式前缘缝翼

图 2-40 汉德利 - 佩奇伸缩式前缘缝翼

定翼缝（fixed slot），这是一个机翼前缘处的永久性槽。机翼下方的高压气流通过翼缝，流向上翼面，这就在大迎角状态下增加了机翼上侧的边界层能量。这种固定翼缝可以显著地增加临界迎角，但其缺点是在巡航状态下会增大阻力和功耗。图 2-37 为洛克希德公司 C-60 "北极星" 客运飞机上的固定翼缝。

> 波音 747 飞机的翼尖的上下振动范围大约为 26 英尺。

图 2-38 与图 2-39 所展示的是一种与固定翼缝类似的固定式前缘缝翼。被安装到机翼上之后，它可以增加机翼的弦长和边界层能量。但与固定翼缝一样，在巡航状态下，固定式前缘缝翼也会增加飞行阻力。

解决由固定翼缝和缝翼带来的阻力问题的一个方案是，设计一个只在低速状态下工作的前缘缝翼，在巡航状态下产生很小或者根本不产生阻力。图 2-40 所示的是汉德利 - 佩奇伸缩式前缘缝翼，它可以向下延伸很大的角度，从而增大了机翼前缘的弯度。这种类型的缝翼往往在低速大迎角飞行状态展开使用，而在巡航状态下，缝翼会缩回机翼前缘，并不会增加飞行阻力。

3. 偏转滑流和喷洗流

在低速飞行中，还有一种增加升力的方法，就是将螺旋桨的滑流或者

图 2-41　美国国家航空航天局研制的采用偏转喷气技术的低噪声短距起降研究机
（图片来自美国国家航空航天局）

喷气式发动机的排气方向转向下。为了能够利用滑流大幅度地增加升力，必须要将飞机的发动机安装在机翼上，并且须拥有大型的螺旋桨（大型螺旋桨能在机翼的大部分区域上产生滑流）。同时，这种机翼还必须采用多缝式襟翼系统，来更有效地偏转滑流。目前，这种技术还并没有发现有重大的商业应用价值。

　　在低速飞行状态下，涡轮风扇发动机的排气可以被转向下方，从而产生附加升力。实现这种转向的一种方法是，在襟翼完全展开时向下延伸到发动机尾喷口。这种方法存在的一个难点就是，发动机尾喷口处的温度特别高，这对襟翼的设计来说是一个重大的挑战。

　　改变发动机排气方向的另一种方法是，将发动机安装在机翼的顶部，

> 后三点起落架也被称作传统起落架，这是因为在第二次世界大战之前，几乎没有飞机拥有前轮。

如图 2-41 所示，这样可以使发动机排出的气流从机翼的上部流过。排气气流就像迎面而来的空气那样，沿着机翼的表面流动。发动机后面的襟翼在延伸状态下会将气流方向转向下方，从而提高飞机在起飞和降落时的升力。

九、小结

在开始第 3 章的内容之前，我们再来分析一下几款典型的机翼，明确一下在设计机翼时应该做出哪些选择。我们将分析以下三种飞机：通用航空飞机塞斯纳 172，商用航空飞机波音 777 和洛克希德 - 马丁公司 / 波音公司的 F-22 "猛禽" 战斗机。

如图 2-10 所示，塞斯纳 172 飞机是一款很受欢迎的四座飞机，其巡航速度为 140 英里 / 小时。该飞机机翼无后掠角，但是机翼的外侧部分是梯形的。由于结构原因，机翼安装在机身顶部。机翼展弦比为 7.5，采用上反角增加稳定性，着陆时采用富勒襟翼，选用圆形前缘以缓和失速。较低的翼载荷使得这架飞机拥有良好的低速性能，不过其最高速度并不出色。该飞机的设计目标是易于飞行，并且这款飞机保持着在所有通用航空飞机中的最佳安全飞行纪录。

1909 年，莱特兄弟起诉格伦·柯蒂斯（Glenn Curtiss）侵犯其专利权。莱特兄弟认为柯蒂斯采用的副翼与其翘曲机翼相同。这起诉讼案件阻碍了美国航空业的发展，直到第一次世界大战结束。最终，莱特兄弟获胜，但是在那个时候结果已经无关紧要了。

波音 777（见图 2-42）的设计目标是大运载量以及长航程，它的巡航速度高达马赫数 0.84，因而需要有较大的机翼载荷。这架飞机的展弦比与塞斯纳 172 飞机相似，但是采用了后掠梯形机翼。后掠翼是高巡航速度所必需的，采用梯形机翼以及机翼的部分变化，是为了在巡航状态下改善升力分布情况。在起飞和着陆时，波音 777 采用了双开缝襟翼和可展开的前缘缝翼。该飞机的机翼非常厚（翼根处可以站上一个人），以提供

图 2-42　波音 777（图片经波音公司许可使用）

图 2-43　洛克希德 - 马丁公司 / 波音公司的 F-22 "猛禽" 隐身战斗机（图片来自美国空军）

必要的结构和燃料空间。该飞机的机翼具有较大的上反角，以满足稳定性的要求。

洛克希德 - 马丁公司 / 波音公司的 F-22 "猛禽" 战斗机是当代隐身战斗机（见图 2-43）。为了隐身性能，该飞机采用了翼身融合技术，因此，它综合了下单翼和中单翼的特点。相比于波音 777，它的后掠角和根梢比更大。这架飞机具有很高的机动性能，可以超声速巡航，据说其最大速度超过了 1600 英里 / 小时，也就是马赫数 2.4。

F-22 "猛禽" 战斗机采用了大量增升装置，包括改变发动机排气方向。F-22 的翼载很大，展弦比很小。

> 在美国，有超过 50 万名有飞行执照的飞行员。

本章中，我们分析了机翼设计中的诸多因素，并且讨论了后掠翼与上反角对飞机稳定性的影响，这就是所谓的横向稳定性。为了更好地理解稳定性的含义，在第 3 章中我们将研究另外两个轴的稳定性以及操纵性。

第 3 章
稳定性与操纵性

在过去的几十年中，飞行器的稳定性与操纵性有了很大的提高。稳定性是飞机被阵风和湍流干扰后返回到原有状态的能力。操纵性是飞机完成特定机动动作，保持或改变自身状态的能力。在第二次世界大战之前，人们并没有重视操纵性和稳定性，仅仅通过飞行员对飞机操纵的主观感受来判断。在此期间，各种观点轮番盛行。例如，莱特兄弟认为不稳定的飞机更好，因为它能让飞行员更加小心谨慎；而莱特兄弟的竞争对手格伦·柯蒂斯则认为飞机应尽可能地稳定，以此来减少飞行员的工作压力。在很长一段时间柯蒂斯的观点占主流地位。

第二次世界大战之后，工程师们开始量化飞机的稳定性和操纵性。今天，即使飞行员在做其他事情，计算机依然可以控制不稳定的飞机完成飞行任务。在接下来的几节中，我们将介绍一些有关稳定性与操纵性的基本原理。

一、静稳定性

静稳定性分为三种：静稳定、静不稳定和中立静稳定，如图 3-1 所示。图中最左边碗里的小球处于静稳定状态，将小球从碗的底部移至侧壁，它会有返回底部的趋势，碗的坡度越大，小球的静稳定性也就越大。如果我们将碗倒扣过来，将小球放在碗底，小球则处于静不稳定状态；如果小球从碗的中心向下滑落，它会越滚越远。如果小球处于一个平坦的桌面上，那么它将处于中立静稳定状态。这时，如果移动小球的话，它会停留在桌面的任何一个新的位置上。

对于一架飞机，静稳定意味着飞机在遇到阵风或其他扰动改变了当前的飞行状态（比如航向）后，具有恢复至原状态的能力。小型通用飞机或商用飞机[①]，如果配平恰当，在经历阵风或突发干扰后都可以恢复到原有的平飞

---

① 即我们通常所说的客机。——译者注

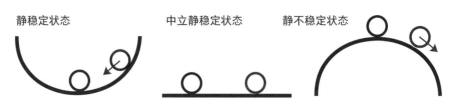

图 3-1 三种静稳定状态

状态。的确曾有过飞行员在未开自动驾驶的情况下睡了一觉而飞机依然沿着原路线继续飞行的实例。林白就曾在独自飞越大西洋的时候意外地睡了一小觉却安然无恙，后来他将这一故事告诉了别人。

我们不应把稳定性与平衡性相混淆。飞机在没有净力矩的时候保持平衡，而稳定性是飞机在受到干扰后恢复原状态的能力。在下一节中，我们将以俯仰稳定性为例，进一步说明两者间的差别。

二、纵向稳定性和平衡性

纵向稳定性（longitudinal stability）是飞机在特定的俯仰姿态受到扰动后回到原姿态的能力。我们一般只考虑飞机整体的稳定性。

另一方面，只有飞机没有净力矩时才会平衡，此时飞机不会滚转、俯仰或偏航。为了使飞机平衡，整机升力中心必须与重心相重合。升力中心的力是机翼与水平安定面升力的总和。

1. 水平安定面

水平安定面可用来调整升力中心，随着水平安定面迎角的增大，升力中心逐渐后移。假如飞机的机翼与水平安定面有相同的升力，那么升力中心就应该在机翼与水平安定面两者正中间的位置。随着水平安定面迎角的减小，升力中心逐渐前移。因此，可以用水平安定面来平衡飞机。但水平安定面是怎样使飞机获得稳定的呢？在讨论这个问题之前，我们需要了解中性点的概念。[①]

简单来说，中性点是飞机稳定飞行时重心所能处于最靠后的点。要使飞机平衡飞行，升力中心需要与重心重合。要使飞机稳定飞行，升力中心需要在中性点之前或与之重合。

> 1955 年的航展上，特克斯·约翰斯顿（Tex Johnston）在许多航空公司负责人面前驾驶波音 707 模型完成了翻滚动作，成为波音公司的一代传奇。

图 3-2 展示了一架稳定飞行（平飞）的玩具飞机受到气流扰动后迎角增大，在静稳定、中立静稳定和静不稳定三种状态的飞机受力情况。最上方图中飞机的重心在中性点之前，并在飞机很靠前的位置。由于飞机绕重心旋转，我们可以从图中看到机翼的升力产生了使飞机低头的力矩。为了抵消这种旋转从而使飞机平衡，水平安定面需要在飞机尾部产生一个向下的力。注意，水平安定面有一个较小的负迎角。由于平尾离飞机重心较远而其力的力臂较长，所以其力甚至不足机翼升力的 10%（通常为 6% ~ 8%）。在尾部向下的力的影响下，升力中心前移并与重心相重合，使得玩具飞机平衡。

如图 3-2 中右上角的图所示，稳定飞行的玩具飞机受到扰动。举个例子，阵风使得飞机迎角增大了 5 度，由于迎角增大，机翼将产生更大的升力，同时由于水平安定面的负迎角减小，导致平尾向下的力减小。机翼的升力增大和水平安定面向下的力减小，导致升力中心后移，这时飞机不再平衡，但由于飞机产生了回复力矩，它仍然是稳定的。在回复力矩的作用下，飞机将会回到平衡状态，继续平飞。

---

① 中性点也称为"焦点"或"气动中心"，是飞机迎角变化时，机翼、尾翼和机身等各气动部件产生的升力增量的合力的作用点。——译者注

静稳定状态

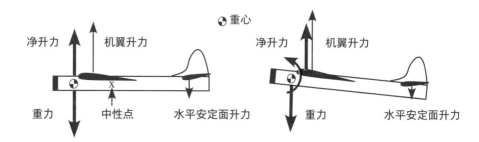

中立静稳定状态

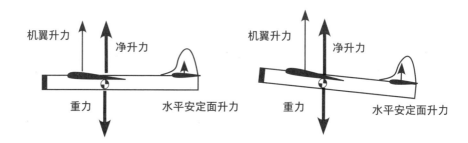

静不稳定状态

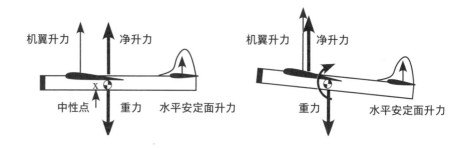

图 3-2 玩具飞机的稳定性

图 3-2 中间的图中飞机重心与中性点重合。注意该玩具飞机的重心位于机翼升力中心偏后的位置，因此水平安定面需要产生一个小的正升力来平衡飞机。在这种状态下，升力中心位置与迎角无关。换句话说，当飞机在平飞状态受到扰动后，机翼升力增量与平尾升力增量相平衡，使得升力中心保持不变。这种情况只发生在机翼与平尾升力一同变化的特定平衡中。同中间右侧的玩具飞机一样，当机翼因扰动而上升时，在重心处没有回复力矩。这架飞机是中性稳定和平衡的。

最后，图 3-2 中第三个例子飞机重心位于中性点之后。如左图所示，平飞状态下机翼升力由平尾升力来平衡。然而当飞机被干扰，比如飞机机头上仰 5 度，机翼升力要比平尾升力增加得快，这就导致飞机产生了一个抬头力矩，使得飞机愈发偏离原来的平飞状态。显然，这种状态是不稳定的。

> 1934 年，一架荷兰的商业客机 DC-2，在从英国到澳大利亚 11333 英里的比赛中，取得了第二名的成绩。

你或许会好奇如果升力仅与迎角成正比，那么为什么机翼的升力要比平尾的升力增长得快呢？这有两个原因。首先，尾翼的效率更低一些。在一架典型的飞机上，尾翼只有机翼展弦比的一半，对于小展弦比的尾翼来说，升力随迎角增长得较慢。其次，尾翼在机翼的下洗流中飞行。机翼产生的升力越大，同时产生的下洗流越大。相较于没有下洗流的飞行，在有下洗流时飞行会使得平尾的迎角变得相对较小。当机翼迎角变化 10 度时，平尾的迎角仅会变化 6 度。

我们刚刚讲解了飞机的纵向（俯仰）稳定性，保证飞机重心在飞机中性点之前至关重要。也就是说飞机的机头很重。这样在由于阵风或意外操纵而被干扰时，飞机会有返回到原有状态的趋势。如果重心在中性点之后，飞机将无法飞行，因为这种飞机会把所有干扰放大并增加。这样，如果机头仅抬高一点，飞机就会放大这一动作。在这种情况下，飞机受扰动后，操纵系统无法做出任何反应。因此，飞机的重心必须要在中性点之前。

　　飞行员在每次飞行前需要根据燃料、乘客和负载来确定重心位置，确保重心在限定的范围之内。如果飞行员驾驶一架重心位置位于中性点之后的飞机，会导致不幸的事故发生。在这种情况下，飞行员无论做什么都无法使飞机免于灾难。

　　飞机重心位于中性点之前的另一个原因是为了改出失速。当失速发生时，如果重心过于靠后，飞机尾部就会过重，失速后迎角增加，飞机将会翻转。如果飞机机头较重，在失速过程中飞机机头会自动下沉，迎角减小从而从失速中改出。

　　我们在这仅仅讨论了水平安定面与稳定的关系。需要记住的是，升降舵不仅用于控制俯仰，也用于在各种载荷情况下调整水平安定面的升力。[①]

2. 配平

　　飞机必须能够在各种载荷下平衡和稳定。例如，一架商用飞机可能面临两种极端情况，一种是飞机上仅有一半乘客并都坐在客舱前面的座位，另一种是飞机上仅有一半乘客并都坐在客舱后面的座位。这两种座位安排必将导致重心的移动。我们不妨假设两种情况下重心都在中性点之前，所以飞机可以保持稳定。然而，飞机又必须保持平衡，这时，升降舵配平起到了重要的作用。

> 对于典型的国际航班，比如波音 747，其运营商要提供不少于 5.5 吨的食品和超过 50000 次的空中服务。

　　根据重心位置的不同，水平安定面的升力必须做出相应的调整以平衡飞机。飞行员可以通过控制升降舵的位置保证飞机的平衡，但这在长途飞行中是很累的。因此，飞行员通过其他方法来平衡它。如附录 A 中的图 A-2

---

① 水平尾翼由固定的水平安定面和可偏转的升降舵组成。——译者注

所示，许多飞机的升降舵上装有小襟翼，我们把它叫作调整片。飞行员可以在座舱内操纵调整片，从而无须调节升降舵，就能使水平安定面上产生足够的力来平衡飞机。在许多飞机上，比如一些大型的商用飞机，整个水平安定面都可以旋转，使得飞机可以在各种飞行状况下调整迎角。

当乘客在飞机上走动时会发生什么呢？飞机重心会移动，使得飞机机头上下摆动。这时调整水平安定面的配平可以使飞机保持稳定。然而，飞行员想要调整飞机的俯仰姿态或者迎角时，他（或她）会控制升降舵来实现。因此，水平安定面和调整片用来保证飞机俯仰方向的稳定性，而升降舵用来控制飞机的俯仰姿态。

3. 飞翼

现今，有一些飞机并未配有水平安定面，如图 3-3 所示的 B-2 轰炸机。那么这些飞机是如何保持稳定的呢？飞机如果不能弥补载荷移动所带来的影响，那么飞机是无法正常飞行的。如果 B-2 副驾驶员走到了机舱的后部，飞机会翻转吗？这对于飞翼的设计来说是很棘手的部分。当副驾驶员走动时，机翼后缘的控制面上下移动，就像升降舵一样，根据重心位置来前后移动飞机的升力中心。运用这些控制面，使得飞机既能保持平衡又能保持稳定。

> 许多人都不相信莱特兄弟在 1903 年成功飞行过。在 1908 年他们来法国表演之前，法国人都称他们为 "莱特骗子"。

图 3-4 所示的是在 20 世纪 40 年代后期曾使用过的诺斯洛普（Northrop）公司的 YB-49 飞翼式飞机。从图中可以看到两个控制面都处于向下偏的位置，从而使它们作为升降舵和襟翼来使用。它们也可以像副翼一样朝着相反的方向运动，从而控制飞机的滚转运动。

图 3-3　B-2 轰炸机（照片来自美国空军）

图 3-4　诺斯洛普公司的 YB-49 飞翼式飞机

4. 确定水平安定面大小

水平安定面应该多大才合适呢？有两种基本方法可以增加水平安定面的效率：一是增加水平安定面的面积，二是增加从水平安定面到机翼之间的距离。事实上，水平安定面到机翼的距离乘上水平安定面的面积决定了飞机的稳定性。如果有两种布局形式，其中一种布局的水平安定面面积只有另一种的一半，但到机翼的距离却是另一种的两倍，那么两者有近乎相同的稳定效果。需要注意的是，下洗流的影响不能忽略，因为安定面到机翼距离变为两倍，那么其受到的下洗流的影响会变小。

飞机的中性点位置是水平安定面力臂乘以面积的函数。这个乘积越高，中性点就越靠后。中性点靠后的好处在于，它增大了重心位置移动的范围，从而给飞机以更大的负载灵活性。

另一方面，增加力臂或水平安定面面积也会产生负面影响。因为两者都会引起飞机重量的增加，而重量永远是飞机设计师的死敌。同时，两者都会因为表面摩擦而造成更大的飞行阻力。另一个问题是增加力臂或水平安定面的面积会使飞机变得过于稳定。换句话说，水平安定面的效率如此之高，以至于飞行员难以改变俯仰角。这属于操纵性范畴的问题，我们将会在后面讨论。总之，水平安定面大小会影响到飞机的重心、重量、阻力和操纵性能。

> 约翰·诺斯洛普是一位才华横溢的工程师，曾就职于洛克希德和道格拉斯两家公司。诺斯洛普是飞翼布局的坚定支持者，他开创了自己的公司并致力于研究飞翼布局，其研发出的第一种飞翼机是活塞动力的 YB-49（见图 3-4）。

三、航向稳定性

在上一节中我们讨论了俯仰稳定性，即纵向稳定性。附录 A 介绍了另外的两个操纵轴：滚转和偏航。在第 2 章中，我们已经详细地讨论过滚转稳

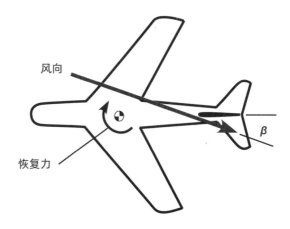

图 3-5　航向稳定性

定性，即横向稳定性。同时也介绍过上反角和后掠角的效应，在这里我们将不再重复。航向稳定性是指偏航轴上的稳定性。垂直安定面和方向舵与水平安定面和升降舵的作用相同，前者控制偏航，后者控制俯仰。垂直安定面的主要作用是为飞机提供风向标并以此来保证机头方向与航向一致。

要使飞机获得航向稳定性，需要使飞机总是与来流方向保持一致。如图 3-5 所示，如果阵风干扰了机头的朝向，尾部就会有一个非零度的迎角。这就会产生一个恢复力——在水平面上的升力，来调整飞机尾部使得飞机回到原航向上。来流方向与飞行路径偏差则会造成较高的飞行阻力和较差的转向协调性。

垂直安定面的大小取决于多种因素。对于单发飞机来说，垂直安定面最小尺寸应保证重心后垂直面产生的力矩大于重心前垂直面产生的力矩。这与要求在箭尾后加装羽毛增加稳定性相类似。为了抵消螺旋桨转动的影响和转向时附带的反向偏航，通常需要设计较大的垂直安定面。单发飞机可以设计较小的垂直安定面，但需要飞行员做更多的操作。

对于多发飞机，垂直安定面的大小取决于飞机失去一个发动机而造成的力矩大小的改变。净推力偏离中心使飞机容易偏航，而较大的垂直安定面通过调整片可以调整补偿这一推力。这就是双发的商用运输机拥有如此大的垂直安定面的原因。

美国联邦航空管理局（FAA）对航向稳定性做了规定。现代飞机的垂直安定面十分高效，以至于几乎不需要用方向舵对航向进行修正。

没有垂直安定面的 B-2 轰炸机通过翼尖的阻力来保证飞机的稳定性。飞机想要转弯时，转弯一侧的副翼会上下打开，使得这一侧的阻力增加，从而使机头转向。图 3-3 可以看到两侧的副翼都在打开状态。

四、动稳定性

静稳定性是指飞机在受到干扰时回复到原飞行状态的能力。动稳定性是指受到扰动后，飞机运动如何随时间变化而变化。图 3-6 展示了飞机的三种类型的纵向动稳定性。第一个飞行路径显示出良好的动稳定性。飞机上升时，会有一个恢复力（静稳定），使得飞行路径在原路径附近振荡，振幅随时间递减。这就像一辆配有减震器的车。

第二个例子展示的是中立动稳定。因为有恢复力所以飞机是静稳定的，但这种情况下的振幅不会随时间而减小。这有点像一辆没有减震器的汽车发生了碰撞。

图中第三个例子展示的情况是动不稳定。同样，飞机是静稳定的，但振荡的振幅随时间而增加。这就像一辆没有减震器的车走在"搓板"（凹凸不平的）路上一样。

与静稳定性一样，在纵向、横向和航向（俯仰、滚转和偏航）轴上都必须考虑动稳定性。任意两轴都可以相互耦合，产生一些非常有趣的运动，这使动稳定性更有趣。在下面的几节中，将介绍三种动态运动模式，这些模式最容易理解，也可能是人们最熟悉的。

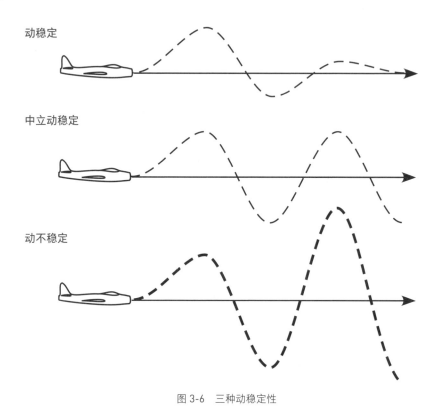

动稳定

中立动稳定

动不稳定

图 3-6　三种动稳定性

1. 沉浮运动

　　如图 3-7 所示，你有没有扔过纸飞机，看着它沿着一条飞行路径减速爬升，然后加速下降？这种类型的运动对于所有飞机来说都是十分常见的，称为沉浮运动。沉浮运动是动能与势能之间的转换运动，也是速度与高度之间的转换。在保证迎角不变的情况下，这种转换会使得升力随着速度的增大而增大，升力上升会使得飞机高度增加。同样，当飞机速度降低时，升力会减小，最后使得飞行高度降低。在极端情况下，当飞机达到最大高度时，飞机速度会快速降低导致失速。

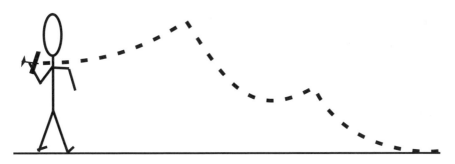

图 3-7 沉浮运动

　　对于真实的飞机，则无须担心这一点。因为完成一个周期或者循环需要花费几分钟的时间，除非飞行员睡着，否则不会忽视它。事实上，这个周期是如此之长，以至于飞行员甚至不知道他们正在控制的是飞机的沉浮运动。并且，就算飞行员忽略了沉浮运动，飞机振荡也会逐渐减小。

2. 荷兰滚

　　荷兰滚是滚转和偏航的运动耦合，这个名字来源于荷兰速滑运动员滑过冰面时的动作，它有点像机身小滚转与机尾小摆动相耦合的运动，飞机在进行荷兰滚运动时可以保持原航向。荷兰滚周期很短，不会造成严重的飞机稳定问题，但会使得飞机后部的乘客反胃。较大的垂直安定面可以有效抑制荷兰滚。为了防止乘客产生不适，商用飞机通常使用偏航阻尼器操纵方向舵，从而自动抑制各种荷兰滚。偏航阻尼器不是飞机飞行的必要控制器，所以在其失效时，飞机仍可以飞行，但这会引发飞机上更多乘客的不适。

> 海湾战争期间，美国飞机的损失率与正常训练时的大致相同。

　　在较小的飞机中，飞行员感觉不到荷兰滚运动，这是因为所有的运动都围绕着重心发生。在小型飞机中，飞行员和乘客通常坐在离重心很近的地方。只有在大型商用运输机上，乘客才能在离重心很远的地方感受到这一运动。

3. 螺旋不稳定

我们讨论的最后一种不稳定性问题发生在螺旋运动中，通常称作螺旋发散。这是偏航和滚转耦合的不稳定，其会导致飞机的螺旋下降。对于螺旋不稳定的飞机，如果飞行员不进行合理的操作干预，会使得飞机最终螺旋坠地。虽然螺旋发散会导致严重的后果，美国联邦航空管理局却允许在飞机设计中加入一定的螺旋发散性。这是因为和浮沉运动一样，螺旋发散的周期也很长，同样只有睡着的飞行员才会忽略它。需要注意的是，林白当时如果没有及时醒来，那么他的计划外的小睡将会是灾难性的，因为当他醒来时，"路易斯精神号"飞机已经进入深度螺旋下降状态了。

五、增稳系统

最新的军用飞机正在研究设计静不稳定飞机，这种飞机如果没有计算机控制就无法正常飞行。计算机所做的事情和试着在指尖直立一根铅笔一样，是非常困难的事情。这是一种静不稳定状态，但是如果你能做出足够快的反应，就可以使得铅笔在指尖直立，而计算机可以使得静不稳定飞机做出快速反应。

为什么军方想要一架静不稳定的飞机呢？如

> 诺斯洛普设计了一款高速飞翼式飞机——XP-79飞槌飞机。它的使命是用它的前缘切掉敌机的机尾。[1]

---

[1] 现在看来是不切实际的。——译者注

第二节所讨论的，是因为这种飞机拥有好的可操作性。如果飞机有自然偏离原有飞行状况（例如平飞）的倾向，那么当飞行员想要改变时，飞机会更容易做出反应。另一个原因是设计静不稳定飞机可以使用较小的稳定器，这样可以减少飞机的重量和阻力。

计算机的高速运算的能力赋予了它巨大的优势。之前提过莱特兄弟更喜欢让飞机轻度不稳定，从而让飞行员更加专心地操纵飞机。但只是让飞机轻度地不稳定，依然可以通过操纵操纵杆来使飞机可控。如果飞机过于不稳定，飞行员或许会无法做出足够快的反应来控制飞机。如今，在控制回路中安装计算机可以增强飞机的稳定性。飞行员只需要关注于整个飞行路线，而让计算机去处理那些需要快速反应的任务，或者两项工作都由计算机来做。

> 在现代商业运输中，飞行管理系统可以控制整个飞行路线。事实上，飞行员可以预先设定飞机从起飞到降落的航线，整个过程无须再控制。计算机能精确地控制飞行，以至于可以控制飞机在跑道上的相同位置降落，但这会损坏跑道。随着离散系统引入自动着陆系统之中，飞机着陆点变得可以在一个较大区域内波动了。

在控制回路中加入计算机，则可以将飞机设计成不稳定的。第一个不稳定设计的飞机是 X-29，如图 2-8 所示。计算机可以做出快速、细小的调整使得飞行员可以着手于其他工作。如果计算机发生故障，那么飞行员将会无法控制飞机，使得飞机坠毁。

六、操纵性

如前所述，直到第二次世界大战以后，飞机的操纵性才被量化。在此之前，操纵性怎样取决于飞行员的意见。类似于很棒、有趣、平稳、快速、迟缓和灵敏等仍然是被飞行员用来评价飞机的操纵性能的词汇。但是对于一个飞行员来说飞机是灵敏的，对于另一个飞行员来说飞机可能就是迟缓的。

甚至有的时候会出现完全相反的状况，飞行时间较长的战斗机飞行员认为飞机是平稳的，把飞机交给新手驾驶，后者却觉得它相当灵敏。这是家庭作坊式制造业的一个典型问题，这些企业很少公布定量化的操纵性数据。

杆力是影响飞机操纵性的重要数据之一，通过它可以测量在操纵杆上需要施加多大的力才能让飞机操纵面产生特定的变化。假设飞机需要 40 磅的力才能使飞机以 1 度 / 秒的速度滚转，这样的飞机操纵性是极其迟缓的。然而，如果 1 磅的力就可以使飞机以 180 度 / 秒的速度滚转，这样的飞机则是极其灵敏的。

控制平衡是衡量飞机操纵性的另一个数据。如果需要施加 5 磅的力在操纵杆上，来使得飞机达到最大侧滚角，但达到最大俯仰角却需要 30 磅的力，则认为控制系统是不稳定的。理想情况下，在操纵杆上 5 磅的力应在滚转和俯仰轴上产生大致相同的变化。

> DC-6 飞机使用了模特 N. J. 贝克（Norma Jean Baker）在机舱内拍摄的照片来作为飞机的宣传照片，她就是后来著名的演员玛丽莲·梦露（Marilyn Monroe）。

另一个数据是反向偏航，老式飞机反向偏航明显，飞行员不得不频繁蹬方向舵的脚踏板来纠正航向。现代飞机几乎不需要任何舵操作来纠正反向偏航，主要的原因是采取了二面角①和大的垂直安定面。驾龄较长的飞行员认为这是懒惰的飞行。

七、电传操纵系统

在数字计算机时代以前，飞机操纵面通过缆绳、推杆和液压管路与操纵杆相连，这种从飞行员控制端到操纵面的连接方式称为机械连接。在使用缆绳和推杆的情况下，操纵杆的杆力运用的是杠杆的基本原理，其大小是机

---

① 机翼或平尾向上的角度。——译者注

械设计优劣的一个重要表现。使用缆绳和推杆操纵存在的问题是，从飞机操纵杆到操纵面之间的连接路径很难规划。举个例子，缆绳或者推杆在机舱中间底部穿过是一种很不理想的状况。不过液压管线因为是管形材料，所以很容易布线。

在操纵回路中加入计算机，就不需要用直接的机械连接或液压管路。电传操纵系统是通过导线传送控制命令的控制系统。飞行员控制操纵杆时，计算机将读取操纵杆的杆量。计算机将命令连同增稳信号转换为电信号。然后电线将驾驶舱的指令连接至各种执行器，把电信号转换成各种机械动作，例如移动升降舵。

电传操纵系统还有一些重要的特点。一个特点是可以运用智能计算机来做决策。例如，计算机可以监视飞机迎角，保证飞机不会达到失速迎角。因此，无论飞行员如何用力拉回操纵杆，飞机迎角都不会达到失速迎角。这对于战斗机是很有用的，这样飞行员在战斗中可以全神贯注于战斗。计算机还可以通过调控，把飞行员控制的粗暴着陆过程变成平稳着陆过程。从本质上看，飞行员和计算机都在操纵飞机。

> 霍华德·休（Howard Hugh）那臭名昭著的"云杉鹅"实际上是用桦树做的。[1]

电传操纵系统另一个值得注意的副作用是操纵杆力的影响。用操纵杆驾驶真实的飞机和在飞行模拟器中驾驶没有任何区别。在转弯受到阻力时，飞行模拟器中的操纵杆无法给予机械反馈。因此，在低速和高速飞行时，转弯所需要的杆力是相同的。机械反馈是飞行员和设计师之间的争论焦点。飞行员想要飞机有适当的机械反馈。目前，不止一家飞机制造商开发了计算机控制的弹簧和连杆联动装置，以此来给予飞行员以与老式连杆操纵系统相同的感受。当然，这也意味着操纵杆力和平衡点可以通过软件来调整。这种

---

[1] 来自电影《飞行家》。——译者注

额外的硬件增加了飞机的重量，但它使得飞行员更加舒适，此外也使得飞机更加安全。

计算机已经成为影响飞机操纵性的重要因素。飞行员与操纵面之间安装了计算机，杆力和平衡点可以通过软件来调节，这对于新飞机的研制是十分有帮助的。例如，将波音 777 的预期操纵性程序写入波音 757 飞机中，那么在波音 777 被建造出来之前，飞行员已经有大量的飞行经验。波音 777 首飞十分顺利就是因为飞行员已经模拟波音 777 飞行了很多小时了。

八、小结

在这一章和前一章，我们介绍了稳定性和操纵性的基本概念。对于这两方面，人们已经做出了大量的深入研究，但本书只提供了一些基础的介绍。在早期，稳定性和操纵性并不像今天这样重要。但在现代飞机上，无论是商用还是军用，稳定性和控制性系统都运用了计算机。计算机还有很多功能，而工程师也在学习更多方法来使用计算机。除了增强稳定性外，机载计算机还可以获取导航数据、仪表着陆数据、空中交通数据和天气数据，并能创建和执行飞行线路。事实上，从起飞到着陆，单靠计算机就可以完成整个飞行。飞行员的工作比起驾驶飞机，更像是一个系统监视员。有个笑话说，飞行员和狗会一起驾驶将来的飞机，如果飞行员想要操纵飞机，狗将会咬飞行员的手，那飞行员的工作就只是喂狗而已。

第 4 章

飞机的推进系统

推进系统是飞机上最复杂的系统之一。然而，飞机推进系统背后的原理却并不复杂。一架飞行中的飞机需要功率来提供升力，同时克服空气对飞机作用所产生的阻力。无论是爬升还是转弯，都需要额外的功率。在第 1 章中，我们介绍了飞机通过对周围空气作用产生升力。在这里我们将用相似的理论来描述飞机推进系统是怎么工作的。

爬升和转弯所需的功率将在第 6 章讨论，而在本章中，我们将介绍飞机推进系统如何提供飞行所需的功率。我们还将介绍喷气式发动机相较于活塞式发动机在提供所需功率时的不同之处，一些不同和相似的地方可能会令人感到惊讶。

> 鸡的世界最长飞行时间纪录是 13 秒。一只鸡已知的最远飞行距离是 301.5 英尺。

除了一些例外（最为著名的是滑翔机），飞行所需的功率都是由活塞发动机或喷气发动机提供的。这些发动机提供的能量必须作用于周围环境来推动飞行器。这些推进系统需要一些非常复杂的工程技术。然而，我们只需要了解推进系统正在干什么，发动机为什么那样工作，并不需要了解这些系统的工作细节。

一、再次提及牛顿定律

我们在第 1 章中介绍过，机翼通过向下转移气流来产生升力。用同样的原理来解释飞机推进系统的工作就是，为了产生推力，它必须将空气向后推。就像家用电风扇推动空气一样，螺旋桨和喷气发动机也是如此。更重要的是，就像机翼一样，飞机推进系统也是牛顿定律的应用。

根据牛顿第三定律，对于每一个作用力，都存在一个等大反向的反作用力。在一个飞机推进系统中，作用力使空气或者燃气加速，反作用力产生推力。我们再次应用牛顿第二定律的替换形式，即推力正比于单位时间内被加速气体的量与其速度的乘积。

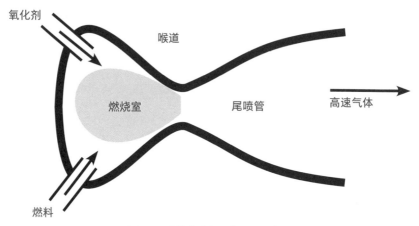

图 4-1　火箭发动机工作原理示意图

二、推力

　　尽管火箭发动机并不是一个常规的飞机推进系统，但它是理解推进系统的一个很好的开始。火箭发动机工作原理如图 4-1 所示。燃料和氧化剂被注入燃烧室，产生大量高压气体。气体加速到达发动机的喉道，在这里的速度达到马赫数 1，换句话说，等于声速。通过喉道之后，气流继续加速，喷射出具有巨大推力的超高速气体。一架大型火箭在高速飞行时会排出大量的气体。图 4-2 是运载"阿波罗"（Apollo）8 号的火箭发射的场景，可见排出的大量气体。

　　来自火箭发动机的推力类似于步枪发射子弹时的后坐力。由牛顿第二定律的替换形式可知，火箭发动机的推力正比于单位时间排出气体的量与气体速度的乘积。要提高火箭的推力，可以提高单位时间的排气量、排出气体的速度，或者两者同时提高。飞机推进系统的工作大致与火箭发动机相同，作用在飞机上的力是加速空气或燃气的反作用力。如果你曾经站在一架螺旋

图 4-2 运载"阿波罗"8 号的火箭发射（照片来自美国国家航空航天局）

桨正在旋转的飞机后边，你无疑能感受到大量空气被吹向后方。

三、功率

飞机推进系统由两个不同的部分组成。一部分是发动机将能源（例如燃料）转换为能量来工作。系统另一部分将发动机的输出功转化为对周围环境的作用而产生推力。一台活塞发动机加上螺旋桨的组合，就是一个完整飞机推进系统的实例。涡轮喷气发动机也是一个例子，但其系统的两部分并不容易区分出来。

通常，工程师、飞行教练和老师用作用力来描述飞行和推进。在本书中，我们用功率来描述。功率通过油门调节，而油门能够由飞行员掌控。这样更加直白易懂。如果加大油门或者增加供油，功率将因此变大。功率是消耗能量或做功的速率，这是理解推进系统的关键。功率也引出另一个基本概念：效率。

从这个角度来看推进系统，需要适当地引入几个术语。飞行需要的用来承担飞机的重量、克服摩擦力、爬升等的功率，就是飞行的需用功率。由发动机产生传递给螺旋桨，或者由喷气发动机产生用于推进的功率称为可用功率（power available）。发动机可用功率和输出功率（power delivered）的差额称为功率损失（wasted power）。功率损失主要是螺旋桨滑流或者喷气发动机排气中动能的损失。

> 在 1926 年 5 月 9 日，R. E. 伯德 中 校（Commander R.E. Byrd）第一次飞越了北极。在 1929 年 11 月 28 日至 29 日，伯德第一次飞越了南极。

可用功率为推力与速度的乘积。对于活塞发动机，发动机功率固定，可用功率与飞机速度关系不大。图 4-3（a）描述了在恒定功率下，典型的活塞发动机加螺旋桨组合的可用推力和可用功率是如何随速度变化而变化的。来自螺旋桨的推力随速度增加而下降，而可用功率则变化不大。当然，这些细节由许多因素决定，螺旋桨的设计也是其中之一。

如图 4-3（b）所示，喷气发动机和活塞发动机的速度特性大相径庭。喷气发动机的可用推力（thrust available）基本不随速度变化而变化，而可用功率与飞机速度成正比。这些特性我们之后将详细讨论，但我们也能预料到这些区别将影响一架飞机的性能。

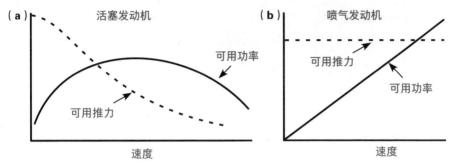

图 4-3　活塞发动机和喷气发动机的可用功率、推力与速度的函数关系

四、效率

飞机推进系统的目标是在提供所需功率的前提下尽可能提高效率。大体上有两种因素会降低飞机推进系统的效率。第一种是燃油在转化为发动机功率的过程中的热效率（thermal efficiency）。这里的损失主要是燃料低效率燃烧、发动机内热和发动机内部摩擦造成的。另一种是，能量同样用于维持发动机系统正常工作，例如输送燃油、驱动滑油泵和发电。这些损失降低了发动机的输出效率。

> 在首次试飞他们的有动力飞机之前，莱特兄弟的累计滑翔机飞行时间比之前历史纪录的飞行总时间还要多。

发动机将燃料中的化学能转化为机械能后，还必须将机械能转化为推进功。可用功率与发动机功率之比为推进效率（propulsive efficiency）。推进系统的总效率是由燃烧一定量燃料时系统能产生多少功率来衡量的。那么如何提高推进效率呢？提高升力效率的理论同样可用于此处。

从第 1 章中我们了解到，机翼的升力正比于单位时间转移给空气的动量（mv）。空气流过飞机获得的动能（$1/2\ mv^2$）对飞机来说是一种能量损失。

为了达到最经济的飞行，需要在创造必要升力的同时尽可能在空气中留下更少的能量。因此我们想要在尽可能低的速度下转移尽可能多的空气。这就是为什么机翼的效率会随着面积的增大而提高。提高升力效率需要增加转移空气的量，而不是速度。

推进系统产生推力并向周围环境传递功率的方式和机翼相同。因此为了产生最有效的推力，我们需要发动机在尽可能低的速度下加速尽可能多的气体。这可以将功率损失（wasted power）降至最低。如果一台螺旋桨发动机或者喷气发动机能够以相对较低的速度排出大量的空气，相较于在高速下排出较少气体产生同样推力的系统，它消耗的功率小得多。记住，作用于空气来产生推力的损失能量是必须由发动机来提供的。

为了获得最佳推进效率，我们希望留在空气中的动能尽可能为零。不幸的是，这并不可能。为了产生推力，必须给空气一些速度，因此有一些损耗。

让我们来看看这种情况：一位工程师想要设计出推力比以前大一倍的发动机，他能够通过提高发动机单位时间喷出气体的量、提高喷气速度或两者都提高来提高推力。但是，如果提高喷气速度，功率损失会随速度的平方增长。所以，通过将排气速度增大一倍来使推力增大一倍，可以让可用功率增大一倍，但功率损失提高到了之前的四倍！然而，如果通过将喷气量增大一倍来使推力增大一倍，可用功率同样会增大一倍，而功率损失仅增大了一倍。一般来说，飞机推进系统的目的是在最小的功率损失下创造最大推力。这使得飞机发动机设计师更偏爱增大喷气量，而不是提高喷气速度来提高推力。

即使是最高效的推进系统，仍会有大量的动能被传递到空气之中，并不存在理想的飞行推进系统。相对发动机产生推力，机翼产生升力的效率更高。这是因为机翼有很大的面积，能够以很低的速度转移大量的空气。而发动机就没有这种奢侈的条件。

五、螺旋桨

一副螺旋桨，简单来说，就是旋转的机翼。低速飞行时，螺旋桨的推进效率最高。效率最高时，不低于 84% 的发动机功率可以通过螺旋桨转换为可用功率。因此大约只有 16% 的功率被浪费。

因为螺旋桨的工作方式是在旋转中推动一定量的空气，并使这些空气加速，我们由此可以了解到螺旋桨设计的一些权衡因素。面积较大的螺旋桨将比面积较小的螺旋桨更高效，因为它能推动更多空气。模型飞机爱好者都知道，大面积、转速较慢的螺旋桨将获得更久的留空时间。

螺旋桨的尺寸和转速取决于很多因素。首先，大尺寸、低转速螺旋桨可能由于离地间隙太小而不能得以应用。同样重要的是，螺旋桨转速与发动机类型的匹配。满足这些要求后，还需要保持桨尖速度低于声速（因为噪声和额外功率损失的原因），这些造就了我们现在看到的飞机螺旋桨。航空活塞发动机通常设计转速为每分钟 2200 ~ 2600 转。限制桨尖速度大致在声速使得典型螺旋桨直径为 72 ~ 76 英寸。早期飞机，例如第一次世界大战时期的飞机，配备低转速发动机，工作转速大约为每分钟 1600 转。这些早期飞机拥有非常大的螺旋桨（直径 100 英寸）。因为大直径允许螺旋桨每秒推动更多的空气，它们拥有相当高的推进效率，可以抗衡当今的螺旋桨。然而，提高发动机效率却还有很远的路要走。

施加于空气的功率正比于螺旋桨转速的立方。通过与固定迎角的机翼类比，这一点很容易被理解。从第 1 章中我们了解到，机翼施加给空气的功率正比于转移空气量乘以转移空气垂直方

> 运载"阿波罗"4 号的火箭发射时的噪声是所有火箭发射中噪声最大的。在 850 英里外的新泽西州（New Jersey）都因此产生了地震读数。

向速度的平方。如果在保持迎角不变的情况下将机翼速度增加一倍，转移空气量与转移空气垂直方向速度将同样增大一倍。因此，功率将增大到原来的

8 倍。螺旋桨也类似，在恒定的桨距和前进速度下，传递给空气的功率正比于螺旋桨转速的立方。这就意味着驱动螺旋桨所需功率随螺旋桨转速提高急剧增大。因此，螺旋桨面积和发动机尺寸的匹配非常重要。如果桨叶太小，发动机的负荷将很小，发动机在高转速时会产生"超转"（over-rev），这会对发动机造成损坏。如果桨叶太大，发动机将无法达到最佳工作转速，从而无法给螺旋桨传递足够功率。

1. 多叶螺旋桨

螺旋桨上的叶片总面积决定了螺旋桨将发动机功率转化为推力的能力。面积越大，螺旋桨能转化的功率就越多。对于大多数的小型飞机，使用双叶螺旋桨就能达到合适的叶片面积。叶片面积随发动机功率的增大而增大。一些螺旋桨使用三叶、四叶甚至六叶的形式来增大总面积。实际上，如果双叶螺旋桨的总面积和三叶、四叶、五叶或六叶螺旋桨相同，那么它们的效率几乎相同。

在相同总面积的情况下，从双叶螺旋桨过渡到多叶螺旋桨是一个微妙的权衡结果。双叶螺旋桨最适用于低功率需求的慢速飞机。多叶螺旋桨适用于需要大功率的场合，例如爬升和高速飞行。多叶螺旋桨还有一些其他优势，如噪声小和振动低。但是为什么不是所有的飞机都使用多叶螺旋桨呢？

不使用多叶螺旋桨的原因之一在于，多叶螺旋桨更加昂贵。另一个原因是，对于多叶螺旋桨来说，每一个桨叶都将产生更多的空气扰动。因此，总结来说，在可行的情况下螺旋桨叶片越少越好。这种情况的极端是使用单叶螺旋桨，如图 4-4 所示。实验证明，在一次旋转中，单叶螺旋桨滑流引起的湍流损失大大降低。这提高了螺旋桨的效率。然而，因为螺旋桨效率已经很高了，这种提高效率的措施并未引起人们的兴趣。

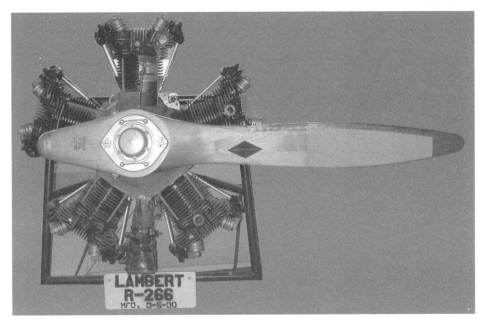

图 4-4 单叶螺旋桨［由华盛顿州温哥华皮尔逊航空博物馆
（Pearson Air Museum, Vancouver, WA）提供］

2. 螺旋桨桨距

当螺旋桨转速和尺寸确定时，通过螺旋桨的空气流量也就基本确定了。因此，为了得到更高的推力，螺旋桨后的空气速度必须提高。螺旋桨的桨距类似于机翼的迎角。对于固定桨距的螺旋桨，桨叶的安装角度相对螺旋桨的旋转方向是固定的。螺旋桨的迎角是由螺旋桨的桨距、旋转速度和飞机的空速决定的。飞机速度越快，迎角就越小。如图 4-5 所示，图中显示了飞机螺旋桨在没有飞行速度的迎角和加速飞行时的迎角。随着飞机飞行速度的增加，由于飞机飞行速度而产生的风，将降低螺旋桨的迎角。因此螺旋桨推动的空气减少，产生的推力减小，且需要的发动机功率也会降低。

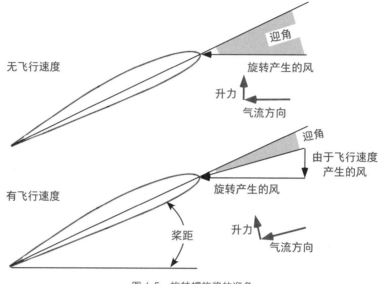

图 4-5　旋转螺旋桨的迎角

　　在图 4-5 中，可以看到风的方向和螺旋桨产生升力的方向。为了让图片更容易理解，所有角度都被放大了。机翼或者螺旋桨的升力方向与来流方向互相垂直。在没有飞行速度的情况下，螺旋桨产生的升力方向是向前的。随着飞机加速飞行，螺旋桨的升力方向发生倾斜，使得并非所有升力都沿着飞行方向。这导致效率随着飞行速度的增加而减小。

　　固定桨距螺旋桨的效率取决于转速和飞机飞行速度。图 4-6 展示了恒定转速下不同桨距效率与飞机飞行速度的函数关系。由此可见，在一定桨距时，最佳效率存在于非常狭窄的速度范围内。因此，一个固定桨距的螺旋桨必须要有较高的桨距，才能得到全面的性能。在给定的海拔下，额定发动机可用功率取决于发动机转速，即螺旋桨转速。因此高桨距可能会导致起飞时发动机无法在最佳转速下工作，从而无法产生足够的功率。在巡航速度下，相同的螺旋桨可能需要减小发动机油门来防止发动机在过高转速下工作。因

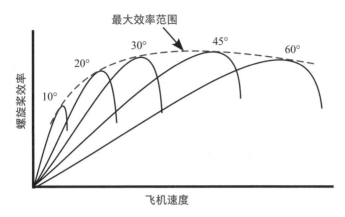

图 4-6　螺旋桨效率和飞机速度的关系

此，采用固定桨距螺旋桨是一种折中方案。

　　解决这个问题的办法是使用定速螺旋桨。定速螺旋桨允许飞行员同时控制螺旋桨转速和桨距。定速螺旋桨就像发动机上的控制器，它有两个控制量，分别是发动机的油门和转速控制器。油门控制了发动机的功率输出；转速控制调节了螺旋桨转速，从而控制了发动机转速。如果发动机运转过快，桨距将自动增大，直到发动机降低到预定转速。这使得定速螺旋桨的效率能够达到图 4-6 所示的最大效率范围。

　　在起飞和爬升时，螺旋桨调整到了一个较小的桨距。因为飞机的速度较低，螺旋桨的迎角依然较大。在巡航时，飞机速度会导致螺旋桨迎角减小。这时螺旋桨桨距将增大，使得发动机降至理想转速。小型飞机上典型的定速螺旋桨将巡航时的燃油效率提升了大约 14%，同时改进了起飞和爬升时的可用功率。

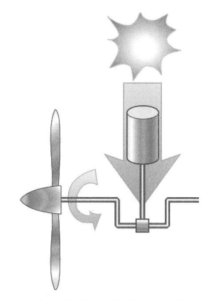

图 4-7　活塞发动机将化学能转化为螺旋桨旋转的动能

六、活塞发动机

　　活塞发动机和涡轮发动机都可以驱动螺旋桨。在此，我们将简短介绍航空活塞发动机。我们并不会介绍它的工作细节，而是重点介绍活塞发动机与功率传递的关系。

　　简单来说，活塞发动机是将一定量燃料与氧化物中的能量转化为活塞的动能。活塞中的能量被用来驱动转轴。最终，转轴带动螺旋桨，如图 4-7所示。

　　如果我们将单位时间内的油气混合物所含有的可用能量定义为总功率，那么总功率将受限于空气和燃油被注入活塞发动机气缸中的量。气缸越大，

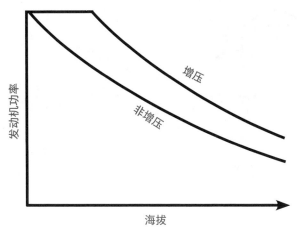

图 4-8　增压发动机和非增压发动机功率和海拔的关系

意味着发动机功率越大。海拔越高，空气密度越低，输出功率将减小。因为可用氧气随海拔上升而减少，自然吸气（normally aspirated）活塞发动机通常将飞机限制在低海拔下使用。

　　一种克服由海拔造成的功率损失的方法是在进气系统中增加增压泵，使得进入气缸的空气量增加。有两种方式可以实现。第一种称为涡轮增压（turbocharging）。涡轮增压器使用发动机排气的能量驱动小的增压泵对进气增压。机械增压器（supercharger）是另一种为气缸提供额外空气的方法。机械增压器可以由皮带连接发动机轴来驱动，或者由电动机驱动。两者的目的是一样的，即在高海拔空气密度较低的地区增加气缸内的空气（氧气）量。涡轮增压或机械增压发动机可以在更高海拔下保持功率输出不变。超过海拔限度后，增压泵不能再保证气缸内的海平面空气密度，功率随海拔的增高而下降。图 4-8 展示了非增压发动机和增压发动机

1989 年 7 月 19 日，在艾奥瓦州的苏城（Sioux City, Iowa），一架 DC-10 飞机由于尾部中间发动机爆炸而失去了所有尾部控制面。飞行员运用机翼下的 2 台发动机的推力奇迹般地完成了迫降。

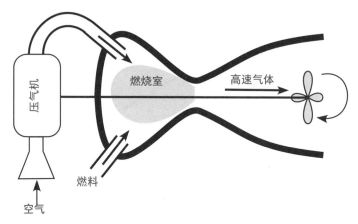

图 4-9　涡轮发动机工作原理

功率和海拔的关系。涡轮增压器或机械增压器通常并非用于增加海平面的发动机功率。因为如果在海平面使用会导致发动机温度和负荷过高，对发动机造成损坏。

　　我们需要记住，对于以活塞发动机为动力的飞机，发动机功率是高度的函数，而非速度的函数。如图 4-3 所示，螺旋桨的推力随速度的增加而降低，但可用功率基本不变，直到达到高速时才下降。

七、涡轮发动机

　　涡轮发动机是所有喷气发动机的核心，它和活塞发动机有很大区别。其中一点是，"发动机"和产生推力的设备有些难以区分。我们将从涡轮发动机的基本部件，即核心机来介绍涡轮发动机。

　　在涡轮发动机中，燃烧产生的能量被转化到了燃气中而不是机械活塞上。图 4-9 展示了基于图 4-1 的火箭发动机工作原理的涡轮发动机的工作原

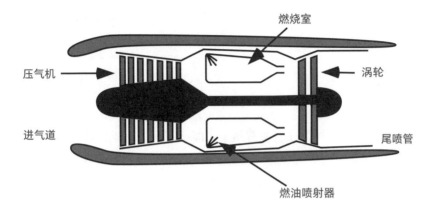

图 4-10　更真实的涡轮发动机工作原理图

理。火箭能携带燃料和自己的氧气源，这就是它能在太空真空环境中运行的原因。但涡轮发动机在氧气来源充足的大气层内使用。因此，可以在火箭发动机的基础上安装一个压气机来给燃烧室提供高压空气。为了驱动压气机，将涡轮风扇安装在排气装置处，将部分高速燃气的能量转换为机械能。

索菲亚（Sophia）J-850 是一种非常小的喷气发动机。它重 3.08 磅（1.4 千克），能产生 18.7 磅力（83 牛顿）的推力。它是一个功能全面的，为教学和模型飞机设计的涡轮喷气发动机。

　　图 4-9 描绘了涡轮发动机的部件，然而这些部件与实际使用的部件并不相同。图 4-10 更真实地描绘了涡轮发动机的工作原理。基本上来说，它含有进气道（或扩压器）、压气机、燃烧室（在这里高压空气与燃料混合并燃烧），以及驱动压气机的涡轮。在涡轮排气末端有一个喷管来引导排气，以产生推力。压气机、燃烧室、涡轮这三个部件是涡轮发动机的核心机。

　　下面我们逐个讨论涡轮发动机的不同部件。进气道和尾喷管我们之后再讨论，因为它们并非涡轮发动机本身的组件，而是将涡轮发动机变为喷气发动机的额外组件。

1. 压气机

在涡轮发动机中，压气机有两个功能。第一个功能类似于单向阀，阻止燃气从发动机前端喷出。压气机的工作是始终将燃气向一个方向推——进入燃烧室。第二个功能正如它名字所说，是增加空气的压力和密度，因此燃料得以高效地燃烧。这在空气稀薄的高海拔地区尤为重要。压气机同样将提供冷空气，这点之后将会讨论。

图 4-12 所示是一台通用电气公司（General Electric）生产的 J-31 涡轮喷气发动机。这是美国第一台量产的喷气发动机。在 1945 年停产前共生产了 241 台。

喷气发动机主要使用两种压气机。更大的发动机使用轴流式（axial-flow）压气机，如图 4-11 所示。正如名字所说，空气沿轴向流入压气机，径直进入燃烧室。图中仅展示了压气机部分。

较小的喷气发动机更多地使用离心式（centrifugal）压气机，或者叶轮，如图 4-12 所示。这里展示的是整个发动机的剖面图。这种压气机将空气驱动至发动机的外径处，在这里气流改变方向，进入燃烧室。

虽然结构并不相同，轴流式压气机和离心式压气机的目的是相同的——压缩空气。下面我们详细地讨论这两种压气机。

2. 轴流式压气机

在轴流式压气机中，一系列的旋转叶片将气流向后推，同时增加气流能量。每个叶片基本上相当于一个旋转的机翼，类似于螺旋桨。但压气机和螺旋桨有一个本质的区别。压气机的叶片位于管道之中，它做的功增加了空

图 4-11 轴流式压气机

喷油嘴

起动机

压气机（叶轮）

燃烧室

涡轮

图 4-12 离心式压气机和发动机

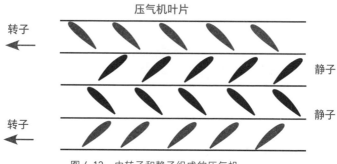

图 4-13　由转子和静子组成的压气机

气压力而不是速度，其原理十分有趣。

　　轴流式压气机由成排的叶片构成，包括静叶和动叶，如图 4-13 所示。一排典型的动叶大概由 30 ~ 40 个叶片组成，称为转子。转子的作用是对气流做功和增加其压力。转子之后有一排静止的叶片，称为静子。静子的作用是使离开转子的气体减速增压。气流通过一级转子 - 静子组合时压力增加很小。但是多级转子 - 静子可达到较高的增压比和效率。随着压力逐级增加，空气体积下降。因此转子、静子叶片变得更小，如图 4-11 所示。

　　将单级压气机增压比提高太多并不明智。因为这增大了叶片失速的可能性，正如试图使机翼产生过大升力一样。失速会导致流动反向，称为压气机失速。一般是通过多级压气机来降低每级的压力增益，而不是通过提高单级增压比来增加压力。这使得 10 ~ 12 级的压气机能将压力增加到 10 倍或更多。

3. 多级压气机

　　压气机由 10 ~ 12 个转子 - 静子或一个叶轮组成，可对空气进行有限的压缩。从原则上说，对于轴流式压气机，可以添加更多级的转子 - 静子。

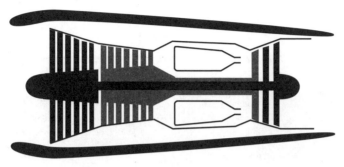

图 4-14   双轴轴流式发动机

然而，随着空气的增压和减速，轴的转速变得过高。解决方案是添加多组压气机，通常称之为低压和高压压气机。因此多数商用喷气发动机含有多个同心轴。图 4-14 所示是一台双轴发动机。图 4-11 是双轴压气机。低压压气机有大叶片，共 7 级转子 - 静子。高压压气机在右边，有 6 级转子 - 静子。

多级压气机也可以采用离心式压气机。一些发动机有两个离心式压气机，而其他的发动机则是以一个轴流式压气机作为低压压气机，用离心式压气机作为高压压气机。

> 作为纽约直飞巴黎的第一人，查尔斯·林白完成了昼夜不停的从圣地亚哥（San Diego）到圣路易斯（St. Louis）的飞行，创造了世界纪录。

4. 离心式压气机

离心式压气机推动空气沿发动机径向流动而非轴向。如图 4-12 所示，离心式压气机通过对空气径向加速来增加能量。离心式压气机在较小的发动机上应用很普遍，因为用一个离心式压气机替换轴流式压气机的多级转子和静子，可以大大降低制造成本。当然，这种低成本技术也存在缺陷。空气必须从径向流动转为沿发动机轴向的流动。这会导致很大的能量损失。这种效

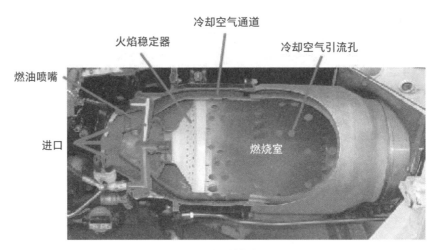

图 4-15　轴流燃烧室

率损失在大型喷气发动机上是不被接受的。与轴流式压气机相比，它有更大的迎风面积，这增大了阻力。

　　自喷气发动机问世以来，离心式压气机就保持着重要的地位，它使得发动机长度更短，在小型通用喷气式飞机和直升机上很常用。它也十分耐用，比轴流式压气机抗外物打伤能力更强。

5. 燃烧室

　　喷气发动机和内燃发动机压缩过程区别之一在于喷气发动机压缩过程是连续的。在空气被压缩之后，燃油注入燃烧室并燃烧。燃烧室类似于炉膛，油气混合物在这里燃烧。图 4-12 清晰地展示了燃烧室，顶部被切开的部分和底部被完全封在一个"罐"中。图 4-15 展示了采用轴流式压气机的发动机的一个燃烧室。

在大多数发动机的设计中，燃烧室实际上由环绕发动机轴线分布的多个燃烧室组成，类似于一系列罐子。如图 4-15 所示，空气自左向右流动。在进入燃烧室进口之后，空气分股，一部分向燃烧室外部流动，另一部分穿过燃烧室内部。流过燃烧室外部的空气用来冷却。进入燃烧室内部的空气会穿过一个带孔的板，这是火焰稳定器。火焰稳定器促进了油气混合，同时阻止火焰被高速气流吹熄。

为了获得最佳的燃烧效率，燃烧室内温度越高越好。燃烧室尾部的温度在 2800 华氏度（1500 摄氏度）左右。一般钢的熔点在 2400 华氏度（1300 摄氏度）左右。这个温度对于典型的制造材料而言过高，所以燃烧室必须冷却。如图 4-15 所示，冷气从燃烧室壁面上的孔洞中被引入，形成薄膜覆盖内层壁面。这样因为冷气的连续供应，灼热的燃气不能烧穿燃烧室壁面。喷气发动机吸入的大约 75% 的空气用来冷却。因此，通常只有 25% 的氧气在燃烧室中消耗掉。那些未被消耗的氧气使得加力燃烧成为可能，这些内容我们将在本章结尾处讨论。

> 一台宽体客机使用的现代涡轮叶片大约 3 英寸高、2 英寸宽，能产生 750 马力[①]的功率。

在燃烧室内通过化学燃烧给予空气能量，从而产生推力。在这些充满能量的燃气排出之前，一部分能量必须用来驱动压气机。这是通过燃烧室后方的涡轮来完成的。

6. 涡轮

涡轮看起来有些像单级的压气机，只有燃烧室后第一级叶片是固定不旋转的。这些叶片被称作涡轮导向器叶片（turbine vane）。它们后面是涡

---

① 1马力约合735瓦。——译者注

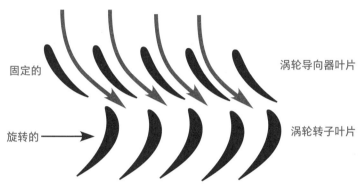

固定的

旋转的 →

涡轮导向器叶片

涡轮转子叶片

图 4-16　涡轮导向器叶片和涡轮转子叶片

轮的转子叶片，其驱动连接压气机的轴。布局如图 4-16 所示。涡轮导向器叶片的作用是将排气导入涡轮转子叶片中去。这使得更多能量传递给了涡轮叶片。

　　涡轮与压气机相反。通过涡轮每一级时，空气膨胀降温，空气的能量被转移走。涡轮的个数必须与压气机相同，但每部分级数并不相同。因此，一台喷气发动机若有两个压气机，一个高压压气机和一个低压压气机，同样会有两个涡轮，各自通过不同的轴驱动两个压气机。一组"涡轮 – 驱动轴 – 压气机"的组合被称为单轴。大多数大型喷气发动机为双轴发动机，意味着它们有两组涡轮驱动两组压气机，如图 4-14 所示。

第一次世界大战中战斗机使用的星型发动机实际上是和螺旋桨一起旋转的。

　　虽然高温燃气经过涡轮时会损失一些能量，并因此冷却，但温度依然很高。涡轮首级导向器叶片承受的温度类似于燃烧室内的温度，大约 2800 华氏度（1500 摄氏度）。因此这个涡轮级需要特殊的冷却，包括像燃烧室一样的气膜冷却。图 4-17 所示为一个涡轮叶片。可见它是空心的，用来通过冷却空气。它的表面上有小孔，可以使冷却空气在叶片表面形成气膜。这些气

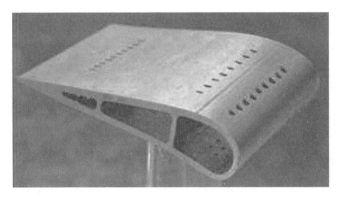

图 4-17　涡轮叶片（图片由美国国家航空航天局提供）

膜很薄，但能让叶片在高温中幸存。

　　气体穿过涡轮压力降低，在压气机中压力由低到高变化。正因如此，不同于压气机，涡轮叶片几乎没有失速的问题。因此，穿过一个涡轮级的气体压力变化可以远大于穿过一级轴流式压气机的气体压力变化。所以涡轮需要的级数比压气机少。即使有能量损失，离开涡轮的燃气依然有大量的能量来产生推力。

八、涡轮喷气发动机

　　最简单的涡轮喷气发动机形式如图 4-10 所示。基本上来说，一台涡轮喷气发动机是由一台涡轮发动机的核心机加上进气道和尾喷管组成的。进气道用来"制约"进入压气机之前的空气，因为压气机需要在一定的最佳空气速度下工作。进气道的作用是让来流速度达到压气机的最佳工作速度，而不受飞行速度的影响。典型的进入压气机的空气速度约为声速的一半（马赫数0.5）。因此，在一架以马赫数 0.8 的速度巡航的运输机上，进气道使空气速度大大降低。当飞机静止在跑道末端时，进气道使空气加速。这也许会让你相信进气道是一个主动工作装置。事实上，是压气机"要求"有多少空气进入发动机。对大多数喷气发动机来说，进气道是被动工作的，它只是确保均匀的空气以恰当的速度进入压气机。在超声速情况下，进气道的重要作用是在尽可能高效的情况下将来流减速为亚声速。

涡轮喷气发动机的另一端是尾喷管，它控制发动机喷出的燃气。理想状态是使燃气膨胀到大气压强，也就是以尽可能最大的速度喷出。这能够产生最大的推力。喷管的设计取决于离开涡轮燃气的压力和速度。

涡轮喷气发动机存在两个基本问题。第一，涡轮喷气发动机在非常高的排气速度情况下产生推力。我们已经知道，这会产生更多功率损失，是低效的。另一个问题在于，排气速度越高，发动机噪声越大。这种噪声现在是无法接受的，并且噪声监督标准不允许涡轮喷气发动机在机场上运行。

更老的飞机，例如波音 707，使用的是涡轮喷气发动机，在如今的机场已经很少见了。波音 727 和波音 737 最初也采用了涡轮喷气发动机，很多这种飞机的早期型号由于噪声限制而不能飞入大多数机场。例如波音 737，这种飞机经历了两次重大改革来改善噪声

> 莱特兄弟的第一台发动机重 180 磅，能产生 12 马力。

和效率。这些独特的要求，使得使用涡轮喷气发动机的"协和式"飞机产生的噪声很大，并且在任何标准下都是"油老虎"。

九、喷气发动机的功率和效率

涡轮喷气发动机产生的功率以及吸入发动机的空气量，取决于燃烧室内的燃油注入量，而不是飞机速度。如果更多燃油加入，更大的力将作用在涡轮上，使得压气机吸入更多空气。喷气发动机的特点是发动机功率和推力一般仅受到油门的控制。因此，发动机在停在跑道上或者以巡航速度飞行时，都可以产生最大功率和推力。

现在介绍一些有趣的内容。可用功率是推力与飞机速度的乘积。因此，虽然飞机在起飞开始滑跑时发动机能产生最大功率和推力，但几乎没有产生用来推进的功率。如图 4-3 所示，功率损失是发动机功率和可用功率之差，几乎所有功率都被浪费掉了！我们已经说过，推进效率是可用功率除以发动机功率。这个值在起飞时几乎为零，随速度增大而上升。人们有时候会听说喷气发动机的效率随着飞行速度的增加而增加，说的就是推进效率。正如将要在第 6 章讲到的，实际上喷气发动机可用功率随速度增大而上升，而活塞发动机几乎保持不变，这将影响到这些飞机的爬升和转弯方式。

涡轮喷气发动机飞机相较于活塞发动机的飞机有另一个优势。由于进气道的设计，涡轮喷气发动机的进气量并不十分依赖于海拔。因此，涡轮喷气发动机飞行高度更高，废阻功率将大大降低而功率依然充足。这提高了喷气飞机的效率。

十、涡轮风扇发动机

为了优化喷气发动机的效率，人们希望在尽可能低的速度下，对大量空气加速来产生需要的推力。涡轮喷气发动机的特性限制了它可以处理的空气量。为解决这个问题，推出了涡轮风扇发动机，如图 4-18 所示。涡轮风扇发动机是以涡轮发动机为设计基础的，但它能使燃烧室产生的能量通过涡轮更多地转化为机械能。这些能量大多数被用来驱动发动机前部的风扇。这些风扇非常像螺旋桨，但有 30 ~ 40 个叶片，而不是只有 2 ~ 4 个叶片。与涡轮喷气发动机相比，在产生同样推力或者功率的情况下，大风扇以很低的速度加速了大量的空气。所以，它的效率高了很多。

> 随着飞行成为现实，发动机的功率大大提升。到 1910 年，法国人已经制造出了可以产生 177 马力的发动机。

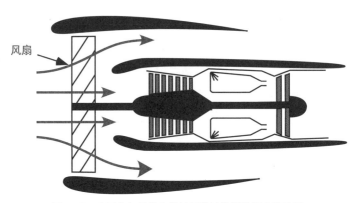

图 4-18 大量空气从核心机外侧流过的涡轮风扇发动机

很重要的是流过风扇的空气并不经过核心机，而是在核心机外部流动。这能在图 4-19 的涡轮风扇发动机图中看到。很显然，大多数空气从核心机的旁路流过。流过核心机外部的空气量与进入核心机的空气量之比称为涵道比（bypass ratio）。现代典型的发动机涵道比约为 8：1，意味着流过核心机外部的空气量是流过核心机的空气量的 8 倍。理想情况下，排气速度和来自风扇的空气速度相同。在这种情况下，当涵道比为 8：1 时，大约 90% 的推力将由风扇产生，约 10% 来自涡轮喷气发动机的排气。

涡轮风扇发动机带来的另一个额外且必要的好处是，较低的排气速度减少了噪声。现代喷气发动机比 30 年前安静了许多。涡轮风扇发动机同样给设计师们提供了既增加推力，也提高效率的方式。他们可以增加通过发动机的空气流量，同时降低排气速度。这造成的结果就是，波音 777-300ER 飞机上的可以产生 115000 磅力推力的发动机有一个巨大的风扇，使得发动机的直径和波音 737 飞机的机身仅相差几英寸。在一台这样的发动机中可以安放 6 个座位和一个过道，当然这些座位会非常不舒适。图 4-20 展示了在卡车边的波音 777，这使我们能感受到它的尺寸。

> 现代飞机的活塞发动机重量约为 2 磅每马力。

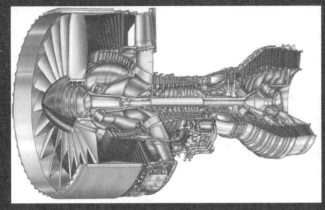

图 4-19　涡轮风扇发动机 [图片由普拉特 - 惠特尼公司（Pratt and Whitney）提供]

图 4-20　波音 777 飞机的发动机

不幸的是，发动机的尺寸有许多实际的限制。然而，总有一些聪明的工程师能找到突破限制的方法。波音 777-300ER 上使用的发动机在 30 年前还是不可想象的。

涡轮风扇发动机是商用运输机和喷气公务机所选择的发动机。军用喷气飞机也同样使用涡轮风扇发动机，不过如果为了能胜任超声速飞行，必须牺牲效率。涡轮风扇发动机的巨大进气道在超声速飞行时会变成一种阻碍。军用飞机要求发动机有小的迎风面积和大推力，以及较低的涵道比（通常低于 2 : 1）。

> 安装在德国 ME-262 飞机上的世界上首台喷气发动机必须每 10 小时大修一次。

十一、涡轮螺旋桨发动机

涡轮螺旋桨发动机与涡轮风扇发动机原理相同。驱动核心机之后多余的功率不用来驱动风扇，而用来驱动螺旋桨。图 4-21 是涡轮螺旋桨发动机示意图。螺旋桨因为其转速过高，不能直接和涡轮轴相连。因此，需要齿轮箱或减速齿轮来降低螺旋桨转速。驱动齿轮箱的轴通常由一个专用涡轮驱动，而不是用驱动压气机的涡轮驱动。

在低速飞行时，螺旋桨比涡轮风扇发动机效率更高。螺旋桨由于受空气可压缩性的影响，在高速飞行时效率下降，这在第 5 章中将会讨论。为了使其能在这种高速条件下工作，人们设计了特殊的螺旋桨。但除了验证机以外，没有在别的飞机上见过它。

涡轮螺旋桨发动机用于更小的支线客机，在通用飞机和公务飞机的市场中使用量也在增加。图 4-22 所示为一台使用涡轮螺旋桨发动机的公务飞机。涡轮螺旋桨发动机的一个大优势在于，相较活塞发动机，在相同重量下它能产生更大功率，同时产生的噪声更小，维修量更小。不幸的是，涡轮螺旋桨发动机比活塞发动机更加昂贵。

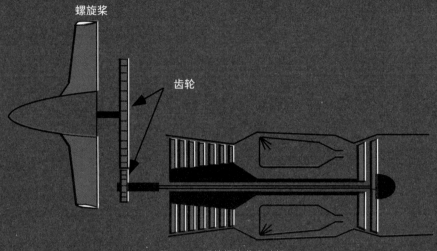

螺旋桨

齿轮

图 4-21　涡轮螺旋桨发动机

图 4-22　安装在飞机上的涡轮螺旋桨发动机

十二、反推装置

大型喷气飞机在降落时必须减速。和汽车一样，飞机减速也需要使用刹车。但是，刹车时将吸收惊人的能量，这将在第 6 章中讨论。当喷气飞机降落时，看上去好像飞行员使发动机反转，使推力向前。喷气发动机通过反推装置改变推力方向。虽然看上去像这样，但并不意味着发动机反向工作，即将燃气从前部吹出。反推装置的工作是转移喷气发动机排出的气体，并将其向前输送。图 4-23 给出了蛤壳式反推装置示意图。在图中，来自风扇的空气改变方向，穿过发动机罩向外流出，同时喷嘴阻挡了核心机的气流，并迫使其向前流动。最后的结果是发动机产生了一些反推力，使得飞机慢了下来。图 4-24 展示了一架公务飞机上的反推装置关闭和开启状态的情形。

> 如今，商用飞机多由于厕所无法使用而不是发动机故障而返航。

反推装置只能改变一定量的空气方向，使其向前流动。产生的反推力的大小相比于发动机能产生的前进推力很小。然而，即使打开反推力只能取消发动机的前向推力，巨大的发动机也将产生很大的阻力。这个阻力将帮助飞机降落时减速。

十三、推力矢量装置

一些喷气发动机的喷管可以指向特定的方向而不是径直向后。这就是推力矢量装置。图 4-25 阐释了铰链喷管如何将气流从水平方向改变到一定角度。其原理类似于反推装置，是将喷气重新指向预定的方向。鹞式飞机是一个推力矢量装置使用的极端例子。鹞式飞机可以将所有推力指向下方盘旋飞行。排气从四个喷口喷出（如图 4-26 所示），喷口既可以旋转至水平，

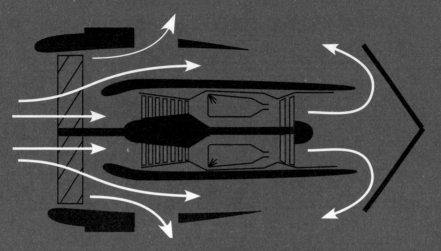

图 4-23 反推装置将部分排气转向前方产生反推力

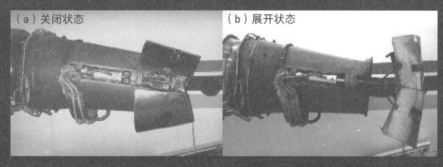

图 4-24 蛤壳式反推装置

在英国和阿根廷的南大西洋战争期间，人们发现推力矢量控制在战斗中极其有效。飞行员利用最初被设计用来垂直或短距起降的鹞式推力矢量系统，来提高飞机的机动性。进行水平直线飞行的飞行员可以快速将一些推力转向下方，使飞机在空气中跳跃。这种额外的机动性使得鹞式飞机面对空空导弹和地空导弹时能在最后一刻跳出原来航线，避开攻击。

以产生前进推力，或者旋转至垂直，以使飞机盘旋飞行。鹞式飞机同样使用发动机排出的高压气体进行姿态控制，如图所示。现代战斗机的设计，例如图 2-43 的洛克希德 - 马丁 / 波音公司的 F-22 "猛禽" 战斗机，使用推力矢量系统来提高机动性。

十四、加力燃烧室

军用战斗机和截击机有时需要额外功率，称为军用功率。一种方法是安装更大的发动机。然而，发动机越大会越重，因此并非现实的选择。一些军用发动机能增加它们的推力。其原理是在涡轮消耗了驱动压气机和风扇的大部分能量后，向空气中加入更多能量。燃油喷嘴被添加在涡轮和尾喷管之间，它们喷射燃油来和多余的氧气混合燃烧。我们应该记住，燃烧室只消耗了喷气发动机吸入空气的很小一部分。这种装置称为加力燃烧室。加力燃烧室的优势在于它能够将发动机推力提高 50% 以上而无须大幅增加发动机的重量和复杂度。它的缺点在于它非常耗油，效率很低。当加力燃烧室被使用时，发动机是 "湿" 的；当加力燃烧室关闭时，发动机则是 "干" 的。

图 4-27 是含有加力燃烧室的喷气发动机原理图。在涡轮之后，添加了一圈燃油喷嘴。同时，一根管子、火焰稳定器、可变尾喷管也被添加了进来。

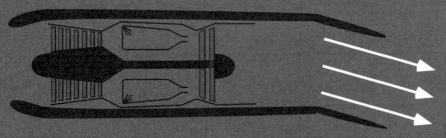

图 4-25　推力矢量

图 4-26　鹞式飞机在盘旋时的推力矢量控制

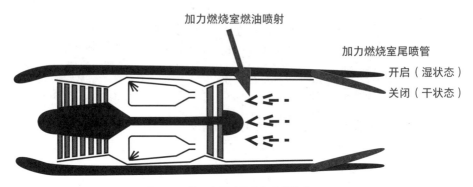

加力燃烧室燃油喷射

加力燃烧室尾喷管
开启（湿状态）
关闭（干状态）

图 4-27　带可变尾喷管的加力燃烧室

可变尾喷管是加力燃烧室一个重要的部件。额外大量燃烧的燃油提高了排气流量和速度。尾喷管必须增大其排气面积，否则将增加涡轮下游的压力。这会导致涡轮风扇发动机压气机失速或风扇喘振。图 4-28 所示为 F-14 "雄猫"战斗机的尾喷管。左侧的尾喷管用于"干"状态，右侧则调整为"湿"状态。尾喷管喉道面积区别十分明显。图 4-29 展示了 SR-71 "黑鸟"飞机的尾喷管。里边的 4 个白环是加力燃烧室的燃油喷嘴。

> 现如今波音 747-400 发动机的噪声是 1970 年投入使用的波音 747s 的一半。

显而易见，加力燃烧室令人印象深刻。因为燃烧是在尾喷管前方进行的，火焰穿过尾喷管从发动机尾部伸出。图 4-30 是 FA-18 "大黄蜂"战斗机在夜间从航母上打开加力燃烧室起飞的场景。

因为很高的燃油消耗量，加力燃烧室仅能在短期内使用。而一个突出的例外是 SR-71 "黑鸟"飞机。由于较高的飞行速度和高度，它可以在加力燃烧室开启时获得合理的效率。图 4-31 展示了打开加力燃烧室的 SR-71"黑鸟"飞机，火焰清晰可见。白点被称为钻石型激波。这些是由超声速排气造成的。超声速气流将产生激波，这些内容将在第 5 章中探讨。这明显的振荡是排气

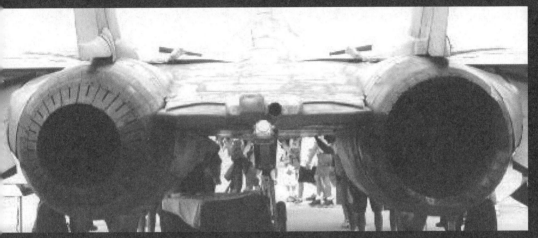

图 4-28　F-14"雄猫"战斗机的尾喷管（左侧为巡航状态，右侧为加力状态）

图 4-29　SR-71 飞机的加力燃烧室（白环是燃油喷嘴）

图 4-30 FA-18 "大黄蜂" 战斗机在夜间打开加力燃烧室起飞的场景

图 4-31 打开加力燃烧室的 SR-71 "黑鸟" 飞机（图片由美国国家航空航天局提供）

压力和环境压力之间的差异引起的激波互相干扰所致。

十五、小结

　　飞机推进系统和机翼涉及相同的物理现象。对螺旋桨来说，它不过是旋转着的机翼罢了。螺旋桨向后加速空气，推动飞机前进，喷气发动机也是如此。喷气发动机向后加速空气来获得推力。单位时间流过发动机的空气量和喷气速度影响效率。对于亚声速飞行，涡轮风扇发动机通过使通过发动机的流量最大化，使运输机在略低于声速时效率最高。涡轮风扇发动机效率较高，且相对安静。在超声速飞行时，涡轮喷气发动机相对更加高效。

　　接下来，我们将讨论高速飞行。声速飞行和超声速飞行存在根本的不同。超声速飞行时，信息不能向前传递，同时空气具有明显的可压缩性。

> SR-71 飞机最初被命名为 RS-71。直到约翰逊总统（President Johnson）在一次公众通告中意外地把两个字母颠倒。为了避免使总统尴尬，飞机名字就此修改。

超声速战斗机、商用运输机和轰炸机的飞行速度都远超大多数小型飞机。高速飞行会产生一系列低速飞行没有的特性。特别是空气的压缩性会变得极其显著。我们在讨论升力时已经知道，由于低速飞行导致的空气压力较低，可将空气视为不可压缩流体。然而，空气是可压缩的。在某种程度上，所有流体甚至连水都是可压缩的。当空气被压缩时，其密度也会改变。

> 高超声速飞行器一般没有尖锐的机头和机翼。因为除非有足够的材料吸收热量，否则尖锐的部分会在高超声速飞行过程中烧毁。

图 5-1 显示了一个战斗机以跨声速飞行时的情景。流过机翼上下方的气流膨胀，密度和温度降低，导致水汽凝结。在高速飞行中，人们必须了解空气密度是在何时、何处以及如何变化的。

一、马赫数

低速飞行是亚声速飞行。高速飞行可以分为三种基本类型：跨声速、超声速和高超声速。顾名思义，这些分类与声音的速度（音速或声速）有关。如前所述，马赫数是飞机速度与声速的比值。马赫数为 1 时，飞机将以声速飞行。亚声速指马赫数小于 1 的速度。跨声速指的是马赫数接近 1 的速度，商用运输机、大多数军用运输机、轰炸机和公务机都以跨声速飞行。超声速指的是马赫数大于 1 的速度，通常是战斗机和截击机短时间爆发的速度。高超声速是指高马赫数的速度。目前，唯一的高超声速飞行器是航天飞机，其在重返大气层时马赫数很高。

马赫数还与飞机相对空气的速度有关。飞机会根据一段距离的空气情况选择某一马赫数飞行。飞机周围的气流以不同的速度运动，因而具有不同的局部马赫数。在跨声速飞行中，气流速度相对于飞机既有亚声速的又有超声速的。在超声速飞行中，相对于飞机的气流速度都是超声速的。最后，在

图 5-1　机翼上带有激波的跨声速飞机 F-18（图片来自美国空军）

高超声速飞行中，飞机飞得如此之快以至于会出现一些特殊的物理现象。这将在后面的几节中讨论。

为什么空气的可压缩性如此重要呢？因为空气压缩可能会混淆我们对于空气的直观印象。

二、升力是反作用力

和低速飞行一样，高速飞行也需要转移空气来产生升力。这个基本原则不会随着引入空气的可压缩性而变化。一架飞机飞过头顶空气上方，不管它的速度多大，都会转移空气使之向下流动。然而，在高速飞行时气流转向情况略有不同。回想一下，在低速飞行中，由于机翼的环流，在机翼前端存在上洗流。随着速度的增加，上洗流逐渐消失。上洗流在低速情况下出现是因为空气在机翼周围以声速传播扰动。这样空气在机翼前方传递扰动，使得气流能够适应

> 美国 X-15 飞机的速度达到了 4534 英里 / 小时，即马赫数 6.72。

迎面而来的机翼。上洗流的存在，使得气流在机翼到来之前就会分离。随着飞机速度的增加，机翼前方的气流没有时间分离。一旦飞机达到超声速，上洗流就会消失。而且，几乎瞬时，在机翼的前端会产生压缩波，也就是我们常说的激波。激波及其阻力和能量的成因有点复杂，但了解它可以帮助我们认识超声速气流的一些基本属性。接下来的几节将介绍超声速气流的基本特性。

三、可压缩空气

虽然低速飞行需要的力相当大，但空气压力变化相对较小，所以空气通常被认为是不可压缩的流体。如果我们把这样的流体通过一个收缩管的话，

地面交通模式有时就像超声速气流一样。在禁行时，例如当一条高速公路的车道关闭时，车速就会下降，车辆的密度也会增加。看着那些陷入交通堵塞的不幸的司机面孔，人们可以推断出压力和温度也在增加。

我们会看到什么？答案可以在第 7 章中有关文氏管的论述中找到。随着流体收缩，流体流速增加，静压（垂直于流动方向测量）减小。因此，随着流体速度的上升，静压下降，并且由于流体是不可压缩的，密度和温度保持不变。一般来说，对于不可压缩流体，速度和静压都是反向变化的，密度和温度保持不变。

随着空气速度的增加，空气压力变得非常明显，必须要考虑空气的压缩性。一旦空气变得可压缩，空气的密度可以改变，它的体积也不再保持恒定。对于这一点，举个例子来说，在流动管道收缩的情况下，速度下降并且压力增加，而密度和温度也会增加。

正如本章后面研究超声速风洞时讨论的那样，超声速气流和亚声速气流间存在很大的区别。超声速气流不能向上游传播（在机翼框架的前部），只能在机翼上的某个点上直接影响短距离内的空气。这将对跨声速或超声速机翼上气流的流动产生深远的影响。

超声速空气动力学中还存在亚声速空气动力学中不存在的物理现象，即激波的形成。

四、激波

空气的压缩可以在非常小的距离内发生，形成激波阵面或冲击波。在超声速飞行中，当气流必须突然改变速度和 / 或方向时，就会产生激波。图 5-2 所示为超声速风洞中在航天飞机模型上产生的激波。

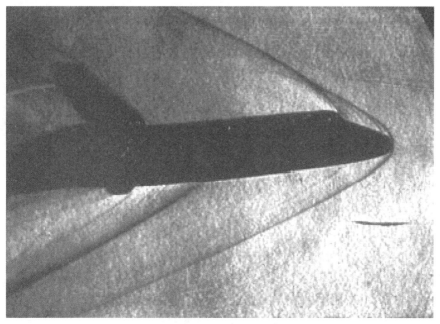

图 5-2　航天飞机模型上的激波

　　与飞行有关的激波有两种：正激波（垂直的）和斜激波（呈一个角度）。正激波垂直于飞行方向，主要出现在跨声速机翼表面。它们是由空气密度和压力的突然变化引起的。图 5-3 展示了气流跨过正激波的变化。跨过激波之前，空气以大于马赫数 1 的速度流动，跨过正激波后，气流变为亚声速，其密度增加。

　　斜激波与来流具有一定角度，且当超声速气流必须转向时才会发生。因为超声速飞机飞得太快了，所以空气没有机会像亚声速那样偏离轨道。因此，在空气流过机翼的前缘的瞬间，气流必须完成转向。空气几乎瞬间形成斜激波。然而，根据气流转变的角度和飞机移动的速度，斜激波会以一个特定的角度形成。图

> 尽管第一次超声速飞行直到 1947 年才出现，但恩斯特·马赫早在 1887 年就拍摄了一颗超声速子弹的激波画面。

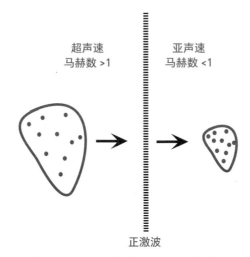

超声速
马赫数 >1

亚声速
马赫数 <1

正激波

图 5-3　气流在正激波前后密度和马赫数的变化

5-4 展示了一个斜激波。与正激波一样，斜激波使空气密度增大，速度降低。然而，与正激波相比，这种变化不足以使得气流从超声速转变为亚声速流动。因此，斜激波后面的空气相对于飞行器依然能保持超声速流动。当然，这一特性也有少数例外情况。

第二次世界大战期间，一架 DC-3 飞机因在地面上被轰炸而失去一个机翼。唯一可用的替代品是 DC-2 的机翼，但这较前者而言短 5 英尺，并且设计负载也更小。后来将这个机翼加装到了飞机上，这架飞机被称为 DC-2$\frac{1}{2}$。而事实证明，这架飞机可以安全飞行。

所有超声速飞行都会产生激波。正激波引起的空气密度变化比斜激波引起的变化更大。通过激波密度的变化越大，因压缩而导致的能量损失越大，阻力越大。因此，超声速飞机的设计要尽可能避免产生正激波，这可以通过在机头和机翼采用尖锐前缘来实现。钝的机头会产生消耗能量的弓形激波，弓形激波是一个机头处的正激波和机头偏后处的斜激波的组合。在超声速飞机上用尖锐的机头可避免弓形激波。

目前人们已知空气中的激波密度、压力和

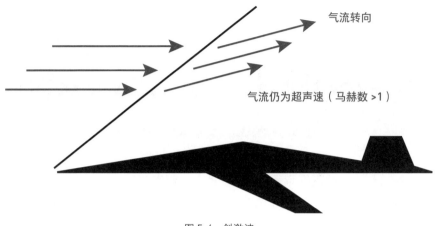

气流转向

气流仍为超声速（马赫数 >1）

图 5-4　斜激波

速度的变化。对于给定的激波角，所有这些属性都可以从表格中找到。因此，对于给定的飞机几何形状，其激波角和压力都很容易确定。超声速飞行实际上比亚声速飞行更容易分析。在低速空气动力学中，工程师必须依靠复杂的方程式来解决飞机上的压力问题。但在超声速空气动力学中，工程师却可以使用已知的表格得出压力。然而，尽管能够更容易地计算出飞机上的压力，但却并不能解决超声速飞行的问题。超声速飞行会导致波阻。

五、波阻与功率

正如第 1 章所讨论的那样，飞机飞得越快，转向气流量就越大，需要的垂直下洗速度也就越小，在同等载荷下，引起的功率损失越小。因此，飞行速度快的飞机诱导功率一般较小，但缺点是废阻功率会随速度的立方变化。因此对高速飞行还有额外的功率需求，那就是克服波阻。

一架在 6 万英尺高空飞行的超声速飞机所产生的音爆，可以传播到飞行路径两侧 30 英里处。

图 5-5　随着马赫数的增加，激波的角度减小

　　激波随飞机的飞行而运动，在陆地上的超声速飞行被禁止之前，军事基地附近经常出现音爆（类似于地面上听到的爆炸声）。激波是一种持续存在的现象，它随飞机运动并扩散至数英里。这意味着飞机不仅会改变当地的气流流向，而且还影响到数英里外的气流！这将导致波阻和所需功率的增加。超声速飞行之所以如此困难，原因之一就是飞行克服波阻需要额外的功率。

　　波阻是比诱导阻力、废阻力更复杂的阻力。与后两种阻力不同，激波阻力不是简单的速度函数，而是马赫数的一个复杂函数。例如，如果使马赫数加倍，从而提高速度，则克服波阻所需的功率可能增加不到 3 倍，而克服废阻力所需功率将增加 8 倍。由于阻力是功率除以速度，在这个例子中，波阻增加了不到 50%，而废阻力增加了 4 倍。

　　所以为什么波阻力下降如此缓慢？斜激波所引起的阻力取决于激波与飞机飞行方向的夹角。激波相对于飞行方向越垂直，波阻越大。随着马赫数的增加，激波与飞行方向的夹角减小，如图 5-5 所示，因此马赫数增加有抵消波阻的作用。激波的冲击强度随马赫数的增加而增大，但由于激波角较小，波阻不会增加得很快。激波相对于飞机飞行方向的角度是机身角度的函数。因此，超声速飞机有非常尖锐的机头和前缘，以便在尽可能小的角度下形成斜激波。

　　另外一个要考虑的是，波阻是空气密度的函数。空气密度越大，波阻就越大，克服它所需要的功率就越大。因此飞机不在低空超声速飞行。

六、跨声速飞行

商用运输机的飞行速度一般在马赫数 0.8 ~ 0.86 之间，仅低于声速。这个速度不是随便设计的，而是根据何时会出现波阻来决定的。然而，如果飞机以亚声速飞行，怎么还会产生波阻呢？

机翼会使气流转向从而向下方流动。在使气流向下流动时，会使得机翼上表面压力降低，从而使得空气加速。当飞机以接近声速的速度飞行时，机翼上表面的气流会被加速从而产生局部的超声速气流。

亚声速飞行气流流过机翼顶部时，在机翼最大曲率点处，气压达到最小，气流流速达到最大。从这一点到机翼后缘，气流速度减小，压力增加，最终与后缘空气压力相匹配，这就是机翼的后缘条件。

这与在跨声速机翼顶部的空气流动的情形是完全不同的。气流像亚声速飞行时一样加速，但当它到达机翼最大曲率点时，它的速度大于马赫数 1。当气流继续弯曲时，由于气流的速度比空气的传播速度快，所以它不能有效地把空气从上方拉下来。因此，空气密度就大幅度降低，导致压力继续下降，速度增加。那么，这种情况让如何满足后缘条件成为一个问题。如图 5-6 所示，其结果是形成一个正激波。随着激波的传播，空气的压力和密度会突然增加，并使得空气速度低于马赫数 1。激波过后，空气可以进一步减速，压力继续增加，以满足后缘条件。激波过后气流会与机翼分离，从而导致了形状阻力的增加。

图 5-7 所示是亚声速和跨声速机翼上以马赫数为单位的空气速度。亚声速翼型以低于临界马赫数的速度飞行，这样空气流速就永远达不到超声速。跨声速翼型以刚超过临界马赫数的速度飞行，所以空气流速会变成超声速。亚声速翼型的马赫数在达到峰值后逐渐减小，而跨声速翼型的马赫数持续增加，直到出现激波为止。图 2-19 展示了一个跨声速机翼的翼梢小翼，

> X-15 飞机飞得如此之高，以至于工程师们不得不为它配备了航天机翼。

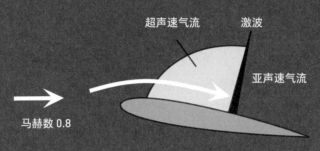

图 5-6 产生激波的跨声速翼型

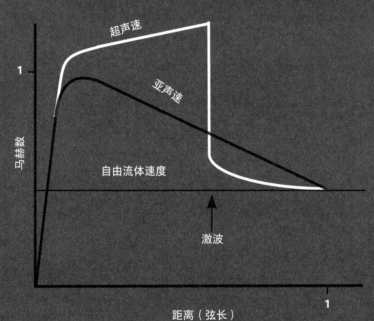

图 5-7 跨声速和亚声速机翼上的空气速度

翼梢小翼的位置靠近机翼后缘，在激波出现位置之后。

那么，如何判断正激波处于机翼的什么位置呢？我们先假设正激波在后缘处形成，以满足后缘条件。我们会发现，激波前后的压力差会产生一个比后缘更高的压力。激波后的压力产生的推力比激波所产生的阻力大。这样激波将在机翼上向前运动。因此，压差逐渐减小，直到激波移动到机翼上某处，使得激波前后压力差的力正好等于激波的阻力。如果飞机现在提速，激波的阻力就会增加，使激波向机翼后缘移动。在一定的速度下，正激波有可能会到达机翼后缘。

> 在 1974 年 6 月 17 日，一架"协和式"飞机比一架波音 747 飞机"领先了一圈多"。"协和式"飞机离开波士顿飞往巴黎再返航所用的时间，比波音 747 从巴黎到波士顿单程的时间还短。

再看图 5-1 中跨声速飞行的战斗机。在超声速气流的区域，空气密度和温度都在下降。在正激波之前的某一点，空气已经冷却到足以引起凝结，因此产生了机翼上下方的雾锥。雾锥的背面是一个平面，这是正激波的位置所在，在此处压力和温度增加，凝结现象消失。人们可能会问为什么机翼底部会有正激波。这是因为战斗机的机翼几乎对称，由于跨声速迎角太小，机翼顶部和底部的气压和加速度都有所降低。只是机翼底部的加速度和气压减小幅度不如机翼顶部的大。商用喷气式飞机的特殊设计，使得正激波只会在机翼顶部形成。

> 在早期打破声障的尝试中，升力中心的跳跃会使得机翼下俯。这减小了空气在机翼上的加速度，使空气再次变成亚声速。随后，升力的中心会在机翼上向前跳跃，机翼会上仰，使得气流变成跨声速流动。这个过程会快速重复多次，直到机翼折断。X-1 飞机顺利通过这个变化过程，因为它采用了更完善的机翼设计，这使它足以进行超声速飞行。

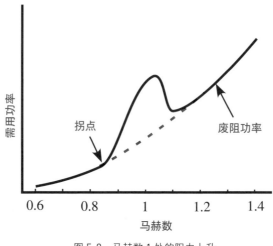

图 5-8　马赫数 1 处的阻力上升

　　在跨声速和超声速飞行中，机翼上方的空气速度持续增加，直到出现正激波为止。正因为如此，在跨声速和超声速飞行时，升力中心比在亚声速飞行时更靠后。对于亚声速飞行中的典型机翼，升力中心大概位于机翼前缘向后 1/4 弦长处。这意味着机翼在这一点就产生了 50% 的升力。当机翼变为跨声速时，升力中心向后移动。随着速度的进一步增加，升力中心继续向后移动。在非常高速的飞行中，升力中心可以移动到机翼前缘向后 1/2 弦长处。

　　当飞机速度加快至跨声速时，激波开始形成，由于压力增加，气流在激波后与机翼分离。这导致波阻和形状阻力迅速增加，因此需要消耗更多的功率。如图 5-8 所示，当飞行速度接近马赫数 1 时，阻力和所需功率的迅速上升称为马赫数 1 处的阻力上升。飞机的机翼和机体的设计需要针对图中的"拐点"（或急剧增加）进行优化。注意功率在马赫数 1 处有一个局部峰值，然后在继续上升之前下降。功率的下降是由于激波随着飞机的速度增加而向机翼后缘移动，导致较少的空气与机翼分离。这样减少了形状阻力。从图中

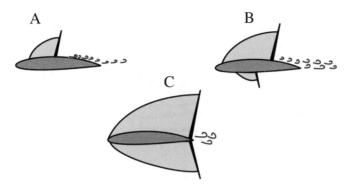

图 5-9　跨声速翼型在三种不同马赫数下的激波

可知，峰值下方的光滑连线即为飞行器的废阻功率。

　　图 5-9 所示的是激波移动与气流分离。三个翼型代表在三个不同马赫数下的飞行情况。在翼型 A 中，飞行马赫数仅能让机翼顶部的气流加速到超声速。在翼型 B 中，飞行马赫数使气流在机翼顶部和底部都变为超声速飞行，但在底部的速度较低。翼型 C 中，马赫数接近 1，同时在顶部和底部表面的激波已经变得足够强大，以致激波移动到后缘，并产生实质性的诱导阻力波。这就是图 5-1 所示的喷气式战斗机的飞行情况。

> 超声速飞机实际上比亚声速飞机更容易进行分析。

　　一些早期的超声速飞机需要通过俯冲才可以从亚声速加速到超声速，只有在速度达到超声速后，飞机才能以可用功率保持飞机的水平超声速飞行。

七、机翼后掠角

　　第 2 章讨论过机翼的后掠。在跨声速和超声速飞行中，有必要采用后掠机翼来减小波阻。1935 年，来自世界各地的顶尖航空科学家齐聚罗马，向

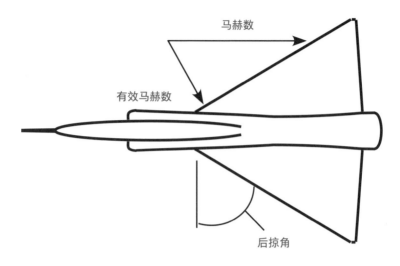

图 5-10　后掠翼上的有效马赫数

人们展示了高速飞行的分析和风洞实验的结果。德国的科学家发现了后掠机翼在高速飞行情况下能减少阻力，然而这一结果在很大程度上被人们忽视了。

后掠机翼的减阻作用是通过减小机翼的有效马赫数而达成的。有效马赫数是垂直于机翼前缘的马赫数，如图 5-10 所示。一个无后掠机翼在低马赫数时会面临比后掠机翼更加急剧的需用功率上升（见图 5-8）。在超声速时，后掠翼也有助于减小机翼前缘斜激波的强度。

在罗马会议时，人们对速度为马赫数 1 时阻力的增加并不能理解。然而气流分离的发现使得出现了更好的跨声速和超声速翼型设计。图 5-9 中三个机翼展现了由于空气分离而产生的尾流。

对于超声速飞机，后掠角与飞机超声速设计之间有一个简单的关系。如图 5-11 所示，它显

> 埃迪·里肯巴克是美国在第一次世界大战中"王牌中的王牌"，他在战前是一名著名的赛车手，并在战后拥有了印第安纳波利斯赛道。他自己还创立了东方航空公司。

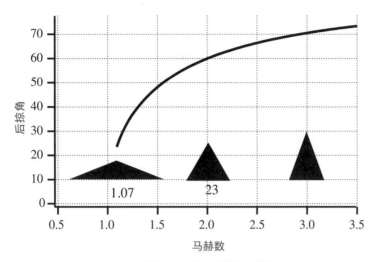

图 5-11　后掠角与巡航马赫数的函数关系

示了后掠角与马赫数的函数关系。超声速飞机后掠的目的是使机翼前缘的有效马赫数保持在 1 以下。掌握敌机的超声速飞行情况不需要复杂的军事情报，只需要看飞机的后掠角。例如，一架速度为马赫数 2 的飞机通常有 60 度的后掠角。

八、面积律

　　超声速飞机上的波阻是飞机尺寸的函数。为了说明这一点，想象一下把一个小石子扔进一个平静的池塘。小波浪从石子的投口处传播开来。现在用一块大石头重复这个实验，波浪自然要大得多，比小石子造成的较小波浪有更多的能量。在超声速飞行中，干扰越大，波的能量就越多。因此超声速飞行器应该是纤细而光滑的。

　　20 世纪 40 ～ 50 年代进行的一些复杂研究表明，波阻与飞机的横截面积（从飞机正面看）成正比。在飞机机头处，需要增加横截面积以容纳驾驶

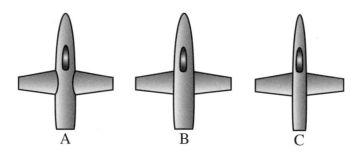

图 5-12　面积律的图示说明

舱等，波阻随着机身横截面的增加而增加。然而，当到达机翼位置处时，机身横截面积急剧增长，这将导致阻力和所需功率的大幅度增加。为保持机身横截面积恒定，在机身上"挖"出一个"腰部"。也就是说，穿过机翼和机身的横截面与机翼前后的机身横截面都有相同的面积。保持一个恒定的横截面以减小波阻力即为我们所知的面积律理论。图 5-12 所示即为面积律。在图中，机身 A 比机身 B 的波阻力小，因为它有一个"腰部"来补偿机翼面积。机身 C 与机身 A 有同样的波阻，但其机身面积更小。

　　面积律的概念常被包含在现代飞机的设计理念中。面积律的经典使用是 T-38 "禽爪"飞机，如图 5-13 所示。

　　前面的讨论简化了相关的内容。为了说明面积律理论，我们使用了从机身前面看到的横截面积，即垂直于飞机轴线的横截面积。实际上，横截面积必须沿着某一个特定角度保持不变，这个角度是设计马赫数的函数。这些内容较为复杂，超出了这本书涉及的范围，故不再赘述。

加利福尼亚的地震记录器记录了航天飞机在着陆阶段接近美国国家航空航天局德莱顿（爱德华兹空军基地）产生的激波所导致的地面运动。

图 5-13　机身带有"腰部"的 T-38"禽爪"飞机（图片由美国空军提供）

九、高超声速飞行

当马赫数高达一定值（超过马赫数 5）时，会出现一些新的特性。第一个是，空气动力学性能与马赫数大小无关。这意味着，人们可以做一些简单的假设来达到分析目的。事实上，理想化的高超声速飞行分析是所有空气动力学分析中最简单的。图 5-14 展示了高超声速飞机的概念图。唯一已知的现有高超声速飞行器是重返大气层时的航天飞机。在 20 世纪 60 年代高超声速飞行的探索中，X-15 飞机（见图 5-15）的速度达到了非官方纪录的马赫数 6.7。这架飞机在这次验证起飞后，由于飞行产生的热量对飞机的损坏而退役。十多年前，无人驾驶的 X-43A 飞机使用空气喷气发动机实现了马赫数 10 的飞行。但是这架飞机在设计上只允许单次飞行。

在高超声速飞行中出现的第二个变化是，高速飞行器与周围空气的能量交换速度加快，以致空气的化学性能开始发生变化。氧和氮分子开始吸收能量，分解或裂变。这会对高超声速飞行器的设计产生巨大的影响。首先，空气成分的变化会影响空气

在 1963 年 8 月 22 日，X-15 验证机飞行到了 354200 英尺处，创下了飞机飞行高度的世界纪录。

图 5-14　高超声速飞机概念图（图片由美国国家航空航天局提供）

图 5-15　装有火箭发动机的 X-15 飞机（图片由美国国家航空航天局、美国空军提供）

动力学。比如，我们会在航天飞机上观察到它的方向和姿态稳定性实际比预测的要低。幸运的是，航天飞机在设计上留有了足够的安全裕度，使得这个缺点不是灾难性的。其次是蒙皮受热，这一点我们将在下一节中讨论。

十、蒙皮受热

高超声速飞行器的热防护要求也受到空气分解的影响。以高马赫数速度飞行的飞机将经历高温气体。这些高温气体的产生一部分是由于气体通过激波使得温度升高，另一部分是由于蒙皮摩擦。这些高温气体会使得大部分常规材料直接熔穿。因此，航天飞机会使用隔热瓦来隔热。空气分子的分解实际上有助于保持机体的冷却，分子的分解需要从高温气体中获取能量，来破坏分子的化学键。因此这会将热能转化为化学能，使得机体表面温度不会像预测的那样高。然而，即便如此，分解后气体温度仍然非常高，所以飞行器表面必须采取保护措施。

飞行器在返回大气层时会以非常高的速度飞行。航天飞机、"阿波罗"和联盟号宇宙飞船都会在返回时承受很高的温度。当航天飞机刚刚进入大气层时，它的飞行速度大约是 14000 英里 / 小时。航天飞机机头处的稀薄空气会将动能转化为热能。从理论上讲，航天飞机机头的空气将会达到 36000 华氏度（20000 摄氏度），约为太阳温度的 4 倍！事实真的如此吗？

> 试飞期间，驾驶员驾驶着波音 747 达到了马赫数 0.99 的速度。

当空气温度过高时，它会发生复杂的变化。如前所述，一些冲击产生的能量被用于破坏空气内分子间的化学键而不是产生热量，并且产生氧离子和等离子气体。事实上，冲击碰撞十分剧烈，产生的大量等离子气体会在飞行器重返大气层的过程中包围整个机体，这会阻碍返回舱与外界的无线电通信。这就是再入黑障。自从第一架飞行器成功返回大气层后（苏联人造卫艾萨克·牛顿爵士创造出利用三角学来对高超声速飞行进行分析的理论。在1687年，牛顿被要求为加农炮炮弹制造更好的气动外形。由于以前没有人从事过相关工作，牛顿不得不创造出一套自己的理论。他推断空气中的粒子碰撞后，会沿着表面运动。他的分析结果现在被称为牛顿正弦平方律，这一定律是一个很好的高超声速空气动力学的预测理论。然而，第一次高超声速飞行在此之后花了将近三个世纪才实现。当然，牛顿并没有认识到飞行器高超声速飞行会出现的特性。他试图用该理论去解决一个非常低速的问题，但在此情况下，他的理论存在缺陷。

星5号）开始，所有航天器都会经历这一现象。因此蒙皮温度并不会达到36000华氏度（20000摄氏度），实际温度接近这个值的1/4，和太阳的温度差不多。

在这种高温下，大多数物体会在进入大气层后烧毁。流星和陨石不过是在跨越大气层后剩下的小陨石罢了。老式的卫星一般在它们到达地面之前就燃烧殆尽了。那么，航天飞机和返回舱是如何在同样的速度下返回地面的呢？

"阿波罗"号飞船密封舱机体采用了特殊的碳基表面，使得飞船在返回大气层时，碳基表面缓慢燃烧。这种隔热层会有两种效果。首先，燃烧消耗了来自空气的能量，并将其转化为热能。其次，燃烧产生的副产物会被气流带走，同时也会将热量一起带走。这样，在隔热层后的宇航员会有一个相对凉爽的环境。这种蒙皮冷却的方法被称为烧蚀法。但烧蚀法的缺点是隔热层不能重复使用。

有种专为航天飞机设计的导热性极差的特殊隔热瓦。这种隔热瓦传热非常缓慢。当隔热瓦在重返大气层的过程中，表面达到高温时，瓷砖会辐射热量以保持恒定的表面温度。然而，航天飞机受热时间越长，热量则会越深入到隔热瓦中。因此，隔热瓦必须足够厚，以防止在着陆时热负荷消除之

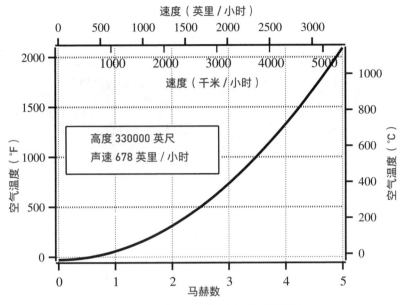

图 5-16 飞机速度与空气温度的函数关系

前热量传到铝合金蒙皮。

　　注意，以低超声速飞行的飞机也会经历蒙皮受热。图 5-16 展示了在不考虑摩擦产生热量的情况下，飞机速度与空气温度的函数。现在，如果我们加上摩擦生成的热量，大约在速度达到马赫数 4 时，物体就会灼热发红。"协和式"飞机的机身在巡航状态由于热膨胀，延长了 10 英寸。SR-71 飞机会经常在这种高温情况下飞行。在地面上，SR-71 机翼的顶部是波纹状的，飞行中机翼表面由于热膨胀的影响，将使得波纹消失，从而产生光滑的表面。SR-71 的油箱也必须适应热膨胀。在地面上，当 SR-71 处于较冷的环境下，油箱缝隙会导致漏油。当 SR-71 巡航时，油箱膨胀，使得所有间隙封闭。

十一、小结

牛顿定律对描述高速飞机的升力依然适用。然而，高速飞行涉及一些特殊的物理学现象，如激波、激波阻力和高温现象。激波的产生是因为飞行器飞行的速度比空气传导的速度——声速要快。接下来，我们将讨论飞机的整体性能，并根据具体飞行任务对飞行器设计采用折中方案。

第 6 章
飞行性能

在首个航空百年中，飞机的飞行性能得到了极大的提高。由于飞机在机翼设计、发动机性能和结构设计等方面的改进，使得其航程、飞行速度、续航时间和载客量不断增加。例如，图 6-1 显示了自 20 世纪 30 年代以来，从纽约到洛杉矶的定期航线的时间是如何变化的。航线时间已从开始的两天多缩短为后来的 6 小时左右。跨国飞行时间的减少主要源于飞行性能的改善。举例来说，1930 年，改进了飞机的飞行性能，使其可以在夜间飞行，而这一改进使飞行时间减少了将近 20%。在此之前，旅客夜间需要转乘火车出行，到了白天才能沿着原路继续航空旅行。尽管图中没有显示出来，在 1973 年，由于石油的禁运，使得飞机选择使用更有效的巡航速度，导致航线时间略有增加。石油禁运使飞机要节省燃料，从而必须减慢飞行速度，因此不得不重新设计机翼来适应慢的飞行速度。

图 6-2 所示的是历年来客机载客量的增长变化。1927 年，福特三发飞机只能搭载 11 名乘客，而今天的空客 A380 理论上可以运载 800 人，是福特三发飞机载客量的 72 倍，虽然目前实际生产的 A380 只设计了 660 个座椅。讽刺的是，在写这本书时，航空公司在头等舱使用奢侈的胡萝卜状座椅布置，进一步减少了座椅数量，所以，目前正在运行的空客 A380 只能乘坐约 500 名乘客。

> 1911 年，"卡尔"罗杰斯进行了第一次横跨美国的飞行，从纽约飞往洛杉矶，历时 49 天。

在后续的章节中，我们将讨论从飞机起飞到着陆的动力飞行过程中的飞机性能。在此之前，为进一步了解飞机性能，我们先引入升阻比（lift-to-drag ratio）、滑翔（the glide）、指示空速（indicated airspeed）等概念。

一、升阻比

有几个参数是理解飞行性能的基础。这些参数不一定能加强我们对飞

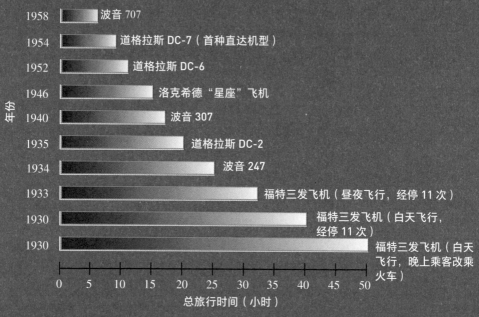

图 6-1　1930 ~ 1958 年横贯美国大陆的旅行时间

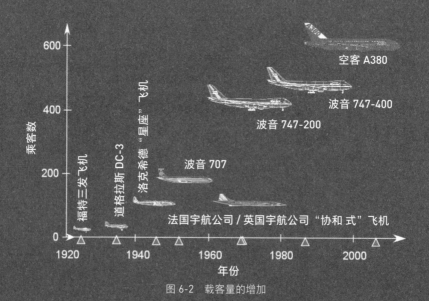

图 6-2　载客量的增加

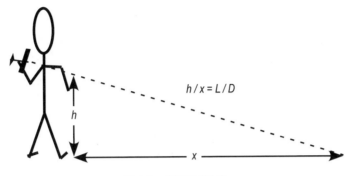

图 6-3　升阻比的定义

机是如何飞行或者为什么飞行的理解，但它们对我们理解飞机性能有很大的帮助。其中一个重要的空气动力学参数就是升阻比，通常写作"L/D"。对飞机感兴趣的人或多或少都听说过这个术语。升阻比将升力和阻力组合为一个数值，表示飞机的飞行效率。升力和阻力都是力，所以升阻比是没有量纲的，这就说明升阻比只是一个没有单位的数值。较高的升阻比意味着飞机能更有效地产生升力。

　　在静止的空气中，升阻比就是滑翔比，关于这一点将在后文进行详细讨论。对于一个轻木制作的玩具滑翔机，你可以通过测量它的滑翔比来确定它的升阻比，滑翔比就是滑翔机发射的高度与飞行距离的比值（见图 6-3）。它也就是该滑翔机的升阻比。这个比值不可能是升阻比的最大值，但它可以反映如何设置滑翔机的配平参数。

> 1921 年，贝西·科尔曼成为第一位获得飞行员证书的美籍非洲裔女性。由于美国政府不允许她获得这样的证书，她不得不去法国申请。

　　有两个角度去看待升阻比。如果你是一位飞机设计工程师，你的设计将会对飞机的升力和阻力都产生影响。一旦确定了飞机的最大升阻比，以及最大升阻比下的飞机迎角，那么飞机的其他性能参数也就确定了，这将在后续升限、航程、航时^①、爬升以及转弯的讨论中得到佐证。对于飞行员来说，水平直线飞行时的升力等于重力，所以，最大的升阻比仅意味着最小的阻力。在本书中，我们从飞行员的角度出发，假定升力是一个常数，除非有特殊说明，否则升力不变。

二、滑翔

一个飞行员在驾驶有动力的飞机时，必须时刻为失去动力做好准备。与大部分人所想的不同，如果发动机停车，飞机是不会从空中立刻掉下来的。实际上飞机在没有动力的情况下也可以飞行相当长的一段距离。没有了发动机，飞机就相当于一架性能低劣的滑翔机。因此，当失去动力时，飞行员应该怎样应对呢？

> 2008 年，最小型的无线电控制的飞机仅重 10 克。

此时，飞行员可能想最大限度地增加空中滑翔的时间。因为这可以为他们提供更多的时间来搜索应急着陆场和尝试重新起动发动机以及与空中交通管制员通信。为了达到最长滞空时间或耐力，要使飞机的高度损失率降到最低。因为高度损失是保持飞机滑翔的一种功率源，飞机在最小需用功率（见图 1-13）的飞行速度下滑翔，可以达到最长的滑翔时间。以该速度滑翔，飞机的下降率是最低的。另一方面，滑翔速度低，飞机下降时也不会飞太远。

如果飞行员不在乎滑翔时间的长短，而是要求滑行的距离最长，或者说想要到达一个更好的着陆地点，那应该怎么做？在这种情况下，飞行员希望增加飞机的滑翔比，即单位高度损失下的滑翔距离，因此降低了最大升阻比。此时飞机的升力小于自身重力，所以该状态下的最大升阻比与最小阻

---

① 亦称续航时间。——译者注

没有燃油了

1984 年 7 月 23 日，在加拿大的安大略省，一架波音 767 飞机燃油耗尽。由于将英制转换为公制时犯了一个错误，导致该飞机没有足够的燃油完成从蒙特利尔到埃德蒙顿的飞行。加拿大航空公司的罗伯特·皮尔森，曾是一位滑翔机飞行员，在他的努力下，该架波音 767 飞机降落在离飞行路线很远的一处废弃的机场上。

我们假设波音 767 飞机的滑翔比是 16：1，并且燃油耗尽时正在 32000 英尺的高度巡航飞行。这使得飞机在着陆前能够滑翔近 100 英里，也就是能在 30000 平方英里的范围内着陆。

力状态下的不同。通常，最大滑翔距离的速度比最长滑翔时间的速度约快 20%，同时所受到的阻力也是最小的（见图 1-16）。

滑翔机的滑翔比一般为 25：1 到 60：1。滑翔比为 25：1 代表飞机每下降 1000 英尺，其位移的水平距离为 25000 英尺，这大约是 5 英里！一架典型的客机的滑翔比是 16：1，而小型螺旋桨驱动的飞机的滑翔比为 10：1 到 15：1，航天飞机的滑翔比仅为 4：1。因此人们会说航天飞机"像浴缸一样滑翔"。

在飞机失去动力时，一个训练有素的飞行员知道此时应该以多大的速度飞行。从一种机型转到另一种机型时，飞行员必须记住与该飞机有关的新的临界速度。前面我们了解到，功率和阻力都是高度的函数，那么飞行员是否要掌握每一个高度所对应的临界速度呢？正如下一节你将会了解到，飞行员的本能使原本复杂的东西简单化。

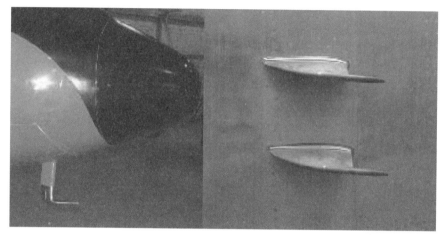

图 6-4 喷气式教练机与波音 737 飞机上的皮托管

三、指示空速

本节我们讨论指示空速的概念。在关键的机动飞行中，如最佳爬升飞行、最远滑翔飞行、最大续航飞行等，飞行员必须在特定的空速下飞行。在驾驶飞机之前，飞行员应该熟记这些特定的空速数值。然而，这些空速数值都会随着飞行高度和空气密度的变化而变化。那么，针对不同的飞行高度和空气密度，飞行员应如何进行空速调整？非常幸运的是，驾驶舱仪表板上的空速指示器为飞行员做了这项工作，许多重要的空速数值都已经标记在空速指示器上。

空速指示器指示的空速数值并不是真正的飞机空速。正如附录 A 讨论的那样，它实际上测量的是空气碰撞皮托管（pitot tube）末端所产生的压力与在静压口测得的压力之间的差值（见图 A-10）。每架小型飞机的一侧机翼上都有一个皮托管。人们在登机时一般可以看到在大型喷气式飞机的机头附近安装有数个皮托管。图 6-4 所示的是军用喷气式教练机机头下方的皮托管与和波音 737 飞机两侧的皮托管。通过校准皮托管，可以使指示器所示的空速在海平面的标准条件下，和真正的空速一致。但是，随着飞行高度的增加，碰撞飞机皮托管的空气越来越少，从而在相同的速度下的总压力也随之变低。因此，随着空气密度的减小，指示器所示的空速值也减少。那么在较高的地方，指示器所示的空速值是低于真实的空速值的。所以飞机速度实际上要比指示器上的快。为了让飞行员确定飞行中的真实的飞行速度，指示空速必须根据空气密度进行修正，而空气密度又是高度和温度的一个函数。

> 第一届奥斯卡最佳影片奖颁给了《翼》（**Wings**）。

有的人可能感觉在飞行时做这些计算是很麻烦的，飞行员应该直接从指示器上读出真实的空速值。但事实上，指示空速并不是真正的空速，反而使飞行员变得轻松了。正常飞行的所有临界飞行速度都显示的是指示空速。因此，在爬升和滑翔这些重要的飞行科目中，飞机的速度随着高度的变化而变化，但仪表显示的空速可能一直保持不变。一名习惯于在海平面高度机场上降落的飞行员在高海拔机场降落时，会发现指示的进场速度是一样的，但实际在高海拔机场降落时，相对地面移动的速度要比在海平面高度机场上快得多。

现在，我们有了讨论飞机性能的基本工具。因此，我们将会从讨论飞机的起飞性能开始，一直到着陆性能。

四、起飞性能

飞机起飞是一件相当简单的事情。飞机沿着跑道加速，直到达到一个合适的速度，即大于失速速度后，飞行员拉起操纵杆，抬起前轮，飞机就起飞了。通常，起飞速度比失速速度高 20%，但对于一些军用飞机，可能仅高 5%。如果你是一位飞机设计师，除起飞速度外，你还会考虑哪些飞机的起飞性能呢？

最值得考虑的是起飞距离。如果你想设计一架可以从短距的泥土机场起飞的飞机，那你必须考虑某些特殊的性能。如果你有无限的跑道，你便可以设计一架不同的飞机。一般来说，飞机的起飞距离较短，其飞行时的巡航速度也较低。快速飞行的飞机通常需要更长的跑道。让我们分析一下为什么是这样。

因为我们关心的是飞机的起飞距离，显然，想要缩短飞机的起飞距离，可以增大发动机的功率或者降低飞机的起飞速度。问题是，通过增加发动机的尺寸来增大功率，也增加了飞机的重量和成本。此外，由于废阻功率与速度的立方成正比，增加的发动机功率对飞机的巡航性能几乎没有影响。可以通过减小失速速度、减少机翼载荷、增加增升装置（如前缘缝翼、翼缝、更大的襟翼）来降低起飞速度。但这些方法也会增加成本和飞机重量，同时还会降低巡航性能。

> 1945 年 3 月，一架 C-47（DC-3 的军用型）飞机发生空中碰撞，其左侧机翼从发动机的外侧处被切断。好在飞行员控制了这架只有一个机翼的飞机并成功迫降。

影响起飞性能的最大因素是飞机的重量。起飞速度与飞机重量的平方根成正比。飞机重量增加 20%，会造成起飞速度增长约 10%。但是，最大的影响是起飞距离随飞机重量的平方的增加而增加。这是牛顿第二定律的一个简单结论，即加速度等于力除以质量。因此，推力恒定时，重量增加，加速度减小，那么飞机需要较长的距离才能达到起飞速度。记住，由于起飞速度随重量的增加而增加，问题进一步复杂化。因此，对于大功率的飞机，重量增加 20% 会使飞机的起飞距离增加约 44%；但对于小功率的通用飞机，由于其加速度较低，重量增加 20%，会使飞机的起飞距离增加约 60%。

飞机的起飞距离也受风的影响。若逆风的速度是起飞速度的 15%，会使起飞距离缩短约 30%；而同样速度的顺风，会使起飞距离加长 33%。对于一架起飞速度为 70 英里 / 小时的小型飞机来说，风速为 10 英里 / 小时，便能引起上述距离的变化。这就是飞机总是逆风起飞的原因。在航空母舰上，在航空工业发展的初期，即第一次世界大战和更早的时期，机场是大型的方形或者圆形场地。那时的飞机不像今天的飞机可以承受侧风的影响，因此只能根据风向调整，逆风起飞。随着跑道的建设，这意味着飞机不能再根据当地的风向任意调整起飞方向了。然而，精心设计的机场将主跑道建设在逆风较多的方向上，有时机场建造的辅助跑道与逆风的方向成 45 度 ~ 90 度角。第二次世界大战期间，建造了许多用于训练的新机场。这些机场有三个跑道，各自大约成 60度的三角布局。这三个跑道保证侧风不会大于 30 度。

飞机起飞和着舰时也需要依据风向来调整。

海拔也会影响飞机的起飞性能。前面讲过，指示空速影响了飞机的性能。因此，尽管飞机起飞的地速随高度的增加而增加，但指示空速始终保持不变，所以起飞性能也不变。这里注意，海拔对喷气式飞机与活塞式飞机的影响有很明显的不同。喷气式发动机的推力以及加速度受高度影响比较小。在 6000 英尺的海拔时，一架喷气式飞机的起飞距离比在海平面高度时增加约 20%。而非涡轮增压的活塞式发动机受海拔的影响较大。以同样的高度起飞时，起飞距离会增加约 40%。

一个普通的飞行员可以承受约 $6g$[1]的压力，持续几秒钟而不出现黑视。

小型单发飞机，如塞斯纳 172 飞机，在海平面高度起飞时，其起飞距离可以低于 1000 英尺。塞斯纳 172 飞机的翼载只有 13.5 磅 / 英尺^2。小的翼载有助于短距离起飞。

波音 777 飞机的翼载较大，超过 150 磅 / 英尺^2，是塞斯纳 172 飞机的10 多倍。它的起飞距离大约是 6000 英尺。根据美国联邦航空管理局航空运输有关条例，当一台发动机无法使用时，飞机仍能够安全飞行，因此波音 777 飞机的可用推力必须是持续爬升所需推力的 2 倍多。那么可用推力与波

[1] 重力加速度。——译者注

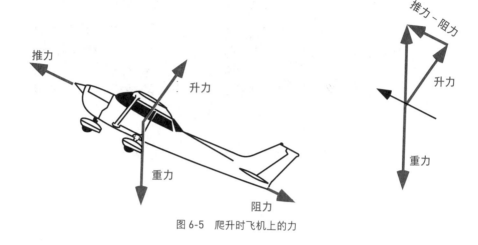

图 6-5　爬升时飞机上的力

音 777 飞机的重量之比（推重比）可能是塞斯纳 172 飞机的两倍。

波音 777 飞机不能从 1500 英尺长的草地跑道起飞。而塞斯纳 172 飞机不能以 500 英里 / 小时的巡航速度飞行，其最大速度只有约 125 节。

五、爬升

到目前为止，除了滑翔飞行，我们还讨论了水平直线飞行。你可能会想，飞机在爬升过程中随着高度增加会发生什么呢？一个简单的回答是需要更多的升力，其原理是增大飞机的迎角，升力增大，飞机就能够爬升了。然而，事实是这样的，当飞行员拉起操纵杆，使飞机开始爬升，几秒过后，飞机的速度便会下降。飞机减慢是因为没有额外的功率来产生所需的升力。然后，在较低的速度下，飞机所具有的升力甚至比最初都要小。在持续爬升过程中，机翼上的升力比飞机的重力要小。如图 6-5 所示，除了重力，飞机上所受的其他力都旋转了方向。从图中可以看出，在这种旋转过程中，飞机的部分重量是由发动机的推力支撑的。正如我们将看到的，飞机是在发动机的剩余推力和剩余功率的作用下爬升的。在水平直线飞行时，推力和阻力是相等的。在爬升时，由于螺旋桨飞机飞行速度的减慢，飞行阻力也减小了。

为了了解机翼上升力的减少，我们先来分析两种极端的情况。首先，我们分析水平直线运动的情况。此时，飞机爬升角度为零，机翼上的升力等于飞机的重力。现在假定一架功率非常大的喷气式战斗机，在爬升时可以直线向上飞行。在这种情况下，飞机的爬升角为 90 度，机翼上的升力为零。此时，发动机的推力支撑了整个飞机的重量。随着该斗机缓慢地从水平直线飞行转为垂直爬升，机翼上的载荷逐渐地从等于飞机的重力转变为零。在改变期间，发动机产生的"升力"逐渐从零转变为等于飞机的重力。

现在让我们想象一下，当一架低功率的飞机进入爬升的时候会发生什么。假设一架小型单发螺旋桨飞机满功率进行水平直线飞行。在这种情

> 航空运输消耗了世界上运输能源预算的 8.9%，公路运输消耗了 72.4%。

况下，机翼产生升力，功率刚好满足诱导功率和废阻功率的要求。现在，飞行员将操纵杆拉回来一点点，飞机开始爬升。发动机的部分功率直接用于抬升飞机，剩下的较少的功率用来克服阻力。这时，飞机的速度减小，阻力也随之减小。随着飞行员继续拉杆，飞行速度进一步减小，直到达到功率曲线的背面。如果迎角继续增加，机翼最终会失速。

飞行员对两种爬升性能感兴趣。第一种是快速爬升（或最佳爬升率）。飞机在较高的高度飞行时效率比较高，因此，飞行员一般想尽可能快地爬升到他们所期望的巡航高度。最佳爬升率是对飞行员最有用的爬升率。第二种是最陡峭的爬升（或最佳爬升角）。假设你在一个山谷中，希望尽快到达山顶。那么你会希望尽可能在最短的距离内爬升尽可能高的高度，此时，你将会以最陡峭的角度飞行。这两种情况会有不同的爬升路径与空速，如图 6-6 所示。

飞机的最佳爬升率发生在最大的剩余功率状态。剩余功率是发动机可用功率与飞机需用功率之间的差额。图 6-7 所示为一架装有喷气式发动机或

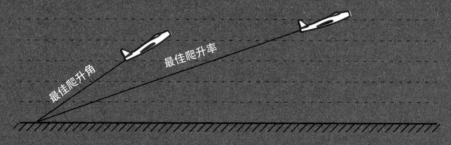

图 6-6　最佳爬升角与最佳爬升率

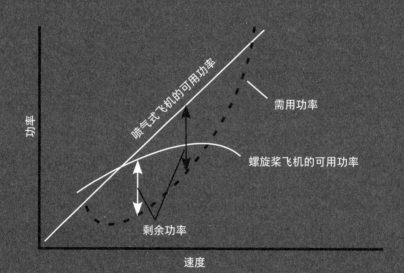

图 6-7　速度与剩余功率的关系

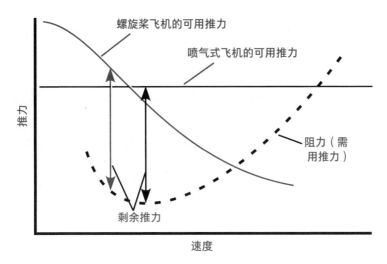

图 6-8　速度与剩余推力的关系

者螺旋桨发动机的飞机的剩余功率情况。需用功率就是第 1 章中讨论的功率曲线。连接功率曲线与发动机可用功率的箭头长度代表的就是剩余功率。在最佳爬升率状态时，剩余功率是最大的。螺旋桨飞机的最佳爬升率发生在最小阻力时的速度附近。人们可能会认为，最佳爬升率发生在最小需用功率附近，但可用功率是随飞行速度变化的，这也就导致了最佳爬升率发生在速度较高时。

　　如图 6-7 所示，喷气式飞机的可用功率随飞机速度的增加而增加。因此，图中箭头所示的喷气式飞机最大剩余功率的飞行速度，要比螺旋桨飞机高很多。这就是螺旋桨飞机在爬升前需要减速，而喷气式飞机在爬升前可以维持速度不变，甚至需要稍微加速的原因。

　　飞机的最佳爬升角一般发生在最大剩余推力的状态下。其原因解释起来并不是特别难，但超出了本书内容的范围。请看图 6-8，它所示的是喷气式飞机和螺旋桨飞机的推力和阻力（需用推力）与飞机速度之间的关系。

螺旋桨动力飞机的可用推力随着速度的增加而减小。因此，正如图中的箭头所示，最大剩余推力没有发生在最小阻力状态下，而发生在较低的速度下。事实上，螺旋桨动力飞机处于最佳爬升角时，其速度刚好高于失速速度。这种飞机在有障碍物（如电线等）的短距跑道上起飞时，能以起飞速度爬升越过障碍物。

正如在图 6-8 中看到的，喷气式飞机的推力基本恒定，与速度无关。因此，喷气式飞机的最佳爬升角发生在最小阻力状态。

塞斯纳 172 飞机，在海平面高度起飞时，最佳爬升率发生在 84 英里 / 小时的指示空速状态下。此时爬升角为 6 度，爬升率为 770 英尺 / 分。

总之，我们应该知道的是，最佳爬升率与剩余功率有关，而最佳爬升角与剩余推力有关。接下来，我们将会讨论飞机到底能爬升多高。

> 为了通过适航，喷气式发动机必须经受得住"鸟撞试验"。发动机必须经受得住由专用大炮发射的鸡的撞击。同样，飞机的挡风玻璃也必须经受得住同样的大炮的测试。

六、升限

随着飞机向上爬升，空气的密度越来越小。同时，发动机的功率减少，并且需要更多的功率来提供升力。通过图 6-9 可以看出，随着飞机的爬升，飞机飞行所需的最小速度随之增大。之所以这样是因为空气密度变小，在不失速的情况下，为了转向足够多的空气，必须增大最小速度。因为发动机的可用功率和阻力曲线在向速度高的方向移动，飞机要达到最大爬升率和最大爬升角的速度也在增加，如图 6-9 所示，在某一高度，最小平飞速度曲线与两条爬升速度曲线交汇。在这点处，飞机不能再向上爬升，飞机需要满功率和推力维持飞机水平直线飞行。这个高度称为绝对升限。

当飞机爬升时，其爬升率降低。当最佳爬升率下降到 500 英尺 / 分时，

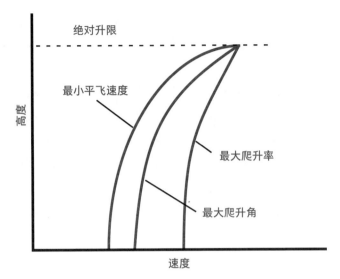

图 6-9　最小平飞速度与爬升速度在绝对升限处交会

军方称这一高度为战斗升限。对于一些小型通用飞机来说，这个高度并不比海平面高度的跑道高多少。美国联邦航空管理局定义飞机的实用升限为该飞机的最佳爬升率下降到 100 英尺 / 分的高度。这是一个特别有用的衡量飞机性能的指标。如果从一高海拔机场，如海拔为 10000 英尺的科罗拉多州莱德维尔机场起飞，一架实用升限为 20000 英尺的飞机，当然比实用升限为 14000 英尺的飞机的最佳爬升率高得多。后一种飞机起飞需要的跑道长得多并且爬升得更慢。

　　我们对比一下执行同一任务的两种不同飞行高度的飞机的设计。第一种是图 2-4 所示的美国 U-2 高空侦察机。这种飞机是 20 世纪 50 年代设计的，实用升限为 70000 英尺，翼展大，机翼面积也很大。因此，这个大型机翼可以有效地转向大量的空气，但其翼载相对较低。由于飞行

截止到 2009 年 1 月 1 日，世界室内自由飞行的纪录为 60 分零 1 秒。这是在 1997 年 6 月 1 日由史蒂夫·布朗的"时间旅行者"创下的。自由飞行是一种使用橡皮筋弹射的航模飞行竞赛。

速度慢，1960 年加里·鲍尔斯驾驶的一架 U-2 高空侦察机在苏联上空被击落。在这一政治灾难后，美国推动了替代性侦察机的研发，即 SR-71"黑鸟"飞机。

由于 U-2 飞机不能快速飞行，因而容易遭受防空导弹的袭击。而 SR-71 飞机（如图 2-5 所示）克服了这个弱点。SR-71 飞机必须在高空飞行，而且速度非常快。它公布的实用升限为 80000 英尺，最大飞行速度为马赫数 3.2，或 2300 英里 / 小时。为了能够快速飞行，SR-71 飞机具有高的推重比，且其对高速飞行做出的妥协是，功率高的同时翼载也很大。因此 SR-71 飞机和 U-2 飞机要完成的军事任务相同，但却采用了两种截然不同的设计。

七、燃油消耗量

当说到汽车的燃油消耗时，我们是用英里 / 加仑（或者千米 / 升）来衡量的。它们是可以衡量的，因为汽车有里程表，给汽车加满油，就可以测量其在一定里程内消耗的燃油量。然而，这种衡量方式不适用于飞机。因为飞机是在移动的气流中飞行的。一架小型飞机以设定的低功率在强大的逆风中飞行，相对于地面是后退的，但实际测量起来具有相当大的空速。

直到 1948 年，莱特兄弟的飞机才被移送到史密森尼博物馆。史密森尼博物馆决定把塞缪尔·兰利研制的飞机作为"世界上首架能够飞行的飞机"展览时，忽略了莱特兄弟的飞机。而兰利曾是史密森尼博物馆的秘书。

飞行员更关心的是机上能载多少燃油，这些燃油能保证飞机在空中飞行多久。回想第 1 章中我们学的，诱导功率与载荷的平方成正比。商用飞机的飞行员希望尽可能少加燃油。根据美国联邦航空管理局的规定，在飞行结束时，油箱里应该有足够多的燃油，在飞机遇到突发情况时，能使飞机降到备用机场。预期的地面速度是确定飞行过程中所需燃油的一个重要参数，根据该参数可以计算出飞机在空中飞行的时间以及燃油消耗率。对小型飞机，燃油消耗率以加仑 / 小时（升 / 小时）为单位，而对大型飞机，则以磅 / 小时（千克 / 小时）为单位。与汽车不同，飞机的燃油消耗率仅取决于设定的功率，并非地面速度。如果飞机将要逆风飞行，地面速度会更低，飞行时间会更长，因此将会消耗更多的燃油。

现在，假设你是一名工程师，将要从头设计一架飞机。显然，考虑到飞机的效率，你必须采用一些标准。工程师一般采用一个叫作耗油率的参数。这个参数是燃油消耗率除以可用推力或功率，依据发动机的类型的不同而不同。因此，耗油率是衡量发动机效率的标准，该值越低，发动机的效率就越高。所以，在选择发动机时，工程师不仅要考虑发动机的重量、起飞距离、巡航速度与升限，还必须考虑耗油率。

八、最大航时

如果发动机每小时消耗固定量的燃油，那么飞机能在空中停留多久呢？是不是有某个速度可以使飞机在空中停留的时间最长呢？有些飞机是专为延长续航时间设计的。例如，用于空中监视的飞机可能要在某一地点巡逻很长时间。人们很乐意使用自动驾驶的飞机来中继本地通信信号（如手机），而不是使用昂贵的卫星。对于这些飞机，人们更关注的是它们能够在空中停留的时间。举个例子，美国国家航空航天局研制的"探路者"飞机（如图 6-10 所示），能够在超高状态下停留，并收集大气数据。这种飞机的动力由太阳能提供，所以燃油消耗率为零，且理论上，航时也是无限的。到了晚上，它可以依靠白天充电的蓄电池运行。接下来，让我们看如何使以燃油为动力的飞机获得最大的航时。

> 1997 年，"探路者"飞机创造了 71490 英尺的螺旋桨飞机的飞行高度纪录。

图 6-10 "探路者"飞机是拥有最大航时的太阳能动力飞机（照片由美国国家航空航天局提供）

要使飞机在空中停留的时间最长，就不能过多地考虑速度，而要考虑燃油消耗率。对燃油动力飞机来说，最大航时就意味着最小燃油消耗速度。对于活塞/螺旋桨发动机，可用功率几乎与发动机功率成正比，而发动机功率及燃油消耗率刚好又与需用功率成正比。因此，飞行员驾驶螺旋桨动力飞机时，为获得最大航时，应保持飞行速度在功率曲线的最低点。

而对于喷气式飞机，情况就不一样了。正如第4章讨论的那样，喷气式发动机的燃油消耗率取决于发动机的功率，而不是可用功率。记住，可用功率恰好等于发动机所产生的推力与飞机速度之积（见图4-3）。喷气式发动机的可用功率随速度的增大而增大，而推力保持不变。这就意味着，在相同的燃油消耗速度下，随着速度的增大，喷气式发动机可以获得更大的功率。或者换句话说，在给定的可用功率下，当飞机加速飞行时，可以减少燃油的消耗。这种与速度的关系意味着喷气式发动机的最小燃油消耗速度并不是发生在最小需用功率状态下（螺旋桨发动机的最小燃油消耗率发生在该状态下），而是发生在最小需用推力状态下（也为最小阻力状态）。因此，想要获得最大航时，驾驶员应该使喷气式飞机在最小阻力状态下飞行。由于最小阻力状态下的速度比最低功率状态时大，因此在最大航时状态下飞行时，喷气式飞机比螺旋桨飞机飞的距离更远。

最大航时是指在空中停留的最长时间。这对少数需要在空中长久停留的飞机是十分有益的。然而，大家更关注的飞机巡航性能参数是最大航程。

九、最大航程

飞机的最大航程和飞机的最大航时是有区别的。在最大航时状态下，飞机的速度是很慢的。现在，我们想在可用燃油一定的情况下，要求飞机尽可能地飞得更远。如最大航时一样，螺旋桨动力飞机与喷气式飞机的最大航程条件也是不同的。

对于螺旋桨动力飞机，可用功率与飞机的速度基本上无关。获得最大航程不像获得最大航时那样，需要找到最小功率值，而需要找到功率除以速度的最小值。此时，发动机功率对应于燃油消耗率，飞机速度对应于飞行航程。因此功率除以速度相当于加仑／英里，但功率除以速度得到的是阻力。所以，想要获得最大航程，螺旋桨动力飞机应以最小阻力状态下的速度飞行。这个速度比最大航时状态下的速度大。

接下来研究喷气式飞机的情况。如前所述，喷气式飞机以最小阻力飞行时，可以获得最大航时。这是因为发动机的效率和速度相关。因此，根据前面的推理，对于喷气式飞机，想要获得最大航程，则要以阻力与速度之比最小状态时的速度飞行。

对于一架螺旋桨动力飞机来说，想要获得最大航时和最大航程，分别要在最低功率和最小阻力状态下飞行。对于喷气式飞机，想要获得最大航时和最大航程，分别要在最小阻力和阻力与速度之比最小的状态下飞行。

我们已经知道了飞机在最大航程时的飞行速度。但是，随着时间的增加，燃油消耗导致飞机的重量不断减少。因此，针对飞机重量减少应该如何调整以在飞行中达到最小燃油消耗率呢？对于小型飞机，随着时间的增加，飞机重量的变化不大，因此，可以通过改变飞机迎角来进行调整。对于大型喷气式飞机，情况就不同了。

十、巡航爬升与效率

大型商用喷气式飞机在其飞行配置上有两个影响燃油消耗的限制条件。第一，为了减少阻力，飞机必须在一个特定的迎角下飞行，以便使机身与来流在一条直线上。第二，机翼的设计是为了在一特定的空速下飞行时，可以获得最大的效率。

为了在整个飞行过程中保持恒定的迎角，商用喷气式飞机往往通过减少机翼转向的气流量来调整较大的重量变化。这通过让飞机爬到更高的海拔便可实现，因为海拔越高，空气越稀薄。因此，随着燃油的消耗，飞机要爬升到空气密度较小的高度飞行。

> 第一次世界大战结束八天后，飞机飞行速度的世界纪录变为 163.06 英里 / 小时。

显而易见，随着高度的变化，飞机的重量也在变化。如果一架大型喷气式飞机由于燃油的消耗，重量减轻了 20%，其升力也必须减少相应的数量。改变机翼的迎角或速度是不可取的，因此下洗流垂直速度保持恒定。那么，机翼所转向的气流量必须减少 20%。这就意味着，空气密度需要减少 20%。因此，一架大型喷气式飞机随着其燃油的消耗，需要不断增加飞行高度，以使飞机重量和空气密度的比值恒为常数。这就叫作巡航爬升。

下面举一个高度变化的例子。一架大型喷气式飞机最初在 30000 英尺的高度飞行，现在由于重量减少了 20%，不得不调整到 65000 英尺的高度飞行。在理想情况下，这种高度的变化应该通过飞行过程中不断缓慢爬升完成。实际上，为了安全起见，空中交通管制人员不允许这样做。因此，随着燃油的消耗，喷气式飞机只能在飞行中以每次 4000 英尺的高度变化分段增

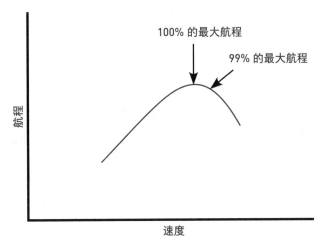

图 6-11 速度与航程的关系

加高度。

　　飞行员在飞行过程中可以要求变化飞行高度，因此可以以分段高度爬升，来接近巡航爬升要求的高度。在大多数长途飞行中，飞行员将会进行一次分段高度爬升，这种变化飞行高度对飞行员来说是很普遍的，其目的是减少燃油消耗量。

　　人们可能会问，大型飞机是不是以最佳的燃油消耗状态飞行的呢？回答是"几乎是"。图 6-11 表明了大型喷气式飞机的速度与航程的函数关系。大型飞机通常在最高点飞行。它们会以 99% 的最大航程状态飞行，其中 1% 的航程损失，是为了获得百分之几的巡航速度增加。人们认为这是一个很好的折中办法。随着燃油价格的上涨，速度与航程之间的这种互换关系变得不那么有利，飞行员可以稍微放慢速度以节省燃油。

　　我们应该认识到，飞行员使飞机达到的航程，取决于飞行员的飞行习惯，以及他或她想要到达目的地的速度有多快。大多数通用飞机飞行员在驾驶飞机时，飞行速度比最大航程状态下的要快很多。这是因为飞行的费用大部分是按小时计算的，不仅仅包含燃油的成本。

十一、转弯

既然我们了解了飞机的飞行，现在我们看飞机转弯时会怎样。遗憾的是对商用飞机和通用飞机来说，转弯不是很有意思的事情。如果飞机转弯的话，将会引起乘客的种种抱怨。然而，对于不熟悉 2g 转弯的人而言，这仍可能是件有意思的事情。通常高性能转弯主要发生在战斗机和特技飞机上。

在关于爬升性能的讨论中，我们知道飞机的爬升靠的是发动机，不是机翼；但负责飞机转弯的则是机翼。附录 A 表明，在飞机进入大坡度转弯时，机翼（与飞行员）的负载会增加。过载与失速迎角是理解转弯性能的两个关键参数（见图 A-6 和图 A-7）。一个 2g 的转弯，可以通过让飞机倾斜 60 度来使翼载加倍，而飞机的速度无变化。

就机翼而言，过载就像真正的重量一样。我们知道，诱导功率和诱导阻力随载荷的平方而变化。因此，在一个 2g 的转弯中，诱导功率和诱导阻力便增加为以前的 4 倍。

现在让我们来看一下倾斜角为 45 度的简单转弯（不是高性能的）。这种转弯，施加到机翼和乘客身上的力比水平直线飞行时要大 40%。也就是说，过载为 1.4。同时，诱导功率和诱导阻力将比水平直线飞行时增加约一倍。为了补偿增加的诱导功率，飞行员有两个选择：一是增加可用功率；二是减少废阻功率。前者需要增加发动机功率，后者则需要降低飞机速度并增加迎角。对于大多数通用飞机的飞行员来说，在恒定功率下进行转弯，需要调整飞机的迎角，此时飞机会损失一些速度。

> 在一次埃塞俄比亚难民疏散的紧急飞行中，以色列 EI 航空公司的一架波音 747 飞机起飞时乘载 1087 位难民，而降落时有 1090 位。因为在飞行过程中，新出生了三名婴儿。另一架同型号的飞机乘载着其他的 920 名难民。

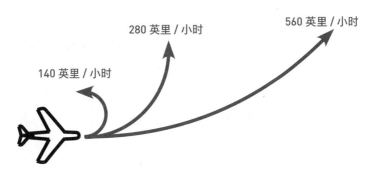

图 6-12　飞机在三种速度状态下以 45 度的倾斜角进行 20 秒的转弯

表 6-1 所示的是，一架飞机在三种不同的速度状态下，以 45 度的倾斜角进行 180 度大转弯时飞机的性能。对于一个给定的倾斜角，转弯半径随飞机速度的平方正比变化，而转弯时间随速度的一次方正比变化。对于表中的三种速度，尽管转弯的区别相当大，但乘客感受到的力是一样的。这一点在图 6-12 中有所显示，该图展示了一架飞机在三种不同的速度状态下，以 45 度的倾斜角进行 20 秒的转弯时的状态。总之，飞机速度对转弯性能的影响还是很显著的。

表 6-1　三种不同的速度状态下，以 45 度的倾斜角进行 180 度大转弯时的飞机性能

速度 [英里 / 小时（千米 / 小时）]	140（224）	280（450）	560（900）
转弯半径 [英里（千米）]	0.25（0.4）	1（1.6）	3.9（6.2）
180 度转弯所用时间（秒）	20	40	80

如果在前面的例子中，飞机倾斜角增加至 60 度，那么过载将增加至 2，诱导功率和诱导阻力将增加至水平直线飞行时的 4 倍。但是，进行 180 度大转弯时的转弯半径和时间将会仅减少 42%。假设我们进一步增加飞机的倾斜角，最终将会有一个极限值，因为倾斜角为 90 度时，翼载与所需功率

将会变成无限大。

假设你正在一个峡谷中向上飞行（当然这是一个很糟糕的想法），并想通过一个急转弯飞出峡谷。一个大坡度的转弯需要什么条件呢？如何使转弯半径最小呢？

最小转弯半径受飞机的三个性能参数限制，分别为襟翼收起时的失速速度、结构强度和可用功率。下面我们分别研究每一个限制。

1. 失速速度限制

什么是失速速度限制呢？我们可以通过研究飞机在稍高于失速速度时飞行这一极端的情况（如飞行迎角稍低于失速迎角）来进行说明。如果这个飞机试图转弯的话，不能通过增加迎角来承担更高的翼载，否则它将会失速。因此，这种情况下飞机将不能转弯并且有无限大的转弯半径。如果飞机飞得稍微快一点的话，便可以非常平缓地转弯，但转弯半径会非常大。早期的飞机，由于功率不足，飞行速度比失速速度快不了多少，于是它们就陷入了这种困境，只能以大半径缓慢转弯。包括莱特兄弟在内，许多飞机的首次飞行都只做直线飞行。

> 历史上最长的不间断飞行、途中不加油的距离为 24978 英里。这个纪录是在 1986 年，由理查德·鲁坦和珍娜·耶格尔用一架"旅行者"号实验飞机创下的。

继续前一段的逻辑推理，我们来看，当飞行员以两倍的水平直线飞行失速速度转弯时会发生什么。从第 1 章中我们了解到，飞机速度增加两倍时，由于转向气流量和下洗流垂直速度的增加，飞机在失速前载荷会增加 4 倍。这意味着飞机在 75.5 度的倾斜角下，可以进行 $4g$ 的转弯（即负载为 4）。这表明了，对于给定的任何一个速度，最佳性能转弯发生在这样一个倾斜角下，在这个倾斜角下，翼载仅仅比引起飞机失速时的翼载略低一点。

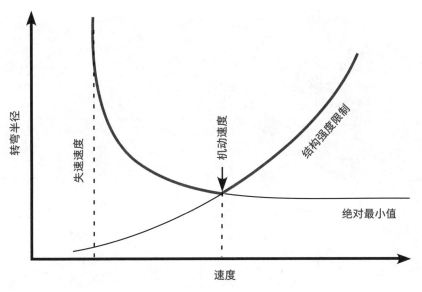

图 6-13　速度与转弯半径的关系

对于一架给定的飞机，速度越快，在转弯失速之前机翼上产生的过载越高，转弯越急。图 6-13 的曲线中标记的绝对最小值，很好地说明了这一点。失速速度越慢，飞机在转弯时实现相同过载的速度就越慢，转弯就越急。因此，飞机的失速速度越慢，高性能的转弯就越急。

> 商用喷气式飞机在巡航高度失去动力时可以滑行约100英里。

2. 结构强度限制

限制飞机转弯性能的第二个参数是飞机的结构强度，见图 6-13 中标注为"结构强度限制"的曲线。这限制了飞机的翼载。对于正常范畴的飞机，翼载限制为 3.8g，它适用于大多数通用航空飞机。我们可以看到，当飞机以

> ### 机动速度
>
> 　　机动速度是飞机在机动飞行或在扰动气流中的最大速度。正如前面讨论的那样，在这个速度下，机翼将在最大额定过载下失速，因此飞行速度一般不会超过它。因为失速时，飞机的最大过载与速度的平方成正比，因此飞机的机动速度刚好等于失速速度乘以最大过载 3.8 的平方根。
>
> 　　我们知道，失速速度随着载荷的减少而降低。因此，机动速度也随载荷的减少而降低。一架装载较轻的飞机机动速度比装载过重的飞机机动速度低。相比于重载飞机，轻载飞机飞行中远离临界失速迎角。因此它能够承受由于阵风或失速前紧急控制导致的更大的加速度。美国联邦航空管理局定义飞机的极限过载为 3.8g，这并不是根据机翼的最大载荷来确定的。因此，在机动速度状态下，相比于较重的飞机，一架较轻的飞机将会在较小的翼载下失速。
>
> 　　应该指出，机动速度是指示空速。因此，真空速会随着海拔的增加而增大。

两倍的水平直线飞行失速速度进行最高性能的转弯时，翼载超过了这个限制值。因此，此时飞行员在转弯时，要么减小倾斜角，要么降低飞行速度。

　　如果我们同时考虑失速速度限制和结构强度限制，在飞机同处于两种极限状态下时就会有一个特定的速度条件。这个特定的速度便是机动速度。在该速度状态下，机翼在超过额定结构强度限制之前刚好失速。因此，在正常范畴内，最急的转弯可能发生在失速速度 1.95（3.8 的平方根）倍的情况下，此时的倾斜角约为 73.5 度。也就是说，最高性能的转弯发生在机动速度状态下。高过载的转弯，将会使人们感到不舒服。

3. 可用功率限制

　　现在让我们了解一下可用功率的重要性。当飞机进入大倾斜角时，机翼载荷增加，诱导功率和诱导阻力也随着翼载的平方增加。因此，飞机在进

标准角速度转弯

除了战斗机和专业的特技飞机，转弯角速度通常不是飞机设计的关键问题。然而，所有飞机必须能够完成一个标准角速度转弯。轻型飞机的标准角速度转弯定义为 3 度 / 秒的转弯，即在两分钟内完成 360 度大转弯。这也称为 2 分钟转弯。对于重型飞机，标准角速度转弯为 4 分钟转弯。无论是转弯与侧滑指示器，还是转弯协调器，这些仪器都能够明确标识出标准角速度转弯值。这对于看不见地面的飞行员和需要适当飞机分离的空中交通管制是非常有用的。飞行员倾斜飞机，以将转弯与侧滑指示器的指针指向标准角速度转弯标记位置，然后用手表计算转弯时间。飞行员可以根据转弯时间，在任何需要的方向上拉出。

行 $4g$ 的转弯时，诱导功率将会增加 16 倍。那么，可用功率未必能够满足理论上最急的转弯。当达到可用功率限制时，最高性能的转弯将不再发生在机动速度状态下。

喷气式发动机和螺旋桨 / 活塞式发动机的可用功率随海拔的增加而减少。在一些时候，一架飞机在尝试实现最高性能转弯时，会受到功率的限制。最小转弯半径将发生在一个较低的速度状态下，而不发生在机动速度状态下。因此，在海拔较高时，飞机的转弯性能会降低。

有一种情况可以不管可用功率的损失，进行紧急的转弯。飞行员可以选择用高度补偿功率。换句话说，在下降过程中转弯时，飞行员可以将用于爬升的功率来补偿转弯的功率。这就是为什么战斗机往往在高海拔飞行，而战斗却发生在较低的高度。这些飞机是利用降低高度来完成紧急转弯的。

十二、着陆

飞机飞起来之后必然要落下去。因此，飞机的另一个性能参数是着陆距离。着陆距离比起飞距离容易理解。当飞机接近着陆时，它具有一定的动能（1/2 mv^2），当飞机最终停止时，它的动能变为零。因此，着陆距离和接地速度的平方成正比。失速速度越低，飞机的着陆性能越好。

通常，飞机的着陆距离比起飞距离要短。因为飞机用刹车装置减速比用发动机加速要快。如同大多数汽车那样，人们从某一速度刹车停下的距离比加速到这一速度的距离短得多。有许多飞行员能在短跑道上降落而不能起飞的事例。

> 在持续爬升时，机翼上的升力实际上要小于飞机的重力。

一旦到了地面上，飞机的最短着陆距离将主要取决于刹车装置的能力。刹车功率与机轮所支撑的飞机的重量成正比。在坚硬、干燥的地面上，刹车装置减速力高达机轮所支撑重量的80%。当然，在光滑地面上，这个值将会大大地减少。因此，为了更好地着陆，机翼上的升力必须尽可能快地消失，以便于使飞机的重量转移到机轮上。只要飞机着地，襟翼就必须收起来。现在的喷气式飞机还在机翼的最上面安装了阻力板，可以转移部分升力并增加阻力，以使飞机减速。

确定最短着陆距离的一个关键因素是制动装置吸收能量的能力。一架50万磅重的飞机以170英里/小时的速度着陆时，它的刹车装置必须能在半分钟左右消耗3万马力的能量！刹车装置产生的能量这么大，机轮都要被熔化了。可以使用反推力装置来耗散这些能量，这样就可以减少对刹车装置的性能要求了。

商用飞机机轮内胎以充满纯氮气来去除氧气，这是因为氧气在最大制动状态下会导致火灾，而且热量会使轮胎膨胀并可能爆胎。有些飞机的机轮使用特殊的螺栓，这种螺栓会在高温下分离，以使轮胎在可能发生爆炸前，减少机轮内胎的压力。因此，正常情况下，商用飞机不使用最大制动。然而，即使是正常的着陆，飞机也必须等待一定的时间使刹车装置冷却。在没有人为的冷却刹车装置时，飞机不能缩短冷却时间来进行下一次起飞飞行。正常着陆下刹车装置的冷却时间大约是 30 分钟。航空公司在安排飞机的往返飞行时间时，必须确保满足这一要求。

轻型飞机由于着陆速度低、重量轻，不存在刹车时必须要消耗能量的问题。此外，这些飞机通常在大阻力外形状态下（如襟翼全部放下）着陆，此时，飞机不需要刹车装置也可以自然而然地减速。在不使用刹车装置的情况下，飞机能在第一跑道关闭时达到恰当的滑行速度，会使飞行员非常高兴。

和起飞时一样，风力和海拔也会影响飞机的着陆性能。事实上，这些因素对着陆性能的影响同对起飞性能的影响方式完全一样。先前我们举过一个逆风的例子，即逆风速度是起飞速度的 15% 时，可使起飞距离缩短 30%。同样，逆风速度是着陆速度的 15% 时，也可使着陆距离缩短 30%。在 6000 英尺海拔的机场上的着陆距离，要比在海平面高度机场上长 20%。这是因为海拔增高，着陆时真空速增大以及较低的空气密度引起的阻力的减少。

十三、小结

我们已经讨论了飞机的性能特点，现在我们看一下不同飞机的性能差别。分别以塞斯纳 172 小型单发飞机、波音 777 大型运输机和洛克希德 - 马丁公司的 F-22 "猛禽" 军用战斗机为例进行飞行性能比较。

塞斯纳 172（见图 2-10）有非常低的翼载、适中的升阻比和功重比以及耗油率（燃油消耗除以单位时间产生的推力或功率）。由于翼载很低，

> 通常情况下，一架波音 747-400 飞机的起飞速度是 180 英里 / 小时，巡航速度是 565 英里 / 小时，着陆速度为 160 英里 / 小时。

塞斯纳与另外两种飞机相比较，起飞距离非常短。然而塞斯纳飞机的巡航速度和航程远不及另外两种飞机。塞斯纳 172 航程较短的原因是，其携带的燃油的重量不到其自身重量的 10%。由于翼载较低，塞斯纳飞机的转弯半径比另外两种飞机也要小得多。然而，这并不意味着塞斯纳飞机的机动性优于 F-22"猛禽"战斗机，因为其转弯角速度很低。

波音 777（见图 2-42）具有较高的翼载、高升阻比和推重比，以及低耗油率。由于翼载较高，波音 777 需要长的跑道，一般只有大型的民用机场才有这种长跑道。拥有比塞斯纳飞机高 50% 的升阻比以及较高的推重比，波音 777 飞机的实用升限约是塞斯纳 172 飞机的 2.5 倍。波音 777 飞机的设计目标之一是使飞机拥有足够长的航程，以便能完成跨太平洋航线的飞行。因此，波音 777 使用了高效率的发动机，且携带高达其自身重量 40% 的燃油。对波音 777 飞机来说，转弯不急不快，是可能的，也是必要的。

F-22"猛禽"战斗机（见图 2-43）具有高的翼载、适中的升阻比、高的推重比，以及适中的耗油率。F-22 的高推重比使它能够以极大的角度爬升，并拥有较强的机动能力。尽管 F-22 升阻比比较低，但它的高推重比给了它较高的实用升限。它的实用升限仅比波音 777 高一点。由于 F-22 战斗机采用了适中的推重比，以及牺牲燃油的重量换取有效载荷的重量，因此它的航程比较短。和所有的战斗机一样，F-22 战斗机在长途飞行中需要不断地加油。

第 7 章将介绍飞行试验与风洞试验的用途。这些试验可以用来确定本章所讨论的一些参数。

我们已经介绍了从升力到飞机性能的许多与飞行相关的概念。也许有人会问，设计师怎么知道他们的计算结果是正确的？当飞机制造完成后，其性能是如何确定的？这些都是通过气动试验来确定的，首先进行风洞试验，然后进行飞行试验。

一、风洞试验

飞机在首飞之前需要进行风洞试验。早期的风洞大多数都是为了基本流动试验建造的。建造这些设备的科学家们对流体的物理特性感兴趣，而不是对飞行感兴趣。莱特兄弟是最早使用风洞测试气动外形的人。他们在试验中的聪明才智和成就依旧是百年后的典范。许多书籍已经记载了他们的成就，所以在此我们不再详谈。重要的一点是，莱特兄弟意识到了气动数据的重要性，因此建造了一个风洞和设备来测量升力。

图 7-1 所示为 1918 年美国俄亥俄州麦库克机场（McCook Field, Ohio）的一座风洞，如今陈列于代顿（Dayton）航空博物馆内。它有一个直径 60 英寸、24 叶片的风扇，能产生 453 英里 / 小时的气流。它是用来校准空速设备和测试机翼的。空气由风洞通道小的一端吸入，从大的一端排出。有一个小的玻璃窗（图中未展示）用于观察。

在深究风洞的作用之前，让我们先了解有关风洞的基本概念。首先我们将讨论亚声速风洞。

1. 亚声速风洞

如图 7-2 所示，亚声速风洞的工作原理类似于文氏管。文氏管是应用伯努利原理的典型例子，它说明了没有能量加入气流时速度和压力的关系（见附录 B）。在流管的限制下，空气速度增加。速度增大伴随着垂直于流动方

图 7-1　1918 年建造于美国俄亥俄州麦库克机场的风洞

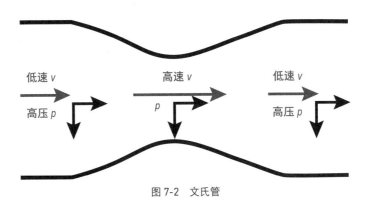

图 7-2　文氏管

向的静压下降。静压和动压构成的总压保持不变，在气流流动方向测量。因为压力较低，空气的密度和温度基本上保持不变。在之后我们将了解到，在跨声速流动的文氏管中，这种假设是不正确的。

　　所有低速风洞中最简单的是文氏管。如果你有一台家用电扇和一些纸板，你就可以轻易地制造一台小型的风洞，如图 7-3 所示。风洞中放置风扇，使其能将空气抽过风洞；模型放在文氏管中。风洞截面不需要做成圆形的。

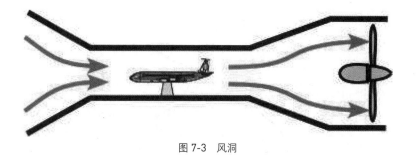

图 7-3　风洞

实际上，大多数风洞截面是矩形的。

截面形状由风扇段到试验段的变化称为收缩率（contraction ratio）。如果你将纸板风洞的喉道面积缩小到入口的 1/5，即收缩率为 5，那么试验段的空气速度将为风扇出口空气速度的 5 倍。因此，一台 2 英尺直径的风扇，产生 15 英里 / 小时的空气时，在直径 11 英寸试验段将产生 70 英里 / 小时的空气速度。也就是说，如果你想产生同样的效果，做成一个 5 英尺直径的测试段，需要一个 11 英尺直径的风扇。而另一种更加实际的解决方式是，在同等速度条件下提高风扇的空气速度和降低收缩率来得到更大截面的试验段。

> 当埃莉诺·罗斯福（Eleanor Roosevelt）告诉军官们她要乘坐非裔美籍飞行员驾驶的飞机从塔斯吉起飞时，军官们都为此感到震惊。

当建造文氏管风洞时，存在一些实际问题。你不能随意地收缩或扩张风洞的壁面。这是因为空气必须要平稳地收缩来降低壁面的影响。如果收缩过快，壁面对气流来说将成为障碍物，如图 7-4 所示。压力的积累限制了风扇的效率。在文氏管后部扩张过快同样会有问题。空气将无法沿壁面流动，导致气流从壁面分离。这同样导致了压力累积，降低了风洞的效率。图 7-5 阐述了文氏管风洞是如何工作的。

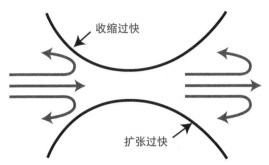

图 7-4　收缩或扩张过快的文氏管

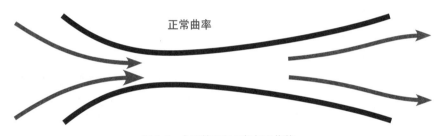

图 7-5　文氏管风洞是如何工作的

　　刚才描述的空气只经过一次试验段后直接排放到外界的风洞，叫作开环风洞。这种风洞的一个实际问题是作用于空气的所有能量都被浪费而不能循环利用。这使得开环风洞效率很低。因此，你几乎看不到大型的开环风洞。但是有一个例外，美国国家航空航天局艾姆斯（Ames）研究中心有一个 80 英尺 ×120 英尺的风洞，我们之后再进行讨论。

2. 闭环风洞

　　如果你闭合气流线路，大多数开环风洞的能量损失都能恢复，如图 7-7

在试验段测量空气速度

　　文氏管是对伯努利原理的应用。空气进入收缩段会加速，同时静压下降。因为伯努利定律说明了静压和空气速度相关（前提是没有外加能量作用于空气）。这种关系可以用于测量试验段的空气速度。不需要经历数学计算，试验段的空气速度正比于试验段与风扇处静压之差的平方根。压力计用来测量两者的压强差。压力计最简单的形式如图 7-6 所示。它只是一个连接两个区域的装满液体的玻璃弯管。压强之差正比于液体的高度之差，如图所示。在图中，p_1 是试验段的压强，p_2 是外界压强。风洞操作员只需要监测液体的高度差和空气密度，就能知道试验段的空气速度。常用的液体是煤油，因为它不会蒸发，且处理起来比水银更安全。

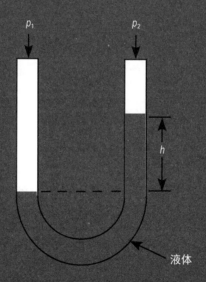

p_1　　p_2

h

液体

图 7-6　压力计

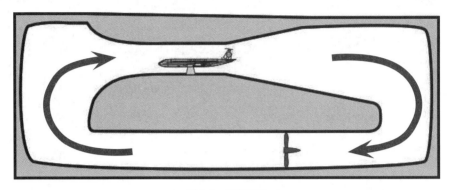

图 7-7 闭环风洞

所示。闭环风洞是大型风洞最常见的设计。一旦空气被加速到了工作状态，风扇只需要补充模型阻力和风洞的壁面摩擦力造成的能量损失。

需要清楚的是这种功率损失是十分显著的。因为一台风洞每天需要工作很多个小时，摩擦力和模型的阻力可能会导致对空气和壁面造成可观的热量输入。一些复杂的风洞拥有冷却叶片，可以排出热量来维持恒温。而其他风洞则需遭受热问题。有些风洞太热，以至于风洞中更换模型需要佩戴隔热手套。

> 一台主要用于重要研发项目的风洞模型可能造价数百万美元。

跨声速风洞用于测试以马赫数 0.7 ~ 0.85 飞行的飞机。这些风洞相对于低速风洞需要消耗更多功率。由于摩擦造成的功率损失与空气速度的立方成正比，会产生大量的热量，这些热量必须被排出。

大多数风洞只有一个回路，如图 7-7 所示。有一段时期双回路风洞很流行。位于西雅图华盛顿州立大学（University of Washington, Seattle）的柯尔斯顿风洞（Kirsten），是一台双回路风洞。这种风洞的布局如图 7-8 所示。这种形式的好处在于可以用两个较小的电动机代替一台大的电动机。双回路风洞同样有尺寸优势，原因超出了本书讨论范围，故不再赘述。一台双

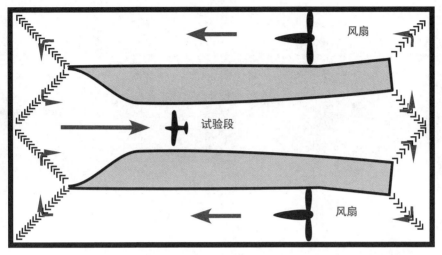

图 7-8　双回路风洞

回路风洞可以支持更大的试验段，同时拥有更小的占地空间。更小的电动机和更小的占地空间使得建造成本更低。但双回路风洞的缺点在于双路气流在到达试验段之前必须混合均匀。这导致了额外的技术困难。图 7-9 展示了一个在柯尔斯顿风洞试验段中的模型，该风洞截面积为 8 英尺 × 12 英尺。

美国国家航空航天局的艾姆斯研究中心的 40 英尺 × 80 英尺风洞是美国最大的闭环风洞。用风洞的专业术语描述，一台 40 英尺 × 80 英尺风洞的试验段为 40 英尺高、80 英尺宽。这个风洞可以产生超过 350 英里 / 小时的风速，有 6 台风扇和 6 个电动机来驱动风洞，如图 7-10 所示。上面一排风扇前的栏杆可以对比出风洞的尺寸。你同样可以辨认出 3 号风扇前的 3 个工作人员。风扇直径为 40 英尺，有 15 个可调叶片。每个电动机功率为 12 兆瓦。

> 莱特兄弟首次成功飞行是从杀魔山（Kill Devil Hill）开始的，这里位于小鹰镇（Kitty Hawk）以南几英里远处。

美国国家航空航天局艾姆斯研究中心同样有一个 80 英尺 × 120 英尺的

图 7-9　西雅图华盛顿州立大学柯尔斯顿风洞中的模型

图 7-10　美国国家航空航天局艾姆斯研究中心的 40 英尺 × 80 英尺风洞中的风扇
（图片由美国国家航空航天局提供）

图 7-11　美国国家航空航天局艾姆斯研究中心的 80 英尺 × 120 英尺开环风洞的试验段（图片由美国国家航空航天局提供）

开环风洞。这座风洞令人印象深刻的试验段如图 7-11 所示。在这里能产生 100 英里 / 小时速度的风。40 英尺 × 80 英尺和 80 英尺 × 120 英尺的风洞使用相同的风扇，如图 7-10 所示。该风洞可以通过转向叶片来在开环风洞和闭环风洞之间转换。最初风洞尺寸为 40 英尺 × 80 英尺，但在 1980 年，有人提出了建造 80 英尺 × 120 英尺风洞的计划。这使得一般的大型模型飞机可以在 40 英尺 × 80 英尺风洞中进行试验，而全尺寸飞机可在 80 英尺 × 120 英尺风洞中进行试验。

> 蜂鸟翼面积为 2 平方英寸。信天翁翼面积为 6200 平方英寸。

值得一提的是，开环风洞和闭环风洞的试验段通常保持在大气静压。在闭环风洞特别是超声速风洞中可以建立高压。保持试验段处于大气压力状态可以安装观察窗来观察和拍摄模型。但有些高度专业化风洞是例外，它们有加压段来提高空气密度。

3. 风洞数据

在风洞中，需要收集哪些数据？这些数据又是如何使用的呢？风洞最显著的目的是测量飞机所受的力和力矩。风洞同样可以用来测模型部件上的压力和流谱。这种试验大多数都是高度专业化的，十分复杂，在此不予讨论。然而风洞试验中同样有一些有趣的内容需要了解，涉及的风洞的有关基本概念本书也将介绍。

4. 力

首先，我们将集中讨论升力、阻力和力矩。一台典型的风洞利用力和力矩天平来测量这些气动力。图 7-12 所示即为这种天平。虽然图片中只显

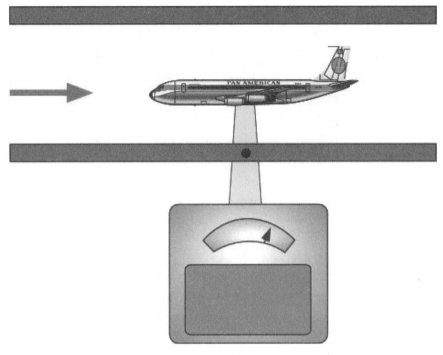

图 7-12　风洞中的天平

示了一个测量仪器，但力的平衡可以确定模型上所有的力和力矩。事实上，有时可能使用不止一个天平，如图 7-11 所示。问题在于，"它们精确吗？"许多因素会影响风洞测量的精确度。影响测量精确度的最重要因素是风洞壁面的影响。

风洞引入了一个人造约束，叫风洞壁面。壁面有两个影响：第一个是它干扰了模型机翼上方的可流过的空气量；第二个是它阻碍了飞机底部的下洗流。后一种影响类似于地面效应，称为壁面效应。

低速风洞的另一个问题是空气在压缩时将加速，而文氏管中的飞机模型类似于压缩物。换句话说，空气流过模型时，会由于模型的阻塞作用而加

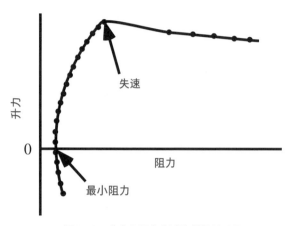

图 7-13　升力和阻力的试验数据关系图

速。显然，这称为阻塞效应。

　　多年的理论研究已经找到了修正壁面和阻塞效应的方法。不幸的是，风洞修正不是完全可靠的，所以风洞试验的结果必须要以实际飞行试验做补充。通常风洞修正量只占总值的几个百分点。然而，这几个百分点对预测飞机最终性能至关重要。飞机制造商用同一个风洞完成所有试验的情况并不少见。因为工程师可以吸取之前的经验来估算风洞试验的结果和实际飞行数据的差距。

　　收集数据中最重要的一部分称为极曲线。这是一个升力与阻力关系的曲线图，如图 7-13 所示。第一眼看上去，这些数据并不十分有趣，但再看会发现，极曲线的有趣之处在于它可以用来确定废阻力和诱导阻力，以及失速发生前的最大升力。图中的最小阻力值只包含了模型的废阻力。在其他升力情况下测量的阻力都包含诱导阻力和废阻力。因为诱导阻力和升力可以从这些数据中获得，机翼效率也就可以确定。注意一些升力下降而阻

在 1908 年，一位叫作泰雷兹·佩尔蒂埃（Therese Peltier）的法国女性成为世界上第一位女性飞行员。

力急速上升的数据点。这些数据点就是机翼失速、形状阻力增加的点。从这里我们可以确定机翼的过失速特性，还可以了解到飞机大量的情况。

5. 压力

一个更加复杂的风洞试验同样涉及风洞模型上的压力测量。模型上钻有的小洞称为测压孔，这些测压孔由管子连接到压力传感器上。压力传感器是一个将压力转化为计算机能够读取的电压信号的小型电子装置。一些模型有超过一千个测压孔。因此压力测量系统必须能在短时间内扫描所有的测压孔。

压力可以用来确定许多东西。它可以用来确定表面流动分离的情况，同样也可以用来计算局部力的大小。这些压力测量值还可以为软件数值模拟提供验证数据。

> 在第二次世界大战期间，小型侦察机，例如派珀·卡博（Piper Cub）飞机，拥有最低的战损率。在一次战斗中，一名派珀·卡博的飞行员在受到德国战斗机的攻击后，设法转弯并在田地中着陆。他将飞机藏了起来，使得德国战机无功而返。

6. 流动显示

在风洞中收集的第三种数据是显示数据。不幸的是，在通常的风洞试验中，它很少见。你看不到气流的流动。由于风洞试验段为了防止数据损坏而处于封闭状态，你甚至感觉不到风。所有你能听到的只有动力强劲的风扇发出的噪声。想要看到流动情况的唯一方法就是在其中加入可视物。

最常见的显示工具是烟雾。使用烟雾的问题在于，为了能看到细节，风速必须非常慢。非常缓慢的气流速度会导致气流方向转变，使得烟雾显示结果给人们带来误导。使用烟雾的另一个问题是，在闭环风洞中，烟雾没多久便会堆积起来。

另一种方法是使用黏土和一种蒸发很快的液体的混合物。这种黏土非常纤细，有滑石粉一般的稠度。将这种混合物涂抹在模型上，并快速打开风扇。一旦液体蒸发，黏土就会呈现出模型表面流动的图像，如图 7-14 所示。流动区域分离以及飞机周围的气流很容易观察到。在图中，机翼末端 1/4 翼弦处已经失速。虽然这种方法十分高效，但这种方法不适用于有测压孔的模型，因为黏土会堵住测量洞口。

成簇的丝带同样十分有效。小的丝带对模型影响很小，可以粘接在模型表面。丝带随气流方向浮动，如图 7-15 所示，而且可以拍照进行后期分析。

另一种快速发展的技术是压敏漆。这种漆实际上会由于局部压力变化而改变强度和颜色，因此使得实际观测模型表面的压力成为可能。这种技术还在发展之中，但未来可能会广泛应用。还有许多可视化技术，但它们超出了本书的范畴，故在此不再详细讨论。

> 在海拔 63000 英尺处，水在达到体温时就可以沸腾。

7. 带尾翼和不带尾翼

如果你参观风洞试验，很可能会看到一架不完整的飞机，有可能是飞机没有安装水平安定面。一般做风洞试验时很多飞机都不安装水平安定面。这么做的原因有两个，第一个是这样能够估算出壁面效应引起的误差。水平安定面有自己的上洗流和下洗流，这将影响测量。通过拆除水平安定面，可以单独确定机翼的修正量。

第二个原因是，拆除水平安定面可以直接确定水平安定面对飞机的力矩影响。水平安定面对飞机全部力矩的影响决定了飞机的稳定性、飞行的困难程度，以及载荷的放置位置。在分析飞行特性时，许多参数不能通过理论确定。因此风洞提供的数据可以用来补充理论分析不能清晰解答的问题。

图 7-14　瓷黏土流动显示图

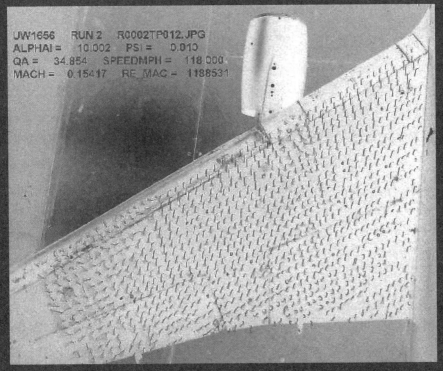

图 7-15　模型机翼上的小丝线

火箭发动机

值得注意的是，对超声速文氏管和火箭发动机的描述是相同的。燃烧室的压缩燃气受限于移动至发动机喉道的速度为马赫数 1 的区域。燃气在低压区域扩张并加速。所以火箭发动机的排气速度是超声速的。根据牛顿第二定律，火箭推力正比于排气速度，故而推力很大。

所有火箭发动机喉道处燃气速度都为马赫数 1。这限制了排放的燃气量。在设计发动机时，工程师必须使得喉道足够小，使燃气到这里速度正好达到马赫数 1，这样排气速度才能到超声速。但喉道面积又要足够大，以保证能排出足够量的燃气来创造所需的推力。

8. 超声速文氏管

为了理解跨声速和超声速风洞，有必要了解跨声速和超声速文氏管。在这里，空气的压缩性不可忽视，空气的密度和温度变化也至关重要。首先让我们看看马赫数略小于 1 的空气在收缩管道中的流动情况。随着管道截面积减小，空气速度增加。因为压力很高，在压缩过程中，空气密度和温度都将增加。因为这种可压缩性，空气的速度和压力的变化与不可压空气不同。

> B-2 隐身轰炸机和 F-117 隐身战斗机的雷达反射面积与一只鹰的大小基本相同。

如果管子的尺寸降低得足够小，空气速度将达到马赫数 1。在收敛管道中，空气速度不会超过马赫数 1。实际上，在收敛管道中，空气速度永远向马赫数 1 靠近。如果收敛管道前空气速度超过马赫数 1，其动压和密度将在收敛段增大，阻碍空气，使得空气减速至马赫数 1。一旦空气速度到达马赫数 1，无论是加速亚声速空气还是减速超声速空气，其压力都将增大，使速度为马赫数 1 的区域向管道半径更小的方向移动。

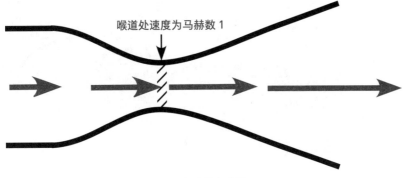

图 7-16 超声速文氏管

最终结果就是速度为马赫数 1 的区域移动到了文氏管收敛段最小处（称为喉道），如图 7-16 所示。喉道之后发生的情况可能有些复杂，但通常来说，这取决于喉道下游的压力。如果压力与文氏管之前的压力相同，那么空气将恢复之前的速度、压力、温度和密度。如果压力更低，像在大容量低压区域膨胀一样，空气将扩张，使得速度持续增加而超过马赫数 1，如图中所示。更进一步的扩张和加速将导致温度、压力和密度急剧下降。

9. 超声速风洞

超声速风洞工作方式与亚声速风洞和跨声速风洞不同。首先，由于风扇在超声速时效率较低，它们必须在亚声速状况下工作，空气必须从亚声速转变为超声速。其次，超声速风洞需要大量的能量。它们需要的能量如此之大，以至于如果在用电高峰运行，可能会导致局部地区限制用电。由于这种原因，很少有设施能连续运行超声速风洞。

制造超声速风洞的关键是采用超声速文氏管。图 7-17 为闭环超声速风

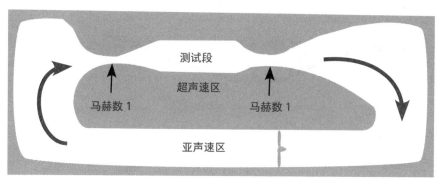

图 7-17　超声速风洞

洞示意图。风扇使空气在亚声速管道内移动。在启动期间，亚声速通道被加压，同时试验段保持恒定为 1 个大气压。空气在第一个文氏管内加速，直到在喉道处速度达到马赫数 1。随着通道扩张，空气加速，在试验段产生超声速气流。在试验段之后，气流经过第二个文氏管。在这里，速度减慢，直到在喉道处达到马赫数 1。因为气流进入高压区域流速减慢，气流速度再次变为亚声速。

　　超声速风洞相较于亚声速风洞有一个额外的功率损失。除了壁面的摩擦力和模型的阻力，还有不可避免的激波损失。所有这些损失意味着会产生大量热量。为了能够持续运行，一台超声速风洞必须要有安装于亚声速气流区的大型冷却设备。

　　超声速风洞需要大量的能量，这意味着很少有连续运行的超声速风洞，它们的规模也不大。通常认为一台 3 英尺 × 3 英尺的风洞试验段已经很大了。它在马赫数 3 的速度运行时，需要 50 万马力的功率。然而，还有其他方法来测试超声速飞机。

　　一种方法是使用图 7-18 所示的放气式超声

1942 年，一架设计载客量为 30 人的 DC-3 飞机从一个中国村庄撤离时，运载了 68 人（包括偷渡者）。旅客之一是詹姆斯·杜立特尔准将（Brigadier General James Doolittle），他从著名的东京空袭中返回。

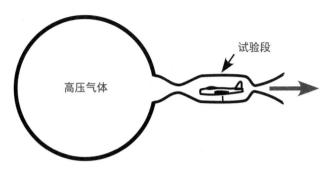

图 7-18　放气式超声速风洞

速风洞（blowdown supersonic wind tunnel）。用巨大的容器装满高压气体，之后排放入文氏管中。这种风洞效率很高，但依然只允许进行几分钟的试验。但是一个经过精心设计的试验可以在短时间内测得大量数据。使用这种技术，能量需要一定时间生成和存储。这种风洞需要能量很少，但试验间隔时间较长。美国国家航空航天局的普拉姆布鲁克（Plumbrook）超声速风洞可以产生马赫数 7 的气流。这种放气式设备每 24 小时可以进行 5 分钟的试验。兰利（Langley）研究中心的 20 英寸超声速风洞可以在 5 ~ 15 分钟内产生马赫数 1.4 ~ 5 的气流。

> 波音 777 飞机可以携带和波音 727 重量相当的燃油。

　　另一种手段更加常见，即采用真空式超声速风洞，如图 7-19 所示。这种风洞并非是危险地将气室充为高压，而是将容器抽成真空，让气流从另一个方向通过试验段。因此在上游储气区的空气仅是大气，气流通过喉道和试验段最终进入真空容器。图 5-2 所示为航天飞机模型在这样的风洞中进行试验。

　　在所有的超声速文氏管中，空气在高速端膨胀并因此冷却。对连续风洞来说，这并不是关注重点，因为所有能量的损失都会导致空气开始变热。对于放气式超声速风洞，空气通常在到达文氏管之前就被加热，这样试验段

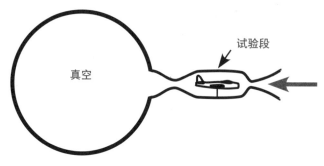

图 7-19　真空式超声速风洞

能维持在合理的温度。对于真空式超声速风洞来说，因为剩余空气已经被使用，无法对空气进行预热。因此，试验段非常寒冷。例如在气源处于室温时，一个马赫数 3 的试验段将达到 -274 华氏度（-170 摄氏度）。

10. 高超声速试验

超声速风洞需要的能量令人难以置信，那么人们如何建造高超声速流动环境，特别是马赫数 5 以上的试验环境呢？唯一有效的方法是对静止的模型使用放气法，预热大量空气，并要求试验段非常小。这句话中有一个关键词是"静止的"。实际上，一些高超声速设备使用燃烧枪让燃气在缺口中燃烧来推动模型。这种技术的问题在于，必须在非静止的、运动速度很快的模型上进行所需的测量。

在 1949 年 4 月，新奇士夫人（Sunkist Lady）型飞机在空中停留了 6 星期零 1 分钟（1008 小时零 1 分钟）。该飞机加油是通过在吉普车上方低空飞行，接受从吉普车上抛掷的油罐补给。

然而，工程师可以应用一些其他的技巧。高超声速飞行意味着马赫数大于 5。为了实现高超声速，毫无疑问我们需要提高试验段的空气速度或者模型速度。如果我们降低声速，又会怎么样呢？声音在不同气体中的传播速度不同。声速随着气体分子重量的增加而降低，因此，我们可以寻找更重的气体，例如二氧化碳，代替作为工作气体的空气，虽然这样只能降低 14% 的声速。使用这种替换气体的优势在于，在马赫数相当高的情况下，可以将气体或模型实际速度维持在一个合理的数值。但使用替换气体不能得到高超声速飞行的化学反应信息。

二、飞行试验

本节我们将解释用来判定飞机飞行性能的飞行试验技术，这涉及之前描述过的概念。首先必须明确的是对于商用和军用飞机制造商，飞行试验完全不同。对于商用飞机制造商，飞行试验注重于满足美国联邦航空管理局的要求。通常，美国联邦航空管理局的代表将在飞机上监视试验结果。这些试验是为了满足特定的规章。出于成本考虑，除非涉及规章条例，商用运输机很少进行飞行试验。

> 波音 777 飞机设计过一种折叠翼尖。但没有客户订购过它们。

对于军用飞机，飞行试验通常意味着要符合军用要求。这通常需要性能检验。因为军用飞机飞行时接近于其操作能力的边缘，因此通过飞行试验可以探测飞机的极限。下面我们将讨论一些飞行试验的测量方法。

1. 飞行仪表校准

飞机飞行试验的第一步是要确定高度表和空速表能提供正确的数据。在大多数飞机上，高度表和空速表利用压力来测量高度和空速。我们首先简单讨论一下它们的工作原理，之后我们将讨论飞行试验之初进行的试验。

高度表只不过是一个简单的压力表或气压表。如附录 A 将讨论的，静压由静压口测量。静压口在飞机表面的某处。由于飞机附近有流动的气流，飞机表面变化的静压和实际环境的静压不同。然而，空气仅仅是在某处流动更快并不意味着该处静压更低。这些我们将在附录 B 中讨论。因为飞机上任何地方的静压都与周围的静压有些许的不同，所以校准仪表很重要。

> 飞机需要大量的燃油。汽车需要自身重量 5% 的燃油；城市公交车需要自身重量 2% 的燃油；客运列车大约需要自身重量 1.1% 的燃油；货运列车大约需要自身重量 0.4% 的燃油；而一架波音 747 飞机则需要自身重量 42% 的燃油。

高度表的目标是在飞机干扰尽可能小的情况下，测量环绕飞机的大气压力。典型情况下，静压口在远离机翼的机身上，那里压力变化最小。因为静压在飞机不同的位置都不同，这种和静压口位置有关的误差称为位置误差。可以通过飞行试验来确定这种位置误差。因此，必须要测得不受飞机干扰的压力。商用飞机制造商采用的一种方法是使用拖曳锥。如图 7-20 所示，这是一种离飞机尾部较远的传感器。图中，拖曳锥从飞机垂直安定面尖端被拖出，并通过绞车收起。图 7-21 所示为安装于机身尾部的拖曳锥。

在许多军用试验中，飞行试验测量位置误差是由装在飞机机头处的长管顶端的传感器完成的，如图 7-22 所示。实际大气压力与静压口所测之差可以被转换成高度误差。这必须在飞机说明书中说明。

2. 需用功率

一旦高度表和空速表校准后，就能够结合活塞发动机飞机的功率或喷气发动机飞机的推力，来确定水平直线飞行的功率和阻力曲线。从理论上来说，通过测量两个速度下的功率，我们能够得到两组曲线，同时能够确定诱

图 7-20　波音 737 飞机上的拖曳锥（图片使用已获波音公司允许）

图 7-21　存放于机身尾部的拖曳锥

图 7-22　D-577. Ⅱ飞机上的空速校准传感器（图片由美国国家航空航天局提供）

导功率和废阻功率、诱导阻力和废阻力。

上述的测量是在一个重量和高度下进行的。然而，水平直线飞行的需用功率受到了重量和空气密度的影响。实现上述在不同海拔、不同负载情况下的试验，将花费大量时间和金钱。工程师们已经创造了当量系统来避免额外的试验。试验高度的空气密度由压力、温度测量确定，并与海平面的空气密度有关。相似地，试验过程中飞机重量数据也采用标准重量。它既不是最大总重，也不是空重。已知的需用功率与重量和空气密度的函数关系，使得数据可以涉及所有高度和重量，而不需要考虑飞行试验的实际高度和重量。

> 第一架波音 747 的飞机模型完成了超过 15000 小时的风洞试验。

3. 起飞和降落

对商用飞机来说，起飞性能的飞行试验是一个更加广泛的试验。特定条件下，例如地面摩擦力，取决于跑道状况，比如跑道有冰或者积水等。设计者假设一个摩擦力，这需要通过飞行试验验证。一旦一些状况得到验证，

标准天气

　　因为压强随高度的变化每天都不相同，所以人们定义了标准天气，且标准天气被国际广泛采用。标准天气是海平面高度下温度为 59 华氏度（15 摄氏度）、压强为 29.92 英寸水银柱（1013 毫巴[①]）。飞行员根据实际大气压调整高度表，从而得出正确的高度值。当飞行员在机场请求降落许可时，首先给他的信息是气压、风速和风向。在 18000 英尺高度以下，所有高度表都被调整到了当地的大气条件，这样在同样空域的两架飞机都能读取正确的数据。在 18000 英尺高度以上，所有高度表的压强都被设置为标准天气条件。

就可以用计算来确定余下的操作程序。

　　起飞技术同样需要被确定。例如，飞行员在什么速度下开始使飞机抬前轮？飞机在什么速度下离地？如果飞机速度太慢，它可能受到地面效应的影响，从而处于功率曲线的背面而不能爬升。

　　其中两个试验令人十分兴奋。它们是最小离地速度试验和最大刹车试验。最小离地速度是飞机能够离开地面的最低起飞速度，这大致发生在临界失速迎角附近。为了实现这个目标，飞机尾部的一部分实际上可能会碰到地面。当铝撞击混凝土时，火星四溅，看上去就像飞机着火一样，如图 7-24 所示。通常，这对飞机损伤较小。在飞行试验中，飞机会装上一个小滑橇来防止损伤。

　　最大刹车试验用来证明，在不危及乘客的情况下，飞机能否在起飞时紧急停止在跑道上。飞机加速到起飞速度，之后仅通过刹车来完全停止。这个试验的有趣之处在于飞机的所有动能都被转化到刹车装置上，因此刹车装

---

① 　1 毫巴 =100 帕。——译者注

需用功率数据

　　虽然有些超出本书所讨论的范围，但还是简单介绍一下。如果功率乘以速度作为速度四次方的函数，那么结果将为一条直线。如图 7-23 所示，该图来自塞斯纳 172 飞机的飞行手册。虽然结果使用了 4 个点，但从原理上说，同样的结果可以仅由 2 个点得出。根据此图，我们可以创建功率速度关系图（功率曲线）和阻力（功率除以速度）速度关系图（阻力曲线）。知道了诱导功率和诱导阻力与速度的关系，我们还能区分出不同功率和阻力的组成。从这两次简单测量中我们可以获得大量信息。

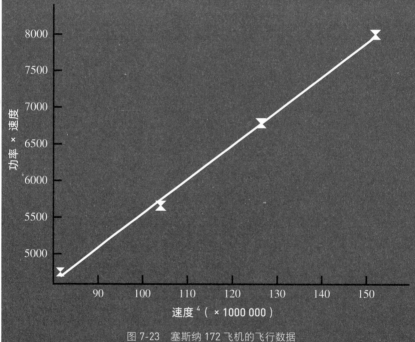

图 7-23　塞斯纳 172 飞机的飞行数据

图 7-24　装有尾滑橇的飞机进行最小离地速度试验（图片使用已获波音公司许可）

置会变得非常热，如第 6 章所述。这个试验需要飞机在无帮助的情况下能在跑道上停留一段时间。因为在此过程中，轮胎可能会熔化或者爆炸，刹车的热可能会辐射到油箱底部。因此，这个试验的目的是，确保飞机在需要最大刹车的情况下，能够幸存到消防车赶到现场冷却刹车。

　　起飞和降落试验必须在多种环境下进行。接下来证明"如果发生这种情况怎么办"。该试验必须在一台发动机熄火、襟翼在不同位置、不同起飞总重及不同大气状况等条件下进行。

　　因为计算机模型越来越精确，一些飞行试验被高精度计算替换。因此，可以在飞行中试验一些关键的状况来核实计算数据，而不必试验每一个可能的状况，否则成本很高昂。剩下的状况可以由分析确定。当今预测能力已经十分强大，以至于进行飞机飞行性能试验时，几乎没有什么惊人的意外之处。

4. 爬升和转弯

　　在第 6 章中讲过，爬升和转弯需要功率和推力。因此，爬升和转弯试验实际是测试飞机的可用功率。可用功率与需用功率之差为额外功率。可用功率和可用推力是确定爬升转弯性能所需的最少的信息。

测量可用功率的步骤是，将油门杆推到一个特定的设定量后测量加速度。加速度乘以飞机重量等于净推力。由于需用功率和推力可由之前的飞行试验计算得出，则可用推力和可用功率也可以确定下来。

5. 飞行试验事故

飞行试验事故并没有太多可讨论的。如今，商用飞机在飞行试验时很少有坠毁事故；军用飞机也很少发生这种情况，但事故不会多于 20 世纪 40 ～ 60 年代飞机飞速发展的时期。如今，军用飞机的飞行性能已经预测得很好，并没有太多意外。总的来说，军用飞机的很多飞行科目的风险很大，比商用飞机发生的飞行试验事故也较多。但归根结底，飞行试验一直在进行，而飞行试验事故概率非常低。

> 莱特兄弟不是第一个使用风洞的人。不过，他们是首个利用风洞研究飞行的人。

三、小结

在任何飞机研制方案中，试验都是必要的组成部分，也是成本很高的一部分。用试验代替详细分析来设计飞机的时代一去不返。试验目前多用于完善和确认工作。接下来，我们将讨论一些非常不同的飞行器——直升机和自转旋翼机。

第 8 章
直升机和自转旋翼机

直升机是一类非常复杂的航空器。与固定翼飞机相比，直升机速度慢、效率低、稳定性差、难以操控。但直升机的优点是可以垂直起飞和降落，可以低空、慢速飞行，也可以在空中悬停。这使得直升机成为人们在危急中的"仁慈天使"，同时也成为一个强大的武器平台。

为了不超出本书的讨论范围，接下来的内容将仅讨论单旋翼直升机。一个典型的例子是贝尔-47 直升机（如图 8-1 所示），它在朝鲜战争中很出名。驾驶舱上方的大桨叶组成了旋翼，为直升机提供升力和推力。机身尾端的小型桨叶形成

> 1947 年 1 月，贝尔-47 成为首架获得民用运营牌照的直升机。

尾桨，其主要功能是抵消发动机为旋翼提供动力时所产生的扭矩，并使机身转向所需的方向。

为了使读者对单旋翼直升机的尺寸范围有所了解，介绍以下几种经典的直升机。贝尔-47G 直升机的最大起飞重量为 2347 磅，它由一台功率为 200 马力的发动机驱动。20 世纪 60 年代，苏联生产的米-10（如图 8-2 所示）单旋翼直升机的总重为 95100 磅，它由两台 5500 马力的发动机提供动力。一个极端的例子是米-12 双旋翼直升机，它由四台 5500 马力的发动机提供动力。

在继续讨论之前，首先要消除一个人们普遍持有的对直升机的误解，即直升机只要失去动力，就会从空中坠落。实际上，对任何投入使用的飞机的设计要求都是，在失去动力的情况下，飞机必须能够保持控制，并以合理的速度返回地面。当然，直升机也不例外。直升机是通过旋翼自转来实现这一目的的，即通过交换势能（高度）为旋翼提供动力，来保持所需的升力。[1]后面将对其进行详细的描述。在本章结束之前，我们还要讨论自转旋翼机。

---

[1] 直升机失去动力，则其高度降低，势能减小，减小的势能转化为直升机旋翼的动能，使旋翼继续旋转，从而保持一定的升力。——译者注

图 8-1　经典的贝尔-47 直升机（图片由科林·汉特尔提供）

图 8-2　20 世纪 60 年代，苏联生产的米-10 直升机（图片由肯·埃利奥特提供）

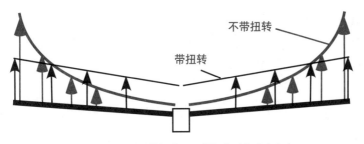

图 8-3　旋翼桨叶带扭转和不带扭转时的升力分布

它通过无动力旋翼产生升力，并通过螺旋桨产生推力。然而，在此之前，我们必须先了解一下直升机复杂的机械性能。

一、旋翼

旋翼的桨叶类似于旋转的机翼，也是通过使气流向下流动这种方式产生升力。同机翼一样，旋翼桨叶的升力与有效迎角成正比。但不同的是，旋翼上各点的速度随其距中央桨毂距离的增加而增大。在第 1 章中，我们了解到，机翼的升力与被转向的气流量乘以下洗流垂直速度的积成正比。因为被转向的气流量和下洗流垂直速度都与飞机速度成正比，那么升力与速度的平方成正比。因此，旋翼上各点的升力随其距中央桨毂的距离的增加而迅速增大。图 8-3 彩色的曲线所示的是在旋翼的迎角恒定时，旋翼产生的升力。从图中可以清楚地看到，绝大部分升力在桨叶桨尖附近产生。为了改善这一点，所制造的旋翼桨叶一般都有一定的扭转角，这样可以使桨叶上各点的迎角随距中

直升机飞行高度的世界纪录是 40820 英尺，它是由吉恩·博利特在 1972 年 6 月 12 日驾驶法国宇航公司生产的 SA-315 "美洲驼" 直升机创下的。

央桨毂的距离的增大而减小。如图中黑线所示，这种扭转使升力分布更加均匀。由于桨叶的灵活性以及远离中央桨毂的部分具有相对较高的负荷，旋翼在旋转时会形成一个锥形。

1. 旋翼桨盘

如图 8-4 所示，旋翼桨尖旋转平面是由旋翼桨尖旋转形成的一个圆盘，通常被称为旋翼桨盘。旋翼所产生的力垂直于旋翼桨盘。如图 8-5 所示，当旋翼桨盘倾斜时，这个力也是倾斜的。旋翼所产生的力可以分解成两个方向的分力：垂直方向的力是升力，用来克服直升机的重力和提升爬升高度；水平方向的力是推力，用于推动直升机向前移动、转弯或减缓直升机的前进速度。

如前面讨论的，旋翼桨叶以锥形旋转。不像机翼，旋翼桨叶除了围绕中央桨毂的旋转轴旋转外，还必须能够在三个轴向运动（通过铰链）。这三

> 如果发动机停止运转，直升机的旋翼会继续旋转，并让直升机慢慢着陆，通常不会让直升机直接坠地。

个铰链如图 8-6 所示，其中旋翼桨叶为俯视图。在向前飞行中，桨叶叶片会上下摆动（挥舞）、改变桨距（变距）、前后摆动（摆振）。在前飞时，旋翼桨尖沿着其悬停状态下相应位置的椭圆轨迹运动。接下来将会详细讨论旋翼桨叶的三种运动。

2. 挥舞

由于桨叶叶片是通过挥舞铰连接到中央桨毂上的，因此需要一个恢复力（而不是重力）使升力保持在桨叶上而不绕桨叶旋转。恢复力来自离心力。离心力是人们在绳子上甩动重物时所感受到的力。如图 8-7 所示，离心力试

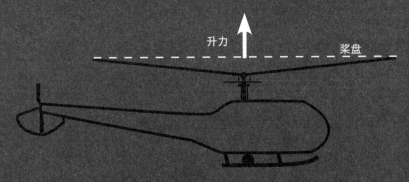

图 8-4　旋翼桨盘

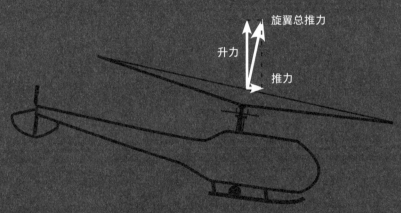

图 8-5　倾斜的旋翼桨盘与推力

图 8-6　三个旋翼铰链

图使桨叶保持水平状态，这种力是非常大的。载运 2 ~ 4 名乘客的直升机的每个桨叶根部的载荷可高达 12 吨，而大型直升机的每个桨叶根部的载荷更高达 40 吨。由于离心力比较大，因此桨叶与水平面的夹角（锥度角）比较小，一般为 2 ~ 5 度。

每年夏天有一个星期的时间，世界上最繁忙的机场是威斯康星州奥什科什市的惠特曼机场。每年这个时候都是美国实验飞行器协会的年度试飞时间。

正如之后将会讨论的，在直升机向前飞行时，随着桨叶的旋转，其上的升力是变化的。这就导致了锥度角的变化。桨叶的上升或下降称为挥舞。挥舞有多种影响。

第一种影响是，随着升力的增加，锥度角也会增加。如图 8-8 中彩色箭头所示，锥度角的增加会导致升力倾斜，这将减小直升机所受到的升力的垂直分量。第二种影响如图 8-9 所示，图为一种旋翼桨叶端部的视图。不摆动的桨叶将承受迎面而来的相对风，并产生一个较大的迎角。向上摆动的桨叶将产生一个较小的迎角，因此升力减小。反过来也是如此。向下摆动的桨叶将产生一个较大的迎角，因此升力将会增大。正如本章最后将要讨论的，挥舞铰是自转旋翼机发展的突破点，也使直升机飞行成为可能。

3. 变距

如图 8-4 所示，如果旋翼桨叶在旋转时的迎角是恒定的，则净升力将径直向上。此情况下，直升机将只能上升，而无法前进。在桨叶运动轨迹的各点改变桨叶的升力，可以为直升机提供前进的推力，或者说，为直升机提供向任何方向的推力。在非垂直飞行时，桨距和旋翼迎角在围绕旋翼轴旋转时会发生变化。这种桨距的变化（如图 8-10 所示）称为变距。迎角旋转时所绕的轴称为变距轴。如图 8-5 所示，旋翼桨盘周围升力的不同导致升力矢量倾斜，进而产生了前进推力分量。

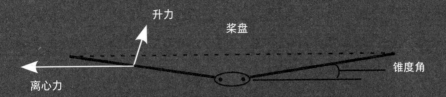

图 8-7　离心力试图使桨叶保持水平状态

图 8-8　锥度角的增加会减小升力的垂直分力

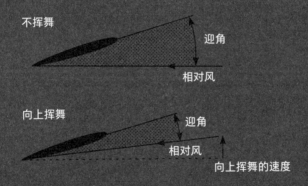

图 8-9　上挥的桨叶有更小的迎角和更小的升力

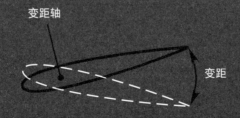

图 8-10　改变变距轴上的桨距

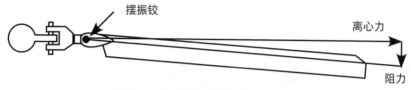

图 8-11　阻力的方向与旋转的方向相反

4. 摆振

第三个轴是摆振轴。升力沿着桨盘变化，则诱导阻力也沿着该桨盘变化。如图 8-11 所示，阻力的方向与旋翼旋转的方向相反。如果升力在旋翼旋转时恒定不变，比如在无风环境下悬停，那么诱导阻力也将恒定不变。然而，诱导阻力在桨盘内是变化的，这种变化使桨叶有时前移，有时后退。摆振铰是用来消除弯曲力矩的，否则，桨叶根部将产生弯曲力矩。

二、旋翼操纵

固定翼飞机的操纵装置由一个用来控制副翼和升降舵的驾驶杆及两个控制方向舵的脚蹬组成。直升机有一个周期变距杆[①]，其工作原理类似于固定翼飞机的驾驶杆；有两个控制尾桨的脚蹬，其工作原理类似于控制方向舵的脚蹬；以及一个用来调整所有旋翼桨叶桨距的总距杆。我们将从旋翼自动倾斜器开始，介绍指令是如何从驾驶舱传递给旋翼的。

1. 自动倾斜器

如图 8-12（a）所示，自动倾斜器由两个盘组成，一个跟随旋翼一起旋

---

① 亦称驾驶杆。——译者注

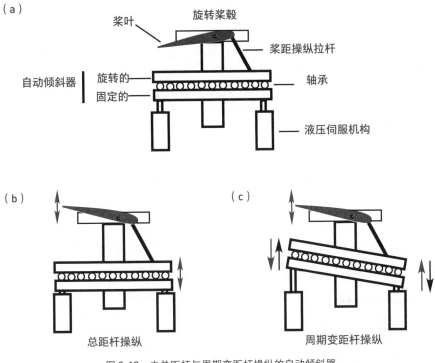

（a）

旋转桨毂

桨叶

桨距操纵拉杆

自动倾斜器

旋转的

固定的

轴承

液压伺服机构

（b）

总距杆操纵

（c）

周期变距杆操纵

图 8-12　由总距杆与周期变距杆操纵的自动倾斜器

转，一个相对于直升机是固定不动的。两个盘通过轴承连接在一起，上面的盘通过桨距操纵拉杆连接在每个桨叶的根部，下面的盘通过液压伺服机构连接到操纵装置上，该操纵装置使自动倾斜器抬起、下降以及倾斜。如图 8-12（b）所示，桨叶的桨距角会随着自动倾斜器的抬起、下降相应地减小、增大。

　　总距杆是一个位于飞行员座位左侧的操纵杆，用来抬起或降下自动倾斜器，并可以改变所有桨叶的桨距角。如图 8-12（c）所示，周期变距杆看起来很像固定翼飞机上的

1982 年，小罗斯·佩罗（罗斯·佩罗之子）和杰伊·科伯恩共同进行了世界上首次直升机环球飞行。

驾驶杆，能使自动倾斜器倾斜。因此，当桨叶旋转时，桨距角随桨叶位置的变化而变化。倾斜的自动倾斜器可以使桨叶桨尖旋转平面倾斜。因此，要想获得向前飞行的动力，桨叶桨尖旋转平面只需简单地向前倾斜周期变距杆即可。

2. 陀螺进动性

陀螺进动性表现出来是这样一种现象：当我们施加一个力到旋转物体上时，其作用效果体现在与该力成 90 度的方向上。在物理课与科学博物馆中，陀螺仪的演示实验是非常常见的。一个相当常见的演示是，握住一个旋转的自行车车轮的轴的两端，假设有一个车轮正在顺时针旋转（从正上方俯视），旋转轴垂直向上，如果一个人试图使车轮向正前方倾斜的话，会发现车轮实际上是向左边倾斜的。这便是陀螺进动性的一个例子。

> 从 1944 年直升机从海里拯救了第一个人开始，直升机现在已经拯救了超过 300 万人，包括和平时期和战争时期。

直升机的旋翼非常像旋转的自行车车轮，或者更确切地说，像一个陀螺仪。由于存在陀螺进动性，操纵周期变距杆时操纵量必须要提前 90 度，才能控制好旋翼桨盘的变化。为了更好地理解这一点，我们来看一下图 8-13，从正上方俯视，旋翼是逆时针旋转的。为了实现使旋翼桨盘在 B 点向下倾斜、在 D 点向上倾斜这一目的，我们须在旋翼桨盘 A 点施加向下的力，在 C 点施加向上的力。那么，桨叶的迎角在 C 点最大，而桨尖却在 D 点处于最高点。这个很复杂并且很难理解，然而这与直升机的复杂性是分不开的。

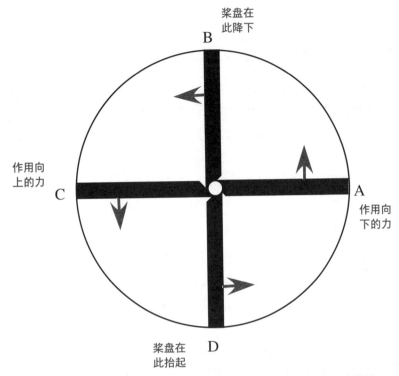

图 8-13　由于陀螺进动性，桨盘变距控制需要比期望位置提前 90 度控制

三、尾桨

　　尾桨的主要作用是补偿主旋翼产生的反扭矩，从而阻止机身转向与主旋翼相反的方向。这种旋转力矩之所以会产生，是因为发动机需要通过机身驱动旋翼。

　　尾桨通过机械方式与主旋翼连接，因此其旋转速度无法单独调整。通过脚蹬改变桨距来调整尾桨的推力。桨距可以调整为正桨距和负桨距两种，通常移动范围为 40 度左右。

尾桨的推力会带来一个负面的影响，即当尾桨补偿主旋翼的扭矩时，也会将直升机推到右侧。这叫作偏移趋势。由于这种趋势，直升机在悬停时，主旋翼会稍微向左倾斜，这也会导致机身微微向左倾斜。[①] 这就是为什么人们常看到单旋翼直升机首先在一侧起落架（通常为左侧）着陆。尾桨的另一个缺点是，它消耗了动力，但并不提供升力。直升机越大，尾桨的功率载荷就越大。

> 旋翼自转下落时产生的升力与同等直径的降落伞一样。

在有些情况下，单旋翼直升机不需要装备尾桨。一些小型直升机，在旋翼桨叶末端装备有小型冲压式喷气发动机。由于这种直升机旋翼本身产生动力，机身上不会有扭矩作用。同样，一架自转下降的直升机，为了克服由轴承摩擦引起的扭矩时，需要非常小的来自尾桨的功率输入。

四、直升机的飞行

前面我们已经讨论了关于直升机的复杂性和相关技术，现在把这些内容汇总，进一步讨论直升机的前飞问题。首先应该弄清楚，当直升机在平静的空气中悬停时，主旋翼正在做什么。旋翼的桨叶有恒定的迎角，空气被推向下方产生垂直向上的升力来克服重力。另外，升力在旋翼桨盘上的分布是均匀的，但当直升机开始前飞时情况会发生变化。

1. 升力不对称

在旋翼悬停状态下，旋翼桨叶的相对空速分布如图 8-14 所示。在图中，

---

① 悬停除了力矩平衡外，还需要所有合力达到平衡，因此悬停时直升机主旋翼需要向左倾斜产生一个力的分量才能平衡尾桨的推力。——译者注

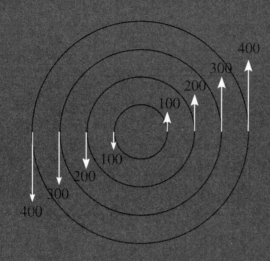

图 8-14　直升机悬停时的相对空速

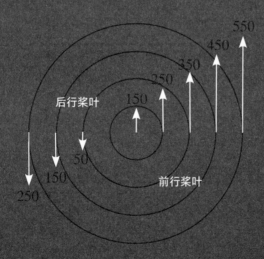

图 8-15　直升机以 150 英里 / 小时的速度向前飞行时的相对空速

速度单位为节，该图描绘出桨叶不同半径节点处的相对空速。当直升机向前飞行时，前飞相对空速应该叠加到桨叶的移动速度上。图 8-15 显示了一架直升机以 150 英里 / 小时的速度向前飞行时的旋翼相对空速的分布情况。旋翼的前行桨叶的相对空速比后行桨叶上要高得多。迎角固定时，桨叶（或机翼）上的升力与速度的平方成正比。因此，如果桨叶叶片的迎角保持恒定，旋翼桨盘的右侧升力要比左侧大很多，这时，

> 昆虫与飞机一样，通过将空气向下吹动产生升力。

直升机就会翻倒。这实际上是在直升机和自转旋翼机的早期发展中出现的问题。通过变距可以将升力保持为恒定状态；也可以通过桨叶的挥舞，增加后行桨叶的升力或减小前行桨叶的升力，来改善这种情况。

在直升机向前飞行时，在桨盘上存在一个反流区，此处的空气逆向流过桨叶。也就是说，空气从旋翼桨叶的后缘流向前缘。图 8-16 所示为反流区，该区域的大小以及距离桨毂的位置随着直升机前飞速度的变化而变化。反流区有一个小优点：它在旋转方向上施加了一个力，从而帮助旋翼旋转。

2. 力的平衡

处于稳定飞行状态（不加速也不减速）的直升机，必须保持图 8-17 所示四种力的平衡。这些力是：

（1）升力：用来克服直升机的重力并改变飞行高度的垂直力。升力作用于旋翼桨毂。

（2）重力：由于地心引力引起的垂直向下的力。直升机的重力作用于机身重心。

（3）推力：总推力的水平分量，作用于直升机的旋翼桨毂。

（4）阻力：更精确点说是废阻力，这是由机身在空气中运动引起的。

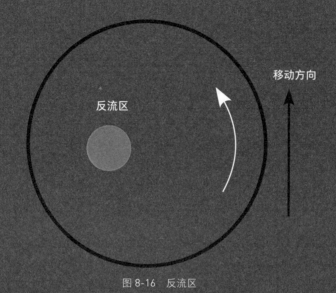

图 8-16　反流区

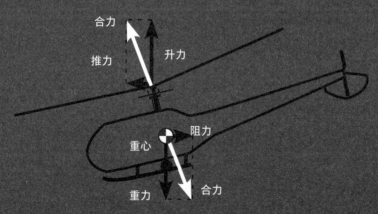

图 8-17　直升机在稳定飞行状态时力的平衡

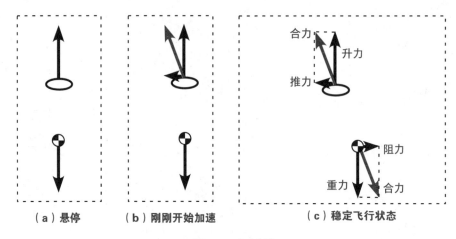

图 8-18　力的平衡

这是一个作用于机身重心的水平力。请注意，诱导阻力和直升机向前运动的方向不同。

稚态飞行中的力有三个要求：

（1）推力必须等于阻力。

（2）升力必须等于重力。

（3）如图8-17的合力图所示，升力和推力的合力必须与重力和阻力的合力在一条线上。

为了更深入地理解力的平衡，请看图8-18中的三个例子。图8-18（a）所示的是直升机悬停在空中时所受的力。升力等于重力，没有推力和阻力。图8-18（b）所示的是直升机刚刚开始加速时所受的力，此时，有推力，但基本上没有阻力，且合力不在一条线上。机身开始低头，速度越来越快。当速度增加到一定程度，阻力与推力相等时，直升机就进入了稳定飞行状态，此时受力分析如图8-18（c）所示。重心的移动是直升机前飞时向前倾斜导致的。

3. 后行桨叶失速

在向前飞行时，直升机的后行桨叶倾向于失速。与固定翼飞机最小速度受失速的限制不同，直升机的最大速度受桨叶失速的限制。这是因为后行桨叶必须产生与前行桨叶相同的升力。随着直升机速度的增大，反流区（见图 8-16）的面积增大，并从桨叶翼尖进一步向内移动。这就需要后行桨叶外部产生更多的升力，来补偿损失的升力。可以通过增加后行桨叶的迎角来增加升力，但也会使其更接近临界角，最终会导致失速。后行桨叶失速时，飞行员感到震动，

> 直升机是唯一一种营救的人数超过其失事而导致的死亡的人数的机型。

控制变慢，直升机向后行桨叶的一侧倾斜。引起这种失速的典型原因有高速度、高负荷、低空气密度、低旋翼转速等。

五、功率曲线

固定翼飞机的功率曲线由两个部分组成：诱导功率和废阻功率。对于直升机，功率由三部分组成，分别是诱导功率、废阻功率和型阻功率，如图 8-19 所示。型阻功率可以被认为是旋转叶片的废阻功率损耗。对于飞机而言，诱导功率是为了产生升力而作用于空气的动能。我们将从诱导功率开始讨论。

直升机的诱导功率曲线比固定翼飞机的更复杂。固定翼飞机飞到相对静止的空气中，几乎所有的作用于空气的动能都是为了产生升力。直升机的情况并不相同，旋翼桨叶不断进入桨叶自身产生的下洗流中。简单地说，悬停（零前进速度）的直升机处于下洗流中，如图 8-20 所示。因此，直升机必须使用大量的功率才能保持高度。这个就像我们看到一个人正在攀爬下降的绳索。

当直升机开始前飞时，随着前进速度的增加，保持高度所需的功率随

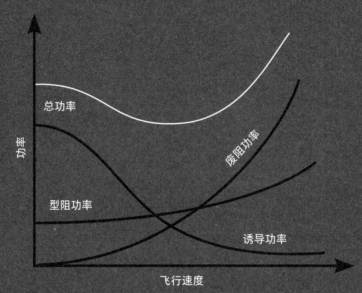

图 8-19　直升机功率的三个组成部分

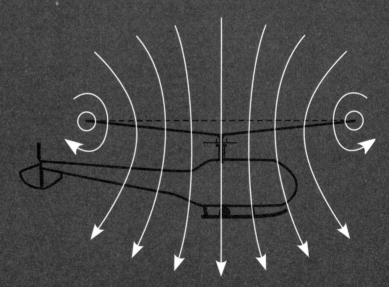

图 8-20　悬停时的气流

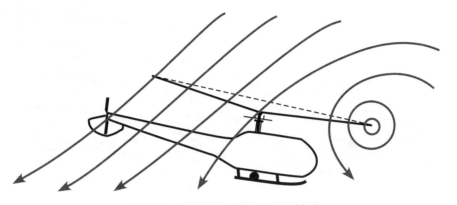

图 8-21　前进速度为 5 英里 / 小时的气流

之降低。这是因为流经直升机旋翼桨盘的一部分空气来自相对静止的空气，而不是悬停时需要靠桨盘吸入空气。如图 8-21 所示，相对于直升机，气流前进的速度约为 5 英里 / 小时。旋翼桨盘的后半部分的升力随着速度的增加是有所增加的，因此旋翼桨盘的前倾程度要随着速度的增加而减小。

　　空气速度为 10 英里 / 小时或以上时，通过旋翼桨盘的气流情况如图 8-22 所示。这也与飞机机翼上的气流相似。空气从水平流动转向垂直流动，此时，随着速度的增加，诱导功率减小，且减小率约等于前飞速度的倒数[①]。

　　直升机上的废阻功率与固定翼飞机的相同，这是由于与周围空气分子碰撞，能量流失到周围的气流上，其大小与飞行速度的立方成正比。

　　如前所述，型阻功率就是旋转桨叶的废阻功率的损耗。就像机翼一样，

> 托马斯·赛尔弗里奇中尉是动力飞机坠毁的首位受害者。他接受美国陆军分配，与奥维尔·莱特同乘一架飞机。结果，途中一根电缆断裂，破坏了螺旋桨，致使飞机坠落。

---

① 即诱导功率减小率 = $1/v$，其中 v 为前飞速度。——译者注

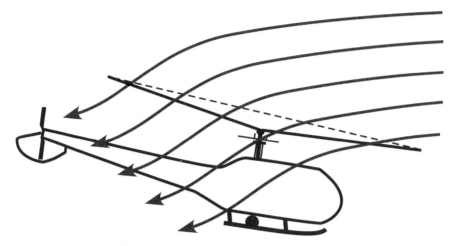

图 8-22　前进速度为 10 英里 / 小时的气流

它不随迎角的变化而改变。然而，由于废阻功率与速度的立方成正比，所以前行桨叶的型阻功率比后行桨叶增加得更快。因此，随着直升机的前进速度增加，型阻功率缓慢增加。

　　应当指出的是，有关固定翼飞机阻力的文献和资料很多，而有关其功率的却很少。但直升机的情况恰恰相反。这是因为功率等于阻力乘以速度。因为当飞机速度为零时，其诱导功率很高，这就意味其诱导阻力无穷大。这时的解决办法是淡化阻力对直升机的重要性。

　　由于直升机悬停时所需的功率比较高（水平 / 垂直速度为零），悬停升限远低于实用升限。例如，"黑鹰"直升机的实用升限是 19000 英尺。无地面效应时，在 95 华氏度和 75 华氏度（35 摄氏度和 24 摄氏度）的温度下，其悬停升限分别为 7650 英尺和 9365 英尺。

1. 地面效应

大多数直升机在地面效应下悬停。可以产生地面效应的高度大约等于旋翼的直径。因此，如果旋翼的直径是 75 英尺，那么直升机能够在距离地面大约 75 英尺范围内悬停。地面效应的重要性在于，在这个高度范围内，直升机与地面之间的空气被压缩，从而产生了一层气垫。由于地面效应的影响，直升机能够在高山上空 5 ～ 80 英尺的高度范围内悬停，但是它们无法在同样海拔的半空中悬停。[①] 因此，直升机可以进行高山救援。

> 第二次世界大战期间，南太平洋普通步兵 4 年内参加了约 40 天的战斗。由于直升机特有的机动性，在越南战争中，普通步兵 1 年内的作战时间约为 240 天。

因为在低速状态下，直升机的诱导功率占总功率的比例比较小，所以地面效应对直升机的影响要小于对固定翼飞机的影响。在悬停时，型阻功率占总功率的比例比较大，且不受地面效应的影响。同时，与固定翼飞机类似，直升机掠过地面的速度越快，对诱导功率的需求就越低，因此地面效应就越不明显。

2. 滑跑起飞

有时，直升机的载荷非常大，导致它只能在地面效应状态下悬停，却不能爬升脱离地面效应的影响。因此，这种情况下直升机不能垂直起飞。如果地面平坦，它可以滑跑起飞。起初，直升机悬停在地面上方，然后向前飞行，速度越快，飞行所需的功率就越小。当某个时刻所需的功率足够小时，直升机便可以爬升。这就是为什么重型直升机有时会像固定翼飞机一样使用跑道起飞。

---

① 即把高山拿掉，则直升机是无法悬停在有高山时的那个高度的。——译者注

六、升力效率

如前所述，直升机是一种效率不高的飞行器。表 8-1 中对塞斯纳 172 飞机和贝尔-47G 直升机的参数进行了对比分析。

表 8-1 塞斯纳 172 飞机和贝尔-47G 直升机的参数对比

参数	塞斯纳 172 飞机	贝尔 -47G 直升机
最大重量（千克）	1045	1067
有效载荷（千克）	398	416
功率（马力）	160	200
油耗（升 / 时）	28.5	87
巡航速度（千米 / 时）	224	113
航程（千米）	1160	341
爬升率 *（米 / 分）	233	238
实用升限（米）	4200	2718

* 注：海拔的爬升率。

如在表 8-1 中看到的那样，这两种飞机有大致相同的最大重量和有效载荷。但是，贝尔-47G 直升机的油耗是塞斯纳 172 飞机的 3 倍，巡航速度却只有它的 1/2，航程仅是它的 1/3。

直升机效率低下的主要原因是旋翼的面积比较小。与固定翼飞机相比，由于直升机用来产生升力的空气较少，所以其气流向下转向的速度更大。经过塞斯纳 172 飞机机翼的气流垂直速度大约在 10 英里 / 小时以下，而经过贝尔-47G 直升机旋翼的气流垂直速度可高达 60~100 英里 / 小时。我们知道，诱导功率与垂直速度有关，固定翼飞机的诱导功率与垂直速度成正比，但对直升机来说，

> 达拉斯的福特沃斯堡机场有 40000 个公共停车位。这是停车位最多的机场。

这种关系要复杂一些。经过直升机旋翼的气流速度较高，是由于其旋翼叶片一直处于有一定向下速度的空气中，并且升力与由旋翼引起的气流向下速度的增量成正比。

还有其他原因造成直升机效率低下。为了降低对诱导功率的需求，旋翼必须以消耗更高的型阻功率为代价高速运转。

直升机的机身也处于旋翼的下洗流中，这导致本应产生升力的部分动力转移到了机身。如果机身挡住了所有的下洗流，直升机就无法产生升力，但仍然要损耗大量的功率。这是那些在机身下运载大量货物的直升机常常遇到的问题之一，因为负载同样阻挡了下洗流，减少了可用升力。

最后，如已经讨论过的那样，尾桨消耗功率，而不产生升力或推进力，其消耗的功率占总功率的 5% ~ 15%。发动机功率为 200 马力的小型直升机可能需要 10 马力的功率来操纵尾桨。另一方面，发动机功率为 10000 马力的直升机可能需要 1200 马力来操纵尾桨。

七、自转

对飞机安全性的一个要求就是，在失去动力时，飞机能够以可控的方式，安全地降低高度并着陆。直升机在无动力状态下的降落称为自转降落。在自转降落中，旋翼需要继续旋转，以产生升力与操纵力。能量由通过旋翼桨盘底部的气流提供。在这个过程中，直升机的重力势能转化成气流动能来驱动旋翼。

直升机有一个单向转动离合器，允许发动机驱动旋翼，但旋翼不能驱动发动机。因此，在失去动力时，旋翼与发动机分离并自由旋转。尾桨是直接连到旋翼上的，因此它能继续运转，控制方向。

"协和式"超声速运输机的耗油量约为 225 千克 /（座·时）。波音 777 客机的耗油量只有约 18 千克 /（座·时）。

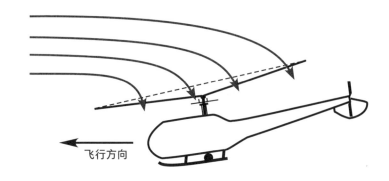

飞行方向

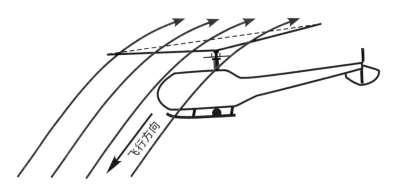

飞行方向

图 8-23　正常飞行与自转降落时的气流

　　自转降落是一个危险的过程，因此通常只在紧急情况下使用。在旋翼失去大部分能量之前，飞行员只有 2 ～ 3 秒的时间来判断直升机是否失去动力并做出调整。而且，在直升机要着陆的那一刻，要求飞行员操作必须快速和精准。

　　在有动力飞行时，流过旋翼桨盘的气流来自旋翼上部，方向朝下，如图 8-23 所示。而在自转降落时，流过旋翼桨盘的气流来自旋翼下部，方向朝上。在正常飞行中，发动机需要克服旋翼旋转的空气阻力。而在自转降落

图 8-24 垂直自转降落中旋翼桨盘的三个区域

中，则是相对气流驱动了旋翼旋转。

1. 垂直自转降落

大多数直升机在自转降落过程中都伴随有前进速度。为简单起见，我们先讨论直升机在静止空气中的垂直自转降落。如图 8-24 所示，在自转降落过程中，旋翼桨盘分为三个区域：

（1）被驱动区域（也称为螺旋桨区域）。这是旋翼桨盘最外面的区域，涵盖旋翼半径的 30%左右[①]。旋翼上的总空气动力向后倾斜。这提供了升力，但同时也产生了试图减慢旋翼转速的阻力。

> 枫树种子的下落过程类似于一种单桨叶直升机的自转降落过程。

（2）驱动区域或自转降落区域。它通常位于旋翼半径的 25% ~ 70% 之

---

① 从桨叶端部向桨叶根部计算。——译者注

间。这里产生的总空气动力稍微向前倾斜，在旋翼上产生了升力和向前的推力。

（3）失速区域。它位于旋翼根部，通常占旋翼半径的25%。在这个区域，旋翼是失速的，只产生阻力，不产生升力。

现在参考图8-25，研究上述旋翼三个区域中各种作用力的详细情况。向上流过旋翼桨盘的气流与旋转的相对气流合成，产生一种旋翼所"看到"的相对风。这种相对风在流过桨盘时不仅增加了速度，而且以较小的角度冲击旋翼叶片，如图中插图所示。由于旋翼的速度随着距桨毂的距离而增加，所以相对风在旋翼尖端处最接近水平，而且在旋翼根部附近最为陡峭。类似于固定翼飞机的机翼，升力垂直于相对风，阻力平行于相对风。这两股力量合成起来产生总的空气动力。如果总空气动力相对垂直位置前倾，则在旋转的旋翼上既有升力又有向前的推力。如果总空气动力相对垂直位置后倾，则产生升力的同时也产生了阻力，从而减慢了旋翼旋转的速度。

> 美国警方和紧急救援直升机每年约运载15000名病人。

图8-25所示的是被驱动区域和驱动区域中旋翼上的力。被驱动区域中的总的空气动力向后倾斜。这个区域产生升力，但净阻力趋向减缓旋翼的旋转速度。该区域的大小随旋翼的桨距、下降率、转速的不同而不同。

在逐渐靠近旋翼的根部时，总的空气动力会缓慢向前转动，通过垂直平衡点后，在驱动区域向前倾斜。与被驱动区域一样，驱动区域的大小随着旋翼的桨距、下降率、转速等的不同而不同。飞行员可以通过改变旋翼俯仰角来改变驱动区域相对于被驱动区域和失速区域的大小，这么做可以调整自转降落的转速。

随着总的空气动力进一步向旋翼的根部移动，升力减小，因为过大的迎角使旋翼接近失速条件，甚至某些时候升力会消失，只剩阻力存在。

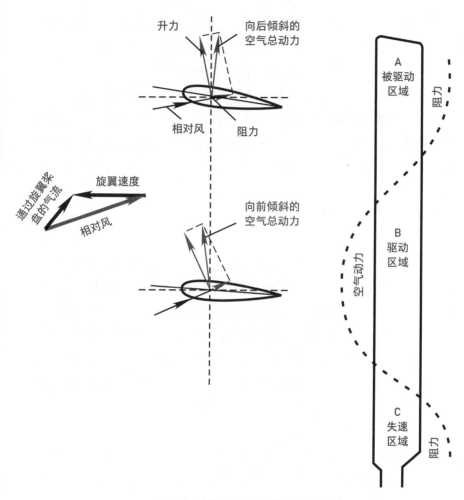

图 8-25　旋翼上三个区域受力的详细情况

2. 向前自转降落

　　向前自转降落过程类似于垂直降落过程，除了通过旋翼桨盘的气流将从驱动区域和失速区域移向桨叶迎角更高的旋翼桨盘的后侧。直升机在水平飞行要求的最低功率状态下向前飞行时，可获得最低下降速率，该下降速率约为垂直自转降落时的一半。应当指出，固定翼飞机的最低下降速率也是在对应功率曲线最小值的前飞速度状态下实现的。

直升机着陆时通过利用旋翼动能来减缓下降速度。这是通过在接近地面时迅速增加桨叶桨距来完成的。如果下降太快，桨叶就不会有足够的能量来充分减缓下降速度。因此，以非常高的速度下降比以最低速度进行的下降更危险。

3. 直升机高度 - 速度图 [①]

如果直升机在非常接近地面时，动力中断，那么直升机就没有足够的高度进入自转降落。因此，存在一个低速、低高度区域，直升机不能在此区域内运行，这个区域如图 8-26 的高度 - 速度图所示，其边界被称为飞行安全边界曲线。在 A 点，300 ~ 450 英尺的高度之上，有足够的高度使旋翼获得足够的速度来安全着陆。在 B 点，距离地面 10 ~ 15 英尺的高度以下，直升机在到达地面之前不会累积过大的下降速度。在 C 点，如果直升机的飞行速度为 20 ~ 30 英里 / 小时，由于向前飞的速度可以使下降率减小，则直升机能够安全着陆。

由于高度 - 速度图的低速限制，单发直升机很少进行单纯的垂直起降。经过短暂的垂直起飞后，飞行员将加速前飞以避开危险区域。

图 8-26 还有一个对近地高速飞行的限制。这是因为在这个区域内，飞行员没有时间降低前进速度，来避免损坏起落架。对于装备滑橇式起落架的直升机尤其如此。

---

① 即飞行包线。——译者注

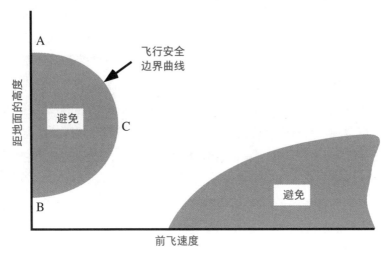

图 8-26 高度 - 速度图

八、自转旋翼机

自转旋翼机是世界上第一种实用的旋翼飞机，英文有四种叫法：autogyro，autogiro，gyroplane 与 gyrocopter。"gyroplane"是美国联邦航空管理局官方指定的术语，但"autogyro"在各类文献与著作中更为通用。自转旋翼机通过旋翼的自由旋转产生升力。旋翼以一个小角度向后倾斜以捕获空气。由于旋翼没有动力驱动，也就不需要克服发动机的扭矩，所以不需要尾桨。自转旋翼机用方向舵来控制方向。

> 风力发电机以自转方式工作。

自转旋翼机的推进是通过传统的螺旋桨拉动或推动来实现的。图 8-27 是西班牙的旋翼机发明者谢尔瓦（Juan de la Cierva）的早期设计，图中的旋翼机是谢尔瓦 C.19 自转旋翼机。该机的姿态控制装置类似于固定翼飞机的副翼。

制造一架直升机所需的许多关键发明和设计最初都是为了旋翼机。这些设计包括挥舞铰、摆振铰以及通过周期变距杆倾斜桨盘进行控制，在引入周期变距控制之前，自转旋翼机的姿态控制是通过方向舵和副翼来实现的。

与固定翼飞机相比，自转旋翼机既有优点，也有缺点。它们的主要优点是：在低速飞行时自转旋翼机比较稳定，不会失速；当飞行速度很慢时，它们能以可控的方式慢慢降落到地面；它们需要的起飞和降落距离也比较短。自转旋翼机的主要缺点是，高速飞行时有较大的阻力，这使得它们不适合高速或远程飞行。

旋翼机和传统的直升机相比也有优点和缺点。从优点来说，自转旋翼机的结构不太复杂，重量轻，价格便宜，操作简单。在失去动力时，处理过程也很简单。而传统直升机则很难启动自转降落，并且往往没有时间这样做。如上所述，直升机有飞行危险区域，它们在此处飞行得太低、太慢，以致没有时间启动自转降落；而自转旋翼机没有这样的限制。最后，自转旋翼机可以比直升机飞得更快，因为其旋翼仅需提供升力，而直升机的旋翼还必须提供推力。

简而言之，自转旋翼机的优点在于安全性高、易于操作、起飞和着陆距离短。虽然现在的自转旋翼机可以进行"跳式"起飞（下文将讨论），并几乎可以垂直着陆，但直升机的明显优点是可以在空中悬停。

谢尔瓦在歌剧院看到了装有铰链叶片的风车，从而产生了使用铰链桨叶的想法。

导致第一次尝试用自转旋翼机向前飞失败的原因有两个：首先，由于前行桨叶比后行桨叶具有更多升力，升力的不对称导致飞行器向一侧倾斜；其次，旋翼的陀螺进动性导致飞行器在向前飞行时倾斜。谢尔瓦想出了使用挥舞铰的主意，可以让旋翼桨叶上下挥舞。这使得升力较高的桨叶向上挥舞，从而减小了迎角，平衡了直升机两侧的升力。这些铰链也消除了陀螺进动性。

另一个需要解决的问题是如何在自转旋翼机起飞前使旋翼旋转起来。

图 8-27　谢尔瓦 C.19 自转旋翼机

图 8-28　谢尔瓦 C.30 自转旋翼机

下面介绍几种方法：小型自转旋翼机可以手动旋转；对于大型的自转旋翼机，可以通过外部的动力源来完成旋转，如发动机、马或一组人；第三种办法是使通过螺旋桨的气流偏转，转动旋翼；最后一种办法是通过轴和离合器装置使发动机在起飞前预旋转旋翼。

自转旋翼机的另一个改进就是谢尔瓦发明的"跳式"起飞。旋翼旋转的速度大于正常起飞的最小速度。当动力从旋翼上移除时，扭矩的缺失致使旋翼在摆振铰链上向前摆动，增加了桨叶的迎角，飞机将跳到空中，向前飞行。

谢尔瓦 C.30 自转旋翼机如图 8-28 所示，这是第一架"跳式"起飞的自转旋翼机，也是第一架不使用方向舵和副翼来控制，而直接调整旋翼倾斜方向的自转旋翼机。我们可以看到飞行员前面的控制杆是直接连在桨毂上的。

自转旋翼机没有多少知名度。在谢尔瓦发明了 C.30 自转旋翼机，改进了操纵装置，又发明了"跳式"起飞一年后，第一架直升机就实现了飞行。这架直升机结合了许多旋翼机的创新技术。现在，自转旋翼机被归类为超轻型飞机，在这个领域，它一直深受人们的欢迎。

九、小结

直升机比传统飞机在操作上复杂得多。有些人开玩笑说，直升机是通过殴打空气，使空气就范而实现飞行的。其他人声称，直升机根本就不会飞，是因为它们太丑陋，以至于地球都"排斥"它们。直升机是有史以来最美丽的飞行器。事实上，纽约市的现代艺术博物馆内挂着贝尔-47 直升机（见图 8-1）。直升机早已成为工程上的奇迹，可以给遇险的人带来希望，或者给现代战场上的敌人带来恐惧。

在本书接下来的一章，也是最后一章中，我们将简要介绍飞机的结构和所用材料。这应该会让你对设计飞机所需考虑的方面有一些认知。

自转旋翼机的发明者谢尔瓦，在一次飞机失事中丧生。

第 9 章

结　构

前面我们已经了解到，产生升力所需的功率是随着飞机重量的平方变化的。因此，我们很容易理解，为什么设计师们总是在寻求各种方式使飞机的结构变轻。当然，我们希望飞机的结构尽量轻，但我们同时也希望结构足够强，使得飞机可以承受足够的载荷而不发生断裂。

飞机通常是根据特定的载荷要求而设计的。例如，大型运输机在机动飞行时需要承受 2.5g 的过载，这就意味着，在机动飞行时，其机翼必须能承担相当于飞机总重量 2.5 倍的载荷。在此基础上，还需添加一个 1.5 倍的安全系数，使得真实失效载荷为飞机临界载荷的 1.5 倍时飞机不会掉落。特技飞机最终的实际极限载荷约为 6g。

飞机结构的设计过程是一种强度与重量相平衡的微妙过程。我们设计的目标是，使飞机重量尽可能轻且符合规定的所有结构强度规范。而面对一个结构时，我们许多人想到的第一个问题往往是："这个结构是否足够可靠？"

> 波音 B-314 "飞剪船"飞机非常大，以至于其机翼中有一个走廊，以便于在飞行中工程师可维修发动机。

让我们简单回顾一下飞机坠毁的历史记录，我们会发现，自从 20 世纪 30 年代中期以来，导致失事的商用飞机的结构性故障极为罕见。今天，即使在轻型飞机上，飞行中的结构故障也几乎不再存在。然而，虽然航空事故的报告频繁地把飞机的结构故障定性为一个失事因素，但是，这就如同"汽车跌落悬崖，降落了 200 英尺，撞上了地面，车身结构损毁了"这种例子一样。[①]那么，下次你坐飞机时，看到机翼在气流中晃动，不要担心机翼会掉下来——那是不可能的。

---

① 都是超脱了正常使用条件的意外，是不可避免的小概率事件。——译者注

一、机翼与跨接

最简单的机翼结构只有一根横梁，就好像用一根木头横跨河流形成一座粗陋的桥一样，这就是一个简单的横梁。但是，如果这根木头达不到河对岸的话，我们可以制造一个简单的悬臂梁，在这种情况下，就类似于一个跳板。简单的轻木玩具飞机使用的就是一个平板机翼，只不过结构只是一个简单的悬臂梁而已。因此，从最简单的意义上说，机翼可以看作一个悬臂梁，它的一端固定在机身上，另一端是自由的。飞行中的正常载荷会增加，所以翼尖会发生弯曲。

机翼中设计用来承载载荷的横梁的集合被称为桁架。如果你用心观察会发现，桁架结构是随处可见的。大多数现代建筑的"骨架"都是桁架。而且，今天大多数的桥梁，都是桁架结构。图 9-1 所示的是一座典型的铁路栈桥，展示了桁架结构的应用。早期的飞机在结构设计中也使用了桁架的概念。图 9-2 所示的是一架典型飞机的桁架结构。

在飞行发展的早期阶段，人们认为，为了减小阻力，机翼必须是超薄型的。但是超薄机翼厚度很小，人们没有办法在一个完全封闭的机翼里建造一个足够强大的桁架结构。因此，当时的大多数飞机选用了双翼布局以创造一个箱型的桁架结构。如图 9-3 所示，上下机翼通过支柱和斜撑来支撑加强。这造就了一个强而有效的结构，但是，从空气动力学角度来说，外部支撑会导致非常高的阻力。

在第一次世界大战后期，德国研究出一种较厚的翼型，而且与当时的薄翼型相比，阻力没有增加很多。这样一来，使用这种翼型的机翼，可以嵌入更多的结构，所以只需要更少的张线和支柱就可以达到足够的强度。这些机翼采用的是连接到机身的悬臂梁上的桁架结构。开创这一概念的著名飞机包括福克（Fokker）Dr.1 三翼飞机、福克 D.VII 飞机、福克 D.VIII 飞机等。福克 Dr.1 三翼机在飞行史中具有传奇性的地位，因为当时的"红男爵"（Red

图 9-1　加拿大不列颠哥伦比亚省（British Columbia, Canada）的铁路栈桥

图 9-2　机翼的桁架结构

图 9-3　拥有张线支撑的双翼机

Baron）曼弗雷德·冯·里奇霍芬（Manfred von Richthofen）在驾驶这种飞机时不幸中弹牺牲。但这只是一种过渡机型，不是很成功。然而，这是第一批使用悬臂式机翼的飞机。[①] 原型机甚至没有使用外侧支柱，如图 9-4 所示。福克 D.VII 飞机被认为是第一次世界大战时期德国最好的战斗机。值得注意

> 商用飞机设计的预期寿命为 70 年。

的是，对比图 9-6 中的 SPAD XIII 飞机，福克 D.VII 飞机是没有机内张线的，如图 9-5 所示。在第一次世界大战结束时，福克公司研制出了一架福克 D.VIII 单翼飞机，该飞机采用了完全悬臂式的大展弦比机翼，具有了现代飞机的元素。

　　这些早期的飞机通常由木框架制成，上面覆盖着棉布。其翼载很轻，棉布只需支撑 10 ～ 20 磅 / 英尺 ^{2} 的载荷。棉布蒙皮的载荷先是传递到翼肋和桁架结构组成的翼型上，如图 9-2 所示。然后，翼型将载荷传递给翼梁，后者通常包含前翼梁和后翼梁两部分。采用这种结构，可以建造轻便而坚固的机翼。这种结构至今还用于速度较低的小型飞机上。

---

① 具有重大的历史意义。——译者注

图 9-4　福克 Dr.1 三翼机的原型机

应当指出的是，今天的许多轻型飞机都是采用相同类型的结构建造的，只不过是用铝制蒙皮取代了棉布蒙皮。现在很少还有飞机使用布蒙皮，就算使用的话，也会使用合成涤纶或者尼龙来替代，而不是几年后就会腐烂的棉布。在桁架式结构中，铝制蒙皮比起替换掉的棉布蒙皮，不会承受更多的载荷，使用铝制蒙皮只是因为其使用寿命比较长而已。

第一次世界大战之后的十年，悬臂式的单翼飞机已经变得相当普遍了。与此同时，人们也开始使用比钢铁的密度小得多的铝合金材料。翼载变得越来越大，机翼蒙皮开始被要求承担一些弯曲载荷。在 20 世纪 30 年代初，人们设计出了第一架应力蒙皮飞机。不过，在应力蒙皮飞机——如今的运输机和

> 早期的飞机上，人们使用坚固的线把棉布连接到机翼的肋骨上。不用怀疑，棉布真的是被缝上去的。当时，人们雇佣裁缝来从事这项工作。

战斗机的先驱——出现之前，有关波纹状蒙皮的简单实验已经开始进行了。

使用波纹状蒙皮是承受载荷的一个有效方法。因为沿着波纹轴方向的弯曲是非常困难的。在将某种材料做成波纹状以后，相同重量的材料可以承受更大的载荷。例如，将纸板盒内壁做成波纹状，可以使其在一个方向上变

图 9-5　福克 D.VII 飞机

图 9-6　SPAD XIII 飞机

> 1917 年，美国加入第一次世界大战时，进行了大规模的动员工作来建造飞机以提高战斗力。当时最需要的是制造飞机的原材料。当时制造木制飞机的最佳材料是古老的锡特卡云杉（Sitka spruce）。古老的锡特卡云杉具有较高的强度重量比，纹理很长、很直，极少有木节等瑕疵。美国西北太平洋地区的锡特卡云杉资源非常丰富。当时，大约有 30000 名年轻的平民男子和士兵被送往华盛顿州（Washington）南部与俄勒冈州（Oregon）北部沿海地区采伐锡特卡云杉。截至 1918 年 10 月，共有超过 2200 万板英尺[①]的云杉板被送往工厂。由于这种努力，太平洋西北地区的木材工业获得了腾飞。但到了今天，古老的锡特卡云杉几乎绝迹。

得硬度很高。顺着波纹弯折纸板盒相当容易，但逆着波纹就很难。有几种著名的飞机就是使用的波纹状金属蒙皮。容克斯 Ju-52 飞机是 20 世纪 30 年代在德国使用最广泛的运输工具，如图 9-7 和图 2-33 所示。此外，在 20 世纪 20 年代末和 30 年代初，亨利·福特（Henry Ford）进行了一系列飞行试验，并制造了福特三发飞机（Ford Tri-Motor），如图 9-8 所示。然而，波纹蒙皮的使用也是有限制的，因为波纹必须要与气流的流动方向平行，否则阻力就会急剧增加。在机翼上，波纹在垂直于机翼弯曲方向的轴线上。因此，波纹增大了机翼的表面积，增大了阻力，但是对机翼刚度的增加几乎没有作用。在飞机研究历史上，波纹状蒙皮的应用只是昙花一现。[①]

> 福克 D.VII 飞机是世界上第一架使用厚机翼的飞机。因此，在《凡尔赛条约》中，特别提到，要德国人把所有这类飞机都交给盟军。

在 20 世纪 30 年代初期，波音公司设计了波音 247 飞机，许多人认为这是世界上"第一架现代客机"。它具有可收放式起落架、着陆襟翼和恒速

---

① 1000 板英尺 ≈ 2.36 立方米。——译者注

图 9-7　容克斯 Ju-52 飞机

图 9-8　采用波纹状蒙皮的福特三发飞机

图 9-9　道格拉斯 DC-3 飞机

螺旋桨，也使用了应力蒙皮，其中机翼的蒙皮承受了一部分弯曲载荷。在理想的结构中，所有的部件在每个横截面上承受的载荷都相同。类似于压强的概念，单位面积上的载荷被称为应力。优化后的结构应力是均匀的，即所有结构件上的应力相等。在这种结构中，不会存在一部分结构件承受过度的载荷，而其他结构件却不承受载荷的这种不平衡情况。波音 247 是最早做到应力平衡的机型之一。这架飞机也促使了道格拉斯（Douglas）DC-3 飞机（如图 9-9 所示）的发展，该飞机也采用了应力蒙皮。由于它们坚固的结构，在今天，DC-3 飞机仍然可以飞行，这距离其出现已经有 70 多年的历史了。

> 亨利·福特尝试成为飞机制造业的领导者。在 1927 年，他所研发的福特三发飞机成为世界上第一个成功的商业飞机。

二、机翼翼盒

现代化运输机的机翼的主要结构是一个很大的空心梁。图 9-10 所示的

图 9-10　翼盒

是现代化飞机中，把机翼的梁连接到机身上的根部翼盒。翼盒的顶部和底部分别为机翼的上下表面，前部和后部分别是前翼梁和后翼梁。在蒙皮内侧，可以用加强筋对翼梁进行加强。翼肋在垂直于翼盒轴线处使用，来帮助承受扭转或者弯曲载荷。翼盒同时也提供了一个储存燃油的理想场所。在现代化喷气式运输机的设计中，机翼翼盒内能够装载的燃油量是用来确定机翼尺寸和飞机航程的几个限制条件之一。

1991 年，第一架波音 727 飞机——"西雅图精神号"（*Spirit of Seattle*），在完成了 64492 飞行小时后退役，相当于在空中飞行了 7.4 年。

现代化喷气式飞机机翼的结构，与第二次世界大战之前使用的结构有很大的不同，但是第二次世界大战之前使用的飞机结构今天仍然有许多轻型飞机在使用。现在的设计机翼翼盒承担了所有的弯曲和扭转载荷，而过

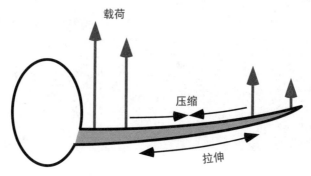

图 9-11　机翼在载荷下弯曲

去的飞机则是由轻型蒙皮承载这些载荷并转移到翼肋上，最后由一根或者两根主翼梁来承载。现在的蒙皮大多变成了翼梁的一部分。不同于原有的布蒙皮或者薄的铝合金蒙皮，现代运输机使用的蒙皮厚度达 0.25 ～ 0.4 英寸。再加上一些加强筋，就有了一个非常稳定的结构。

　　目前，人们对各种材料的性能的认识已经非常丰富，因此设计师可以在机翼底部和顶部采用不同的铝合金材料作为蒙皮。在正常飞行时，机翼的底部处于拉伸状态，而顶部处于压缩状态，如图 9-11 所示。因此，对其材料的压缩或拉伸性能进行了优化。此外，也必须考虑这些部位的材料的刚度特性。长期使用的 B-52 轰炸机，从地面滑行到以最大过载拉起时，其机翼翼尖偏转可达 26 英尺。图 9-12 显示了 B-52 轰炸机在地面滑行时的状态，此时机翼需要一个支撑轮，以防止翼尖撞到地面。在空中飞行时，图 9-13 显示的 B-52 轰炸机外侧翼尖向上的弯曲清晰可见。

　　在机翼中存储燃油使得飞机具有了额外的优势，即其重量抵消了部分升力载荷，从而减轻了机翼结构的负担。四发飞机具有相同的优势，因为其机翼外侧悬挂的发动机也可以抵消部分升力载荷。

　　机翼的前缘和后缘的装置通常连接到前翼梁与后翼梁上。这些装置包括襟翼、扰流板、前缘增升装置等。注意图 9-12 中的襟翼。设计人员需要

图 9-12　滑行中不受载的 B-52 轰炸机（照片由美国空军提供）

图 9-13 飞行中的 B-52 轰炸机（照片由美国空军提供）

剪切力的实验

为了理解剪切力是如何影响结构的，一个简单的办法是利用纸巾或者卫生纸卷的卷轴进行实验。首先用手掌将卷轴夹在两手中间，并试图扭曲它。你会发现，卷轴相当硬。现在，用剪刀沿着卷轴的整个长度进行切割，然后再次尝试扭曲它，卷轴将不再能承受扭矩。原因是剪切载荷不能在切断的缝隙中传递。所以现在这个切开的卷轴没有剪切强度可言。

在复合材料结构中，人们可以用类似使用金属的办法来使用石墨环氧树脂、玻璃纤维、芳纶纤维建造一个工字梁。然而，还有一个常用的办法。我们可以使用轻质硬泡沫来填充顶部和底部横梁之间的体积。因为此时泡沫承受载荷的体积比工字梁承载的更大，所以泡沫所受应力要小得多。这种类型的结构被称为夹层结构。

我们可以将上面这个设计方法扩展。例如，我们制造大型面板时也可以在上下表面使用复合材料或者金属，两层之间用硬质泡沫或者其他轻质材料来填充。这样设计的面板应用很广，比如说可以应用到商业飞机的地板上。这样造出来的地板非常轻但是很坚固。然而事实上，这种地板设计结构很害怕类似于女式高跟鞋这种穿刺性的伤害。

权衡一下机翼翼盒的大小和连接在机翼翼盒上的增升装置的大小。较大的机翼翼盒可以使机翼更加强固，并可以携带更多的燃油，但是其提供的襟翼空间会变小。一个较小的机翼翼盒会有助于机翼提高增升能力，但又会减少航程。

三、复合材料

随着飞机的更新换代，铝合金的性能也根据需求在提升。研究这些合金的技术和制作设计这些合金的工具已经发展到了极限。就像我们之前从钢铁或者布的蒙皮转变为使用铝合金蒙皮一样，现在也到了一个同样的临界点，我们需要寻找新的材料，以继续追求更轻、更强的结构。这些新材料包括碳纤维、凯夫拉纤维（Kevlar）[①]、碳纤维增强塑料（CFRPs）等。

复合材料的结构已经存在很长时间了。在技术上来讲，胶合板就可以看作是一种使用木板和胶水的复合材料。第二次世界大战时，英国军队使用的"蚊"（Mosquito）式轻型轰炸机，就是采用胶合板作为蒙皮的。这使得该型轰炸机变得极其轻巧敏捷。玻璃纤维是另一种常见的复合材料，在高性能的滑翔机上已经有了几十年的使用历史。在军用飞机和运输客机领域，复合材料的应用也在慢慢发展，其首先应用在次级结构件中，后来慢慢扩展到了主结构件中。

> 曼弗雷德·冯·里奇霍芬（"红男爵"）驾驶福克三翼机，仅用了6周，就胜利完成了19次作战任务，并因此而出名。而他一共胜利完成了80次作战任务。

四、了解复合材料

要想了解复合材料是如何工作的，首先我们必须了解翼梁在载荷作用下的一些基本性质。在图 9-11 中，一个机翼形状的梁受到一个向上的载荷，此时其上表面被压缩，下表面被拉伸。

材料在拉伸与压缩时的反应是不同的。你可以向外拉着绳子的两端，但是你不能朝里推它们。你可以向里推一堆松散的砖块，但是不能向外拉它们。在钢铁成为一种实用的建筑材料之前，所有的大型建筑物都必须建造成

---

① 又称为芳纶，是杜邦公司发明并生产的一种高性能纤维的商标名称，在相同重量下其强度超过钢的5倍。——译者注

每一部分都被压缩的状态。因为用砂浆砌成的石头和砖块的结构，不能承受拉伸的力。而今天，人们将混凝土浇筑在钢筋矩阵（由钢铁制成的加强筋）上，就可以加强混凝土的张力。

复合材料的原理类似于混凝土和钢筋的这种组合。将树脂（诸如环氧树脂或者其他塑料聚合物）与石墨、芳纶或硅玻璃等纤维混合，会极大地增强纤维的张力，同时可以增强树脂的载荷承载能力。在一个给定的重量下，石墨复合材料的张力比铝合金更强，而它们的压缩能力却大致相同。

五、疲劳

商业飞机具有很高的使用率。在一个高效的航空公司里，一架飞机可能每天要工作 16 小时。如果飞机应用于短程航线，那么它一天可能要经历 8 ～ 10 次起飞着陆过程。一个起飞着陆过程称为一个飞行周期，那么飞机的设计寿命一般可定义为一定数量的飞行周期。飞机的设计必须考虑在每个飞行周期中飞机所受载荷的变化。

如果我们拿一个回形针来回弯曲，那么它会在十几次之后折断。同样，在一个飞行周期内，伴随着起降过程，机翼从在地面静止满油状态时下弯，到起飞后机翼提供克服整机重量的升力而上弯[①]。这和回形针的弯曲是相似的。我们当然不希望机翼在十几次的飞行周期后就折断。事实上，对于飞机上的许多部件而言，其尺寸的设计不是由极限载荷决定的，而是由其疲劳寿命决定的。如果该部件必须要经受住 3 万 ～ 4 万个飞行周期，那么它必须非常耐用。

除了在设计时需要考虑疲劳寿命之外，在日常运营中我们还要不断检查飞机的结构。所有通用航空飞机都需要每年检查一次，必须由经过认证的机械师来检查结构的所有关键部位，以确保没有疲劳裂纹或者腐蚀。商用飞

---

① 这也是一个弯曲的过程。——译者注

机都有规定的检查时间表，一般性的检查需要每 100 飞行小时进行一次，最全面的检修被称为 D 检，每隔数年进行一次。在进行 D 检时，需要将飞机拆卸，使得其结构裸露，以供详细检查。这个过程可能长达一个月。

六、小结

一个飞机结构的理想的设计标准是，使得每个部件在完全相同的极限载荷下失效，并且在完全相同的飞行周期上具有相同的疲劳强度。这样的结构状态可以保证飞机在正常运行时不会发生故障。理想的结构承受条件也不会比这些条件要求更高，因为更强的结构意味着更重的重量。

现实情况是，飞机结构设计的比要求的要高。如果不符合相关条例要求，飞机就不能获得认证，但是超过这一要求也不能获得奖励。由于设计一种大型飞机花费很大，所以波音公司和空客公司研制的大型运输机的性能往往接近于能够容忍的下限。而较小的通用航空飞机的很多性能一般都比规章要求的标准高，这意味着许多部件比它们所需要的强度更高但重量更大。这并不意味着整个飞机具有更高的安全性，而只是它们的某一部分安全性更高。

> 古斯塔夫·埃菲尔（Gustave Eiffel）被认为是应用空气动力学之父。他在晚年建造出了风洞，并设计出了翼型。当然，他最主要的成就是设计了埃菲尔铁塔（Eiffel Tower），并因此闻名于世。

飞机结构设计的首要目标是，以尽可能轻的重量来承载所需的飞行载荷。遵循这一目标，飞机的结构从木制棉布飞机发展到今天的应力蒙皮复合材料飞机。今天，人们可以使用最先进的轻质材料和最先进的设计与分析工具，来设计出可能达到的最有效的飞机结构。

　　讨论航空问题时需要一套基本的概念和术语。通常，外行人在学习过程中的障碍是难以理解这些术语。我们在这里给出了一些基本的概念和术语，希望可以减少这些学习上的障碍。这些概念和术语不像本书的第一版那样放在第 1 章，而是放到了附录里，这样可以使本书对于已经熟悉飞机大多数概念和结构的读者更具可读性。

一、飞机术语

　　有些读者可能已经熟悉了飞机的术语，而有些读者则不然，我们鼓励大家阅读本书的附录内容，以确保更易于理解本书。如果你对飞机的主要部件、操纵面和基本操作比较熟悉的话，可以直接跳到动能那一节开始阅读。

二、飞机

　　图 A-1 显示了一架上单翼飞机的主要组成部分。飞机机体（airframe）由机身（fuselage）、机翼（wings）和尾翼（empennage 或 tail feathers）组成，其中机身是飞机的主要组成部分。尾翼由水平安定面（horizontal stabilizer）、升降舵（elevator）、垂直安定面（vertical stabilizer）和方向舵（rudder）构成。升降舵用于调整、控制飞机的俯仰（pitch，指飞机抬头或低头的姿态）。升降舵与飞机的驾驶盘或驾驶杆相连，驾驶员通过前后移动驾驶盘或驾驶杆来调节升降舵。在有些飞机上，整个水平安定面就是一个升降舵，如图 A-2 所示，这就是所谓的全动平尾（stabilator）。方向舵用于修正飞机航向和小角度转向。驾驶舱地面上的两个脚踏板操纵方向舵，用于方向辅助控制。

　　大部分飞机升降舵的后缘处有一个铰接小翼面，有时方向舵后缘处也有，这就是配平调整片（trim tab），如图 A-2 所示。调整片的运动方向与

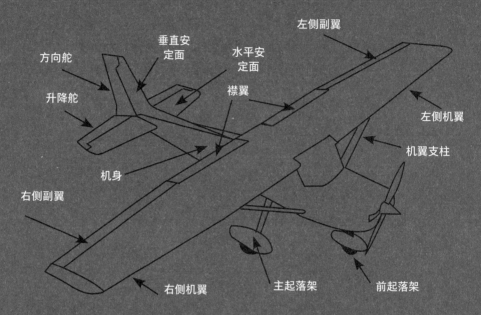

图 A-1　飞机的主要组成部分

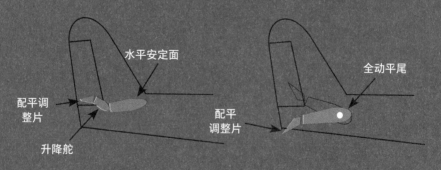

图 A-2　尾翼

操纵面的运动方向相反，其目的是减小飞行员操纵驾驶盘的力，以使飞行员保持飞机理想的飞行姿态。

大多数现代飞机都是单翼机，机翼安装在机身上部或下部。大多数上单翼飞机的机翼由支柱（strut）支撑，采用支柱可以减轻机翼的重量，但其代价是增加了阻力（支柱阻碍了气流的流动）。

机翼后缘外侧的可移动操纵面是副翼（aileron），用于控制飞机的滚转（roll control，绕机身中心轴的旋转运动）。副翼由驾驶盘的转动或者驾驶杆的左右移动来操纵。两侧的副翼是耦合的，当一侧的副翼向上摆动时，另一侧的副翼向下摆动。我们将在下面详细讨论控制面。

机翼后缘内侧的铰接翼面是襟翼（flap），用于在低速飞行时产生更大的升力，同时在着陆时增大阻力。这部分增大的阻力有助于降低飞机的着陆速度，从而增大着陆进场角度。本书第 2 章中详细讨论了襟翼。

小型飞机有两种起落架布置形式：前三点式起落架（tricycle landing gear）和后三点式起落架（tail dragger）。前三点式起落架的主起落架（main landing gear）位于飞机平衡中心的后侧，前侧有一个可转向的前起落架（nose gear）；后三点式起落架的主起落架位于飞机平衡中心的前侧，后侧有一个小的可转向尾轮（tail wheel）。两种布置形式中的前起落架和尾轮都由方向舵踏板操纵。

三、机翼与翼型

翼型（airfoil）是机翼的剖面形状。如图 A-3 所示，翼型可以看作是从横截面上截取的机翼薄片。除了机翼之外，螺旋桨和尾翼也有翼型。航空工程师在讨论时会交替使用机翼和翼型这两个术语，然而翼型仅仅是一个机翼薄片的形状，和机翼不是同一个概念。对于有些机翼而言，在翼展方向的不同位置会采用不同的翼型。

如图 A-3 所示，机翼有前缘（leading edge）和后缘（trailing edge）。图 A-4 给出了翼型的详细特征，包括翼弦线和中弧线。翼弦线是一条虚构的连接机翼前缘和后缘的直线，用于确定机翼的几何迎角（geometric angle of attack）和机翼面积。

中弧线（mean camber line）是到机翼上下表面距离相等的一条曲线，机翼弯度就是中弧线的曲率。中弧线曲率很大的翼型的机翼被称作大弯度机翼（highly cambered wing）。对称翼型的弯度为零。

如图 A-4 所示，能够产生升力的翼型必然有迎角。来流方向是指机翼前方的气流向机翼运动的方向，与机翼的运动方向平行，并且其速度与机翼的速度相同。在航空航天中，几何迎角的定义是翼弦线和前方来流方向的夹角。

机翼上一个重要的指标是展弦比（aspect ratio）。展弦比是指机翼翼展（span）和平均几何弦长（mean chord length）之比，其中，翼展是机翼一侧翼尖到另一侧翼尖的距离，平均几何弦长是沿翼展方向翼弦线长度的平均值。机翼面积等于翼展乘上平均几何弦长。大多数小型通用飞机的机翼展弦比在 6 ~ 8 之间，这意味着机翼的长度是其平均宽度的 6 ~ 8 倍。

四、旋转轴

如图 A-5 所示，飞机的运动可以在三个维度上分解，分别是滚转（roll）、俯仰（pitch）和偏航（yaw）。滚转是飞机绕沿机身中心的纵向轴线旋转，由副翼操纵。俯仰是飞机绕横向旋转轴线旋转，这里的横轴平行于机翼翼展方向。俯仰运动由升降舵控制，不过升降舵控制飞机俯仰运动的同时，也控制了机翼的迎角。当飞机抬头时也就增大了迎角，因此这种俯仰控制或迎角控制是调节机翼升力的关键。最后来谈偏航，偏航是飞机绕机体坐标系竖轴旋转，由方向舵控制，其中竖轴垂直穿过机翼中心，垂直于横轴和

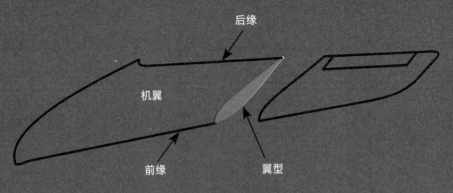

后缘

机翼

前缘　　　翼型

图 A-3　机翼和翼型

翼弦线

中弧线

来流方向

迎角

图 A-4　翼型术语

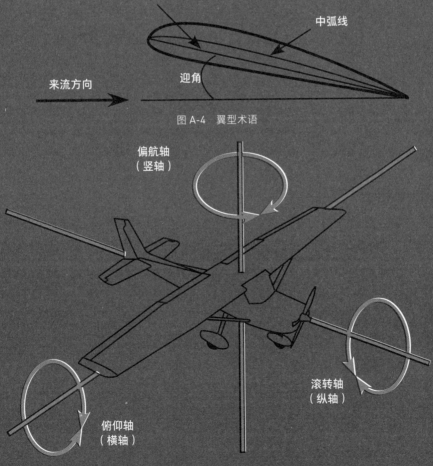

偏航轴
（竖轴）

滚转轴
（纵轴）

俯仰轴
（横轴）

图 A-5　飞机的三个旋转轴

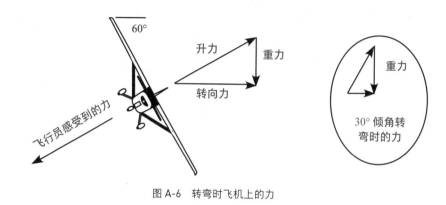

图 A-6　转弯时飞机上的力

纵轴。需要注意的是，三个轴都穿过了飞机的重心（center of gravity，通常缩写为 cg）。重心是飞机的平衡点，换句话说，飞机的所有重量可以被看作集中在这一点上。

五、转弯

　　没有做过飞行员的人普遍有一个误解，认为飞机像船一样，由方向舵控制着飞机的转弯。事实上，方向舵只能操纵飞机做小角度的转向，真正负责转向的操纵装置是副翼。飞机会在转弯的方向上滚转一定的角度。机翼上的升力垂直于机翼表面，在水平直线飞行（straight-and-level flight）时，升力是垂直向上的。当飞机滚转了一定角度时，升力方向与铅垂方向成一个角度，如图 A-6 所示。一部分升力用于转弯，另一部分升力用于平衡飞机的重力。转弯时，方向舵只用来做小角度的修正（correction），协调（coordinate）飞机转弯。

　　如图 A-6 所示，飞行员在转弯时感受到的力与升力大小相等，方向相反。我们在书中曾提到了 2g 转弯，所谓 2g 转弯就是飞行员感到的力是重力的两倍（称为两个 g），机翼上的力或者载荷也都增加了一倍。在航空术语中，

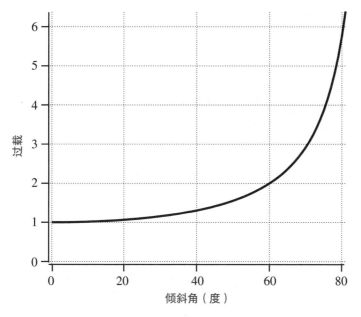

图 A-7　过载与倾斜角的关系

过载（load factor）是指载荷除以飞机重量，2g 转弯时的过载就是 2。图 A-7 给出了所有飞机在飞行时的过载与倾角（bank angle）的函数关系，有一点需要注意的是，飞行员受到的力（或负荷）只与飞机的倾斜角有关，也就是机翼和水平线的夹角。在图 A-6 中，飞机的倾斜角是 60 度，如果飞机在转弯过程中高度不变，那么升力的垂直分量必须等于飞机的重力，这被称作水平转弯（level turn）。因此，倾斜角越大，升力也越大，飞行员的负荷也越大。图 A-6 中的插图显示了 30 度倾角转弯时飞机上的力，和 60 度倾角相比较可以看出，重力没有变化，但另外两个力更小。2g 的过载会在飞机以 60 度倾角转弯时发生，而与飞机的速度无关。本书第 6 章中详细地讨论了飞机的转弯。

水平直线飞行

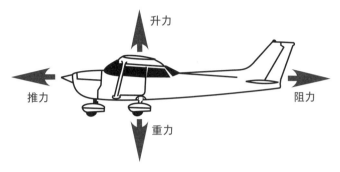

升力

推力

阻力

重力

图 A-8　水平直线飞行状态下飞机上的四种力

六、四种力

如图 A-8 所示，与飞行相关的力有四种，分别是升力、重力、推力和阻力。在水平直线飞行（飞行速度、方向和高度不改变）时，飞机的净升力等于重力。之所以称之为净升力，是因为对于传统的飞机设计，水平安定面向下倾斜，会给机翼施加额外的载荷。发动机产生的推力等于阻力（包括空气摩擦和升致阻力[①]）。

七、马赫数

描述高速飞行的一个重要参数是马赫数（mach number）。简单地说，马赫数就是飞机的速度或者空气的速度与声速的比值，即以马赫数 2 的速

[①]　由升力诱导而产生的阻力，伴随着升力而产生。如果没有升力，升致阻力也就等于零。——译者注

度飞行的飞机，其飞行速度为声速的两倍。声速对于飞行至关重要，因为它是飞机和空气之间，以及一部分空气和另一部分空气之间相互联系的介质速度。在第 5 章中已经介绍过，当飞机的速度接近马赫数 1 时，飞机的性能会发生急剧的变化。这是因为空气在接近机翼之前不再分离，而是与机翼直接发生碰撞。

空气中的声速并不是一个常数，它会随着气温和高度的变化而变化。当飞行高度增加时，气温会下降，声速也会随之降低，不过降低得并不快。在海平面，马赫数 1 相当于 760 英里 / 小时。在海拔 35000 英尺的高度，其值降低到 660 英里 / 小时。从 35000 英尺直到海拔 80000 英尺，声速基本保持不变。但现在还没有飞机能够飞过这个高度，除了从太空返回的航天飞机。

八、动能

动能是指物体运动的能量。通俗地说，放在桌子上的子弹与空中飞行的子弹之间的能量差就是动能。从专业角度来看，如果子弹的质量是 m，以速度 v 运动，那么它的动能就是 $1/2\ mv^2$（这里，我们已经达到了认识飞行所需要的数学最高复杂程度）。

由于本书讨论的是空气的运动，以及利用空气或排气的加速产生推力，所以当我们说动能的时候，理解的意思是"运动产生的能量"。这一点非常重要。

九、空气压力

在我们认识飞行和飞机之前，我们应该讨论一下气压，以消除一些常见的误解。下面的讨论仅限于空气速度低于马赫数 0.3 的情况，可以认为此时的空气是不可压缩的，有关内容在第 1 章已经进行了详细的讨论。

很多读者已经看到过空气通过细长管子的照片，如图 A-9 所示。科技

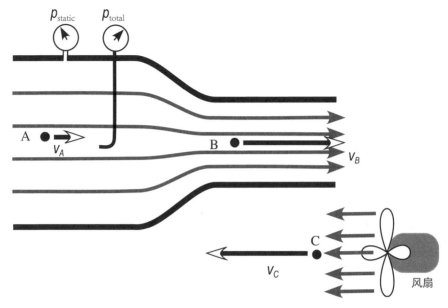

图 A-9　气流和压强

文章中经常提及伯努利原理："随着管道变窄，空气的流速增加。如果没有其他的力作用到流体上的话，A 点的压强一定大于 B 点的压强。"有些读者在理解飞行原理时已经对伯努利原理非常熟悉。"A 点的压强"这个含义似乎很好理解，但是很多物理学书籍上并没有解释清楚，其实这里所提到的压强是垂直于流动的方向的。此外，这些书上也没有谈到另外两种与 A 点空气有关的压强，其中一个压强增加，另一个保持不变。航空工程师理解这个概念，但不知何故，这些信息还没有传达到航空界。

　　与空气流动相关的压强总共有三个，第一个是总压（total pressure），通过使流动的气流停止来测量的。如图 A-9 所示，在迎着气流的方向上放置了一个皮托管，皮托管内的空气停止流动，从而得到这一点的总压（图中的 p_{total}）。根据图中的情况，A 点和 B 点的总压是相同的。用飞行员的语言来说，总压也叫作皮托管压强（pitot pressure），图中测量使用的就是皮托管。

　　第二个要考虑的压强是静压（static pressure，即 p_{static}），它通过垂直于气流方向上管壁上的小孔测得。静压是空气动力学讨论中经常被提及的压强。图中 A 点的静压高于 B 点[①]。

　　第三种压强是动压（dynamic pressure，即 $p_{dynamic}$），它是由空气的运动产生的压强，与气流方向平行。动压与空气的动能成正比，因此空气速度越高，动压越大。这三种压强看起来好像有点复杂，我们可以试着把它们放在一起讨论，这样就好理解了。

　　总压 p_{total} 是静压 p_{static} 和动压 $p_{dynamic}$ 之和。前面我们已经知道了如何测量总压和静压，那么如何测量动压呢？参考图 A-10 中的设置，在测量总压的皮托管与静压口之间放置一个差动压强计（differential pressure gauge），这个仪器用来测量两个端口的压强差。由于静压与动压之和就是总压，因此总压和静压之差就是动压。

　　如果气流中的能量不增加（一般可通过某种机构增加能量，例如螺旋桨），那么气流的总压保持不变，动压增加将导致静压降低。因此当流速增加时，流体的压强降低指的是流体的静压。但是如果气流的能量增加了呢？图 A-9 的右下角是一个风扇的图片，C 点的空气压强会发生什么变化呢？我们可以看出，风扇加速了空气，对空气做功，因此气流的动压增加。由于空气不受限制，静压与周围的环境压强相同，没有变化，所以气流的总压增大了。

　　这个小实验的用意是告诉大家，当一个人提到流动空气的压强时，他或者她指的可能是静压（尽管他或她本人也不清楚）。另外，认为气流的静压下降仅仅是由流速增加引起的这一看法也是错误的，这个问题将会在附录 B 中详细讨论。

---

① 　A 处宽，B 处窄，因此 B 处的速度要高于 A 处。由于速度和静压满足伯努利方程，故可知 A 点速度小，则静压高。——译者注

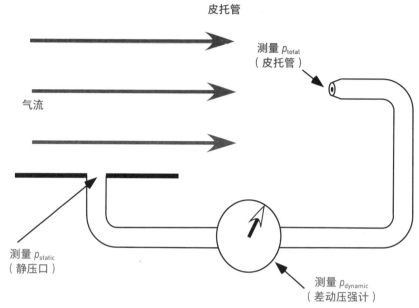

皮托管

测量 p_{total}
（皮托管）

气流

测量 p_{static}
（静压口）

测量 $p_{dynamic}$
（差动压强计）

图 A-10　使用皮托管测量压强

十、皮托管

前面我们提到过，图 A-10 中测量总压的管子被称作皮托管，它和静压管一起用于测量飞机的空速。在机场的大型喷气式飞机的前面可以看到几个皮托管，如图 6-4 所示。在小型飞机的机翼上也会看到一个单独的皮托管伸出（或悬挂）。测量空气静压的孔被称作静压口，静压口通常位于机身侧面比较靠前的位置，偶尔也会放置在皮托管的侧面。在飞机上，有一个仪器衡量这两个设备测得的总压和静压之间的压强差，并对速度进行校准，那就是空速指示器（airspeed indicator）。正如第 6 章中讨论的那样，这种测量得到的是指示空速（indicated airspeed），必须根据空气密度进行校核才可以得到真空速（true airspeed）。

附录 B
伯努利原理的误用

　　运用伯努利原理解释升力的产生时，考虑到了机翼的形状，但是本书中，我们认为机翼的形状影响的仅仅是机翼的效率和失速特性，并没有影响升力。其他地方在运用伯努利原理描述升力的产生时，认为空气的加速引起了压力的降低，其实不然，是机翼上方压力的降低导致了气流的加速。这种认为加速产生了一种作用力的看法是因果关系的倒置，违背了牛顿第一定律。

　　有人争辩说，伯努利原理符合能量守恒原则，所以一定是适用的。然而，伯努利原理适用的条件是：外界不能对流体做功（external work），流体处于平衡状态（equilibrium）。也就是说，气流中没有能量的增加或损失。事实上，在机翼到达前，空气是静止的，之后，由于机翼的运动，大量空气被加速，向下运动（与升力的方向相反），空气中增加了大量的能量。正如我们看到的，这就是诱导力和诱导阻力产生的源泉，我们必须用一个引擎来抵消这个阻力，这个引擎就是外界所做功的来源。面对诱导阻力的另外一种情况是机翼被减速，这意味着机翼处于一个不平衡状态。因此伯努利原理不适用于真正的三维机翼运动。

　　伯努利原理的演示实验通常被用来解释升力产生的物理机制，升力的产生可以被准确地展示出来，但肯定不是伯努利原理。我们通常只知道理解伯努利方程所必需的那一部分知识，这就是伯努利方程被广泛地误用的根源。当我们首次接触伯努利方程时，我们的研究对象是在有限制的管道中的流体，由于质量守恒定律，流体通过的管道横截面积越小，流速越快，而流速快的位置，压力较小。而这些内容基本上就是老师教给我们的全部了。在这个认识基础上，我们大多数人都接受了流速快的地方压力小这个说法。但是仔细思考一下，我们可以准确地假设，降低的那部分压力是在垂直于流动方向上测量而来的（静压）；因为我们知道，如果把手放在流动速度更高的气流路径上，我们会感受到压力的增加。

　　由于这些错误的认识，人们做了很多有趣的实验。第一个演示实验是我们想要指出，这似乎与大家已经接受的采用伯努利原理来解释升力的说法相矛盾，事实上，只有机翼的效率是 100% 的时候，伯努利原理才适用。也就是说，在产生升力的时候没有能量的损失。在经典的二维翼型升力实验中，机翼的效率为 100%，所以伯努利原理是适用的，这是因为无限量的空气几乎从 0 开始加速。但在考虑一个真实的、三维的机翼时，机翼的效率不再是 100%，伯努利原理变得不适用。通过实际机翼产生升力的空气压力和速度与伯努利的原理无关。在这种情况下，空气必须增大其动能，所以必须有外界对其做功（采用发动机），否则机翼就无法产生升力。

以图 B-1 中的伯努利带为对象，实验者在这个狭长的纸条上方吹气，纸条就会升起来，很显然这就是一个机翼产生升力的例子。于是实验者得到这样一个结论："纸条上部的空气流速快，所以压力较小，压力差使得纸条升起来。"

另一个升力物理学实验是在垂直喷射的气流中飘浮的乒乓球，如图 B-2（a）所示。这个现象的解释是，由于空气在流动，静压较小，当球移动到一侧时，它就会接触到压力较高的静止空气，从而被推回气流中。

在解释我们理解伯努利方程时缺失的内容之前，我们重新看一下静压口。飞机机身的侧面有一个小口，可以用仪表例如高度表来测量静压。这个端口所测量的静压非常准确，即使空气是以非常高的速度通过的。如果在发动机起动时观察高度表，螺旋桨会将空气吹动，流过静压口，此时指示高度并不会改变，也即静压不变，这到底是为什么呢？

在航空领域，伯努利方程是众所周知的。忽略气流的高度与压缩性的变化，方程可以写为

$$p_{static} + \frac{1}{2}\rho v^2 = p_{total}$$

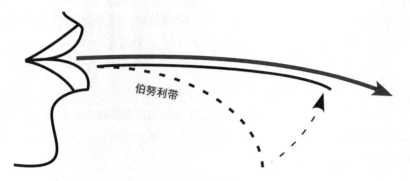

伯努利带

图 B-1　伯努利带

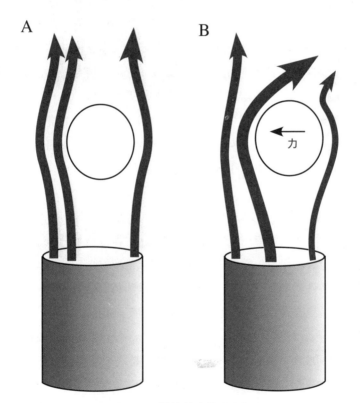

A

B

力

图 B-2　喷射气流中的乒乓球

这里，p_{static} 是在垂直于流向上测量的静压；$\frac{1}{2}\rho v^2$ 是动压，ρ 是空气密度，v 是气流速度，因此动压代表了空气的动能；p_{total} 是总压。

在封闭的管道中，动压和静压之和是一个常数。如果我们知道这个常数，就可以根据气流的速度计算出静压。但是如果通过螺旋桨或者吹气使得空气的能量增加，情况就不同了，我们就不知道这个常数了。实际上，空气被赋予了动能，所以动压增加了，但是静压却没有下降，所以，气流的流速变大并不意味着静压的下降。

现在我们回过头来看气流中的乒乓球。首先，有人可能会认为，由于空气不受限制，如果静压较低，那么周围的空气就会向其施压，直到它具有与周围环境相同的静压。这个想法是合理的，因为这里有静压力差，并且没有隔离的障碍。事实上，向上喷射的气流只增加了空气的动压和总压。同样地，人吹气也没有降低气流的静压。所以我们必须寻找另一种说法，来解释飘浮在气流中的乒乓球和飘起来的伯努利带这两个现象。

其实答案就在牛顿定律中（已经在第 1 章中讨论过）。空气等流体会包裹在一个坚固的物体周围，当小球接近气流的边缘时，球体周围就有不对称的空气流动，如图 B-2（b）所示，动量的转移将产生一个力把球推回原位，就像机翼上的升力那样。

对于伯努利带也可以做出相同的解释。空气在纸条上被改变方向，根据牛顿第一定律，需要有一个力施加在空气上。再根据牛顿第三定律，纸条上会受到一个大小相等、方向相反的力，所以纸条被抬了起来。我们对伯努利原理适用条件的理解不充分，导致了很多误用的出现。我们一直被引导地认为，如果空气流动，其静压就会降低。但是不一定如此。

还有另外两个场景也误用了伯努利原理。第一个场景是在两个悬挂着的乒乓球中间吹气，如图 B-3 所示，结果就是两个乒乓球会相互靠近。这种现象与喷射气流中的乒乓球相似，区别就是这里是两个球。

另外一个误用伯努利原理的场景就很有趣了，就是解释旋转棒球的弧

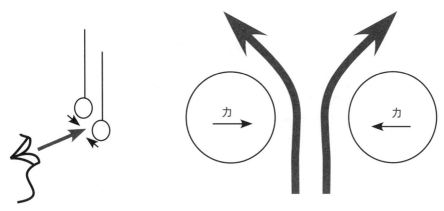

图 B-3 悬挂着的两个乒乓球

线飞行。我们首先研究一下非旋转棒球周围的气流运动情况，如图 B-4（a）所示。在图中，棒球从右向左移动，空气在球周围被均匀地分开，球上受到唯一的力就是空气的阻力。

图 B-4（b）所示的是旋转的棒球对周围空气的影响，这里我们忽略了棒球在空气中飞行时对空气的作用。由于棒球的表面有一定的粗糙度，所以在表面形成了沿着旋转方向移动的边界层，棒球上的缝线会增强这种边界层的形成。有时，一些棒球投手甚至违反规则将棒球粗糙化处理，以增强这种边界层。

将图 B-4（a）和图 B-4（b）中的气流叠加在一起，我们会发现气流的流线与机翼周围的类似，只不过在这个例子中，类似的是一个倒置的机翼。在棒球顶部，来流与绕棒球表面的边界层气流方向相反，从而失去了能量，这导致气流很早地从棒球表面分离；而棒球底部的来流与表面边界层的移动方向相同，气流附着在球表面更久。结果是在球的后面出现了一个上洗流，球上从而受到一个向下的力。因此，旋转的球会受到一个垂直于其行进方向的力。回旋的布满凹坑的高尔夫球以相同的方式提升其升力。

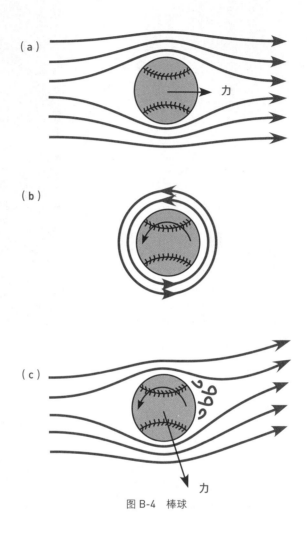

图 B-4 棒球

生活中还有很多误用伯努利原理的例子，希望读者阅读本附录后，再次听到人们将一些现象归因于伯努利原理的时候，可以仔细想想他们的解释是否值得相信。

出版后记

《认识飞行》是专业人士写给大众读者的科普读物。本书英文初版由麦格劳公司于 2000 年出版。后来，作者增加了两章内容并调整了结构，2010 年修订再版。2011 年航天工业出版社出版了第二版的中文版。此次出版，我们邀请了国内航空领域的专家重新翻译，并做了一个全新的视觉呈现。

本书作者 D. F. 安德森和 S. 埃伯哈特都是私人飞行员，两人分别拥有哥伦比亚大学物理学博士学位和斯坦福大学航空航天博士学位，从事过多年航天相关工作。为了使普通读者能够认识并理解飞行，同时推翻那些误导人们的理论，所以写了这本书。本书对飞行现象和航空学原理进行了清晰、直观的描述，并且尽量避免复杂的数学计算，对飞行感兴趣的大众读者都能轻松阅读。

本书译者周尧明是北京航空航天大学副教授、博士生导师，主要研究领域包括无人机设计、飞机效能评估等。在翻译过程中，译者不仅严格地把控了专业术语和相关原理，对个别较难理解的地方，还专门加了注释，以便读者能快速理解。

本次出版，希望呈现给读者一本能够轻松阅读的严谨之作，让读者读完本书后能真正地认识飞行。

服务热线：133-6631-2326　　188-1142-1266
读者信箱：reader@hinabook.com

后浪出版公司
2019 年 7 月

图书在版编目（CIP）数据

认识飞行：第二版 /（美）D.F. 安德森（David F.Anderson），（美）S. 埃伯哈特（Scott Eberhardt）
著；周尧明译 . -- 北京：北京联合出版公司，2019.7（2024.11 重印）

ISBN 978-7-5596-3345-3

Ⅰ.①认… Ⅱ.①D… ②S… ③周… Ⅲ.①飞行—普
及读物 Ⅳ.① V323-49

中国版本图书馆 CIP 数据核字 (2019) 第 121306 号

认识飞行（第二版）

作　者：［美］D. F. 安德森（David F. Anderson）　S. 埃伯哈特（Scott Eberhardt）
译　者：周尧明　　　　　　　　　　　　　出 品 人：赵红仕
选题策划：后浪出版公司　　　　　　　　　出版统筹：吴兴元
编辑统筹：梅天明　　　　　　　　　　　　特约编辑：张　妍
责任编辑：杨　青　高霁月　　　　　　　　封面设计：刘孟宗
营销推广：ONEBOOK　　　　　　　　　　装帧制造：墨白空间

北京联合出版公司出版
（北京市西城区德外大街 83 号楼 9 层　　100088）
嘉业印刷（天津）有限公司　新华书店经销
字数 286 千字　690 毫米 ×960 毫米　1/16　21 印张
2019 年 7 月第 1 版　2024 年 11 月第 8 次印刷
ISBN 978-7-5596-3345-3
定价：68.00 元

U0163071

哎呀，竟然就这样灭绝了

超有趣的灭绝动物图鉴

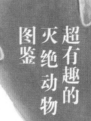

〔日〕今泉忠明 ◉ 主编

〔日〕丸山贵史 ◉ 著

〔日〕佐藤真规 植竹阳子 海道建太 茄子味噌炒 ◉ 绘

李建云 ◉ 译

北京联合出版公司
Beijing United Publishing Co.,Ltd.

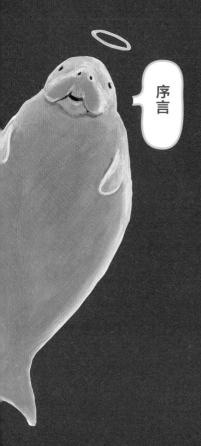

序言

一个物种，或者一个种群，

从地球上永远销声匿迹……那就是灭绝。

这听起来好像是一件非常残酷的事，

然而，纵观生物的历史，

就能明白，不能这样简单地下结论。

虽然动物们并不是心甘情愿地走上消亡之路，

但是，在大规模的灭绝过后，

就会有生物实现大进化。

例如，多亏了恐龙的灭绝，

鸟类和哺乳类才有了爆发性的进化。

下一代的动物，

正是诞生在这些躲过大灭绝的生物之中。

我们的祖先也是一样的。

因为森林消失，草原出现，

许多类人猿在这起大事件中灭绝，

而幸免于难的类人猿则演化成了人类。

可见灭绝是大自然的一种机制，

但是，"大自然引发的灭绝"与"人类干预下的灭绝"，

性质完全不同。

为什么呢？

因为由人类之手导致的灭绝，

并不能催生新物种的演化和发展。

本书记录了动物们灭绝的原因，

这些原因五花八门，没有一种是相同的。

也许我们可以借此机会，对这些差异进行一番思考。

今泉忠明

我们全部
都已经灭绝了

地球上最初的生命诞生，大约是在 40 亿年前，

好像是海洋中很偶然地诞生了一个"细胞"。

细胞是最小的生命单位，微小到肉眼几乎看不见。

这个细胞便是一切"生命"的开始。

不过，既然有开始，就一定有终结。

生命的终结是"死亡"，

而物种的终结，就是"灭绝"。

灭绝，指的是这个物种的生物一只不剩地从这个世界上消失。

地球上也曾经存在过许许多多强悍的生物、聪明的生物，

但是，它们全都由于各种各样的原因而灭亡了。

那么，
它们为什么会
灭亡呢？

导致生物灭绝的原因，可以分为两大类：

1. 地球；
2. 其他生物。

其中**占压倒性多数的，是地球本身所引发的灭绝。**

每逢地球环境发生巨大变化，几乎所有的生物都会遭受灭顶之灾。

我们把这叫作"大灭绝"。

从古到今就曾经发生过好几次大灭绝，

每一次都导致地球上的成员彻底更新换代。

能够存活下来的，只有侥幸逃过一劫的那些幸运的生物。

在地球面前说什么强大弱小，

一点意义也没有。

在地球面前，生物脆弱无力

第**3**名

拜人类所赐

没有哪种生物能像人类这样给其他生物带来灾难。人类通过猎杀或者改变环境造成生物灭绝。不过，比起第1名和第2名，人类的恶行所占比例要低得多。

灭绝原因排行榜

压倒性第1名

蛮不讲理的环境变化

地球环境发生变化，例如：火山爆发、陨石坠落、炙热异常或者极度严寒、缺氧等等。生物们陷入无论怎样挣扎都无法存活的状况，于是走向灭绝。

第2名

竞争对手的出现

更能适应环境的竞争对手出现了，它们行动更加迅速，头脑更加聪明，所需要的食物更少……它们抢走我们的食物和栖息地，导致我们灭绝。而且，这些竞争对手有时候甚至来自我们自己的子孙。

地球对众生灵一视同仁，只不过，这意味着它会给予所有生物同样严峻的考验。

① Big Five，是指公认的显生宙五大灭绝事件。——译者注

想要死里逃生，难上加难！

前面所说的"蛮不讲理的环境变化"，具体都会发生哪些事情呢？如图所示，大致可以概括如下：

想要从所有这一切危机中逃脱，

任凭你绞尽脑汁也办不到吧。

迄今为止，地球上诞生的不计其数的生物之中，有99.9％的物种都已经灭绝。

整个地球
陷入
冰冻状态

就这样，
大灭绝事件爆发了！

那么，灭绝是一件令人悲伤的事吗？

也不能这么说。

事实上，灭绝也不全是坏事。

能够在地球上生存的生物，其数量是受限制的。

因为空气、水、土地等资源有限，

所以，生物就不能无限地增长。

打个比方，我们所有生物就好比

在整个地球范围内玩"抢椅子游戏"，

只要没有椅子空出来，

其他种类的生物就没有机会增长。

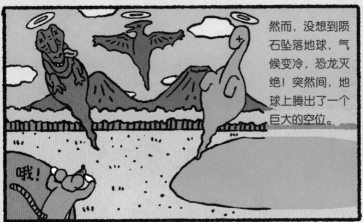

一直到 6600 万年以前，地球的霸主还是各类恐龙。它们霸占了地球上的头把交椅，其他物种就只能忍气吞声地活着。

哼！

然而，没想到陨石坠落地球，气候变冷，恐龙灭绝！突然间，地球上腾出了一个巨大的空位。

哦！

坐上这个空位的是哺乳类和鸟类。海陆空都有这两个类群的生物出没，它们的身体一下子变大了，还演化出各式各样的形态来。

也就是说，如果恐龙不灭绝，我们人类就不可能诞生！

没有灭绝就没有进化，灭绝推动进化。

11

灭绝将平等地降临在任何一种生物头上。

也就是说，此时此刻，

这只灭绝的魔爪没准就已经

朝着正在阅读这本书的你的背后逼近。

不过，我们人类与其他生物不一样，

我们拥有对抗灭绝的"武器"。

虽说如此，我们仍然不希望灭绝！

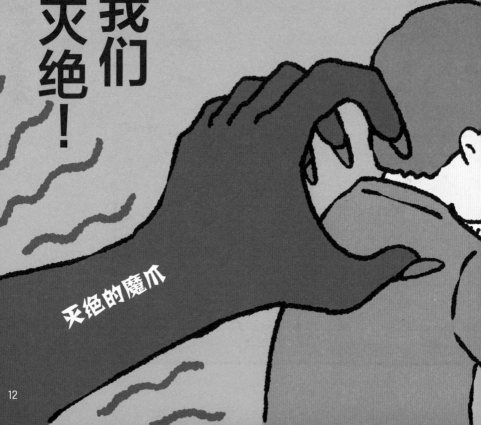

灭绝的魔爪

那就是学习，然后思考。

只要知晓了各种生物灭绝的原因，

也许就能够想出

在今后的地球上继续生存的方法。

所以呢，

就让我们直接向已经

灭绝的生物们询问一下

它们灭亡的原因吧！

嗯嗯……

有问题尽管问！

13

目录

麻痹大意，灭绝

14

长到极致，灭绝 2

笨手笨脚，灭绝

3

运气太差，灭绝 4

险些灭绝，逃过一劫 **5**

本书别具一格的快乐阅读法

这本书，无论谁看，什么时候看，从哪一页开始看，都没关系。
只请你专心倾听书中讲述的各种生物的灭绝原因。

顺便问个问题：各位可知道"数据"好玩在哪里？
事实上，这本书里就收录了多种形式的数据。
感兴趣的话，以这页为参考，来体会一下数据的妙趣也不错哦！

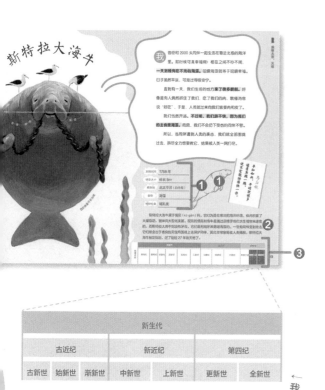

新生代						
古近纪			新近纪		第四纪	
古新世	始新世	渐新世	中新世	上新世	更新世	全新世

← 我们现在在这里

我们人类所生活的"现在"属于新生代。新生代被划分为三个"纪"，这三个"纪"又被细分为七个"世"。这部分信息比较繁杂，所以没有在"生存年代"一栏内具体标注，不过事先有个了解，对获取更加准确的灭绝信息还是有帮助的。

❶基本数据

包括生物的实际形态、体形大小（不同生物运用不同的测量方法）及栖息地等。这些数据可以让我们知晓"原来它们吃的是这样的东西"或者"它们过去住的地方看起来挺冷的啊"之类的信息，从而帮助我们深入了解该生物，还可以拿来同其他生物进行比较。

❷解说

详细介绍了生物的生态（即生存状态）和灭绝的原因。结合基本数据，我们也许可以比较容易地想象出它们活着时的模样。

❸生存年代

这些数据让我们对该生物的生存年代一目了然，即它们是什么时候出现、什么时候灭绝的。有的生物繁衍生息了相当长一段时期，也有的眨眼间就灭亡了。

那么，请开始你的快乐阅读之旅吧！

麻痹大意了！

麻痹大意，灭绝

无论怎样的生物，都有美好时代。
但这样的时代不会永久持续。
放松警惕的一瞬间，灭绝就在眼前等着了。

斯特拉大海牛

生性太善良，灭绝

磨一磨……嘣一嘣……

磨一磨

我的体重可有8吨

2

曾经和 2000 头同伴一起生活在靠近北极的海洋里。那时候可真幸福啊！相互之间不吵不闹，**一天到晚有吃不完的海藻。**咀嚼海藻就等于咀嚼幸福。日子虽然平淡，可是过得很安宁。

直到有一天，我们生活的地方**来了很多艘船。**好像是有人偶然抓住了我们，吃了我们的肉，散播消息说"好吃"，于是，人类就过来向我们索要肉和皮了。

我们当然开逃。**不过呢，我们游不快，因为我们的主食是海藻。**而且，我们不会扔下受伤的同伴不管。

所以，当同伴遭到人类的袭击，我们就全部围拢过去，拼尽全力想要救它，结果被人类一网打尽。

灭绝时间	1768 年
体形大小	体长 8m
栖息地	北太平洋（白令海）
食物	海藻
物种分类	哺乳类

> **马后炮**
> 早知如此，平时就该多追着鱼跑一跑，说不定能游得快一些。

斯特拉大海牛属于儒艮（rú gèn）科。它们为适应寒冷的海洋环境，体内积蓄了大量脂肪，躯体向大型化发展。现在的儒艮和海牛是通过后槽牙咬烂水生植物来进食的，而斯特拉大海牛却没有牙齿，它们是利用牙床磨嚼海藻的。一旦有同伴受到攻击，它们就会出于善良的天性而围拢上去保护同伴，因此非常容易被人类捕获。斯特拉大海牛被发现后，过了短短 27 年就灭绝了。

	古生代						中生代			新生代		
前寒武纪	寒武纪	奥陶纪	志留纪	泥盆纪	石炭纪	二叠纪	三叠纪	侏罗纪	白垩纪	古近纪	新近纪	第四纪

动作太迟钝，灭绝

哎呀——到底还是灭绝了。什么？你说我太没心没肺？这可真是一针见血啊！我们吧，过去就生活在靠近非洲的一座小岛上。大概 400 年多一点点以前，开始出现很多外国轮船。

就这样，人类开始接近我们。**我们呢，还挺好奇，想着"怎么啦、怎么啦"凑上去，这下好**

渡渡鸟

蛋就随随便便地丢在岛上

了，一送上门就被吃掉。一下子傻眼了。

不管怎么说，在这之前，我们可从来没有天敌。我们既不会飞也不会跑，被人家赤手空拳就能一抓一个准。多的时候，**一天会被抓 200 只。**

后来呢，人类把狗和老鼠之类的带上了岛，我们的蛋就被这些家伙给吃了。我们姑且也算是鸟，**可我们是把蛋生在地上的。**怪只怪没半点防人之心啊……

灭绝时间	1681 年
体形大小	全长 1m
栖息地	毛里求斯岛
食物	果实
物种分类	鸟类

马后炮

要是把蛋藏在洞穴里，或者警惕性再提高一点就好了！

这么说，倒是乌龟的速度还快一些？

别看渡渡鸟长得又高又大，其实它是鸽子的近亲。想必它们的祖先是从非洲等地飞到没有天敌的岛上以后才向大型化发展的，最后大到飞不动。毛里求斯岛是一座由火山活动形成的离岛，除了蝙蝠，其余的哺乳类统统进不来。就因为一直生活在安全的环境里，它们才没能提防突然出现的人类。

前寒武纪	古生代						中生代		新生代			
	寒武纪	奥陶纪	志留纪	泥盆纪	石炭纪	二叠纪	三叠纪	侏罗纪	白垩纪	古近纪	新近纪	第四纪

输给大熊猫，'灭绝'

巨猿

咔沙······
咔沙······

咔沙沙沙咔沙沙沙咔沙沙沙

体格大约是大猩猩的1.5倍

身材还很娇小的
大熊猫的祖先

啊 ——总觉得压根儿没吃过东西似的……**别看我身体庞大，我可是素食主义者。**起先，我们生活在如今中国那一带的森林里，拼命地狂吃各种水果。

没想到随着时代的发展，能住的森林减少了，水果也少了。然后，我就盯上了小矮竹。

说实话，我也犹豫过。我身边的那些动物铁定都在想："怎么，老姐饿得都向小矮竹下手啦（笑）？"**没错，小矮竹就是没什么营养，以前谁都不愿意吃。**

可我还是吃了。吃吧，什么自尊心，抛弃吧！

万万没想到，就在这个时候，**大熊猫那家伙**出现了。这些家伙，别看脸蛋儿生得可爱，其实胃口大得不得了！拜它们所赐，小矮竹不够吃了，体形庞大的我落得比它们先灭绝的下场。

早知道就该搬到别的地方去，找找除了小矮竹以外的食物。

马后炮

灭绝时间	第四纪（更新世后期）
体形大小	身高 3m
栖息地	亚洲
食物	植物
物种分类	哺乳类

巨猿是史上最大的灵长类，在亲缘关系上，它是更接近我们（人类）的类人猿，只不过由于发现的化石只有巨大的下颌骨和牙齿，实际的体形大小与形态尚不明确。由于第四纪时期，地球整体变冷，导致森林减少，以至于巨猿陷入粮食不足的困境。所以，可以推测它们转而以耐寒且生长快速的小矮竹为食，但最终还是因为没能摄取充足的营养而灭绝。

	古生代						中生代			新生代		
前寒武纪	寒武纪	奥陶纪	志留纪	泥盆纪	石炭纪	二叠纪	三叠纪	侏罗纪	白垩纪	古近纪	新近纪	第四纪

7

乌贼紧缺，灭绝

大事不好！乌贼、乌贼不见啦！**可不，海底火山**"**轰**"**的一声大爆发，喷火喷得乌贼缺氧，乌贼乌贼死光光。**

我一直靠吃乌贼活着，这下麻烦大了，麻烦大了。其他猎物是怎么个捕捉法，我一无所知啊！

什么？改吃鱼不就行了？利用超声波探查食物所在的位置……那不是海豚吗？我要吃乌贼！**我不是海豚，**

我可不是海豚！

鱼龙

是鱼龙！我只会靠眼睛东张西望来寻找猎物。

我们就凭这身本事，从 2 亿 5000 万年前开始统治海洋长达 1 亿年以上！**鱼龙不可貌相，如果只从外表判断，搞错了物种，那可不行！**

真是的，一生气肚子就饿了。先吃只乌贼压压惊……咦，乌贼、乌贼呢？不得了，乌贼死绝啦！

*益智题：数数看，一共说了几遍"乌贼"？

答案……12 遍

讲究了……

早知道就不对食物穷

马后炮

可爱的乌贼小宝贝

味道好极了 ↗

灭绝时间	白垩纪中期
体形大小	全长 0.3 ~ 21m
栖息地	全球海域
食物	箭石等
物种分类	爬行类

中生代时期，恐龙在陆地上盛极一时，海洋里繁盛的则是爬行动物鱼龙。有一种说法认为，鱼龙的灭绝是海底火山爆发造成的。受火山爆发的影响，海水中的氧气变得稀薄，导致被鱼龙当作主食的箭石（与乌贼近缘的头足类）数量骤减，鱼龙因此饿死。顺便说一下，海豚虽然适应了和鱼龙相同的环境，很偶然地进化成与鱼龙相似的形态，但海豚完全是另一类生物。

前寒武纪	古生代						中生代			新生代		
	寒武纪	奥陶纪	志留纪	泥盆纪	石炭纪	二叠纪	三叠纪	侏罗纪	白垩纪	古近纪	新近纪	第四纪

遭大胃王山羊抢食，灭绝

大家好！给各位鞠躬问安了。我是笠原腊嘴雀。

在江户时代末期灭绝之前，我一直生活在日本的小笠原群岛上。

从前，既没有人类也没有敌害，**所以，庆幸得很，我一直捡从树上掉落到地面的果实吃。**如您所见，我的确是一只鸟，**可是，我生性不大喜欢在天空飞翔。**

唉，这些就先不说了。对了，山羊！自从那些人来到了岛上，世界就疯狂了！

从1830年前后起，许多国家的人纷纷移居到岛上，**这些先生、太太带进岛的山羊把地上的植物全部吃了个精光。**

托它们的福，从此，我只得和满地的泥土面对面做鬼脸，大眼瞪小眼！

啊

瞪眼看地面，除了土还是土！

笠原腊嘴雀

灭绝时间	19 世纪前半叶
体形大小	全长 16cm
栖息地	日本小笠原群岛
食物	树木的果实等
物种分类	鸟类

罪魁祸首就是这家伙 ↓

马后炮

悔不该当初从树上下来，改到地面生活啊！

　　笠原腊嘴雀在日本叫作"小笠原猿子"，"猿子"是"猿（古人对猴子的叫法）的孩子"的意思。据说是因为它的脸是红色的，就把它比作了猴子。它们以地上或低矮树枝上的果实、嫩芽为食，很少飞上较高的枝头。小笠原群岛直到 19 世纪为止几乎无人居住，但当人类带着家畜等动物进驻，笠原腊嘴雀便遭山羊抢去了食物，还受到猫的攻击，被老鼠吃掉了蛋，最终在短时间内灭绝。

前寒武纪	古生代						中生代			新生代		
	寒武纪	奥陶纪	志留纪	泥盆纪	石炭纪	二叠纪	三叠纪	侏罗纪	白垩纪	古近纪	新近纪	第四纪

11

离不开河里老窝，灭绝

A……河里憋闷得很哪！

B 你们俩上别的地儿去吧！

C 我正在借助阳光温暖身体，不行！

A 背上的帆太碍事，我可不乐意上陆地去走。

B 到底还是只能待在河里啊——

AC 没有别的出路。

B 那么，干脆到海里去得了！

A 海里可没有活路呀？

C 别忘了，海里到处都是鱼龙、长颈龙这些擅长游泳的家伙。

呜呼，条条道路行不通！

棘龙

B 那可受不了！

A 我肚子饿了。

C 瞧不见有鱼啊。

B 这个嘛，全被我们吃光了呀！

A 啊哈哈哈哈哈哈哈哈！

B ……

A 对不起，这种时候不应该笑的。

C 小恐龙什么的有没有可能来喝水呀？

B 我们整个暴露在水面上，你说还有哪个家伙敢大摇大摆地过来啊……

全体 唉——！

马后炮

B「要是身材娇小，还有办法活命。」

A C「可不！」

灭绝时间	白垩纪中期
体形大小	全长 16m
栖息地	非洲
食物	鱼
物种分类	爬行类

棘（jí）龙是最大级别的肉食性恐龙。一般认为棘龙是在利用水的浮力的过程中向大型化发展的，以至于难以在陆地行走；相反，它们擅长游泳，通过转动长长的嘴来捕食鱼类。它们虽然习惯于在江河湖泊中生活，即使在同类数量增加、猎物减少的情况下，也难以通过上岸行走转移到别的河里寻找活路，只好坐以待毙。

前寒武纪	古生代						中生代			新生代		
	寒武纪	奥陶纪	志留纪	泥盆纪	石炭纪	二叠纪	三叠纪	侏罗纪	白垩纪	古近纪	新近纪	第四纪

啊呜

食物链已启动

吃饭慢条斯理，灭绝

莫 非……我已经被盯上了？可我就是控制不住食欲。蕨类植物实在是美味佳肴，我都吃上瘾了！

说起来，大约 3 亿年以前，空气变干燥，我们居住的森林变小了。

与此同时，一种很像蜥蜴的爬行动物大量出现。这些家伙小小的，起初还觉得挺可爱，哪里想得到，**没过多久，它们竟然成群结队地吃起我来了。** 等到回过味来，晚了，不认输都不行了。

虽然我的样子看起来很凶猛，可实在没有多大战斗力啊！ 吃的又是叶子之类的东西，身体笨重得很，挪动起来别提多费劲了……所以，离开森林逃生是万万办不到的！

于是，**就在我慢慢悠悠地咀嚼植物的时候，那些家伙趁机下嘴把我给吃掉了。** 人家明明也还在吃饭呢……

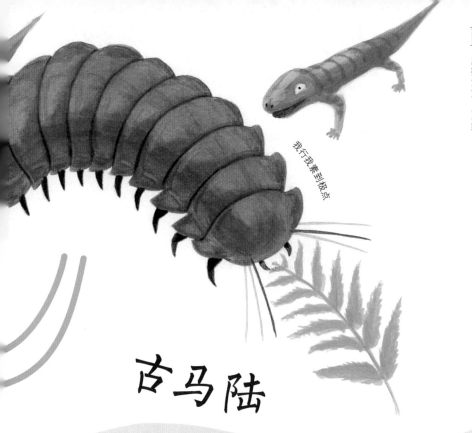

我行我素到极点

古马陆

马后炮

感觉应该让身体再缩小一点点，好让动作敏捷起来？

灭绝时间	石炭纪末期
体形大小	体长 2.3m
栖息地	北美洲
食物	植物
物种分类	多足类

　　古马陆与蜈蚣、马陆存在亲缘关系，被认为是史上最大的陆生节肢动物。处在氧气浓度高、气候温暖，而且没有天敌的石炭纪的环境下，古马陆的体形逐渐向巨大化演变。但进入二叠纪后，气候向干旱过渡，古马陆的数量因此逐渐减少；再加上新进化出来的爬行类数量大增，并且把猎杀的目标对准了古马陆，这些都迫使古马陆走上灭绝之路。

		古生代					中生代			新生代		
前寒武纪	寒武纪	奥陶纪	志留纪	泥盆纪	石炭纪	二叠纪	三叠纪	侏罗纪	白垩纪	古近纪	新近纪	第四纪

猫这种动物
我们不认识

偷偷靠近的……阴影……

被一只猫
猎杀
殆尽，灭绝

斯蒂芬岛异鹩

外表像麻雀，能力却像小鸡雏！说的就是我们。**生活在没有多少敌害的环境里，不知不觉间，我们竟然不会飞了！**

我们曾经在一个叫作"斯蒂芬岛"的无人岛上过着和平的日子。

突然有一天，岛上造起了灯塔，人类上岛了，同时还带来了一只母猫。

我们是头一回看见猫，心脏扑通扑通直跳！**想着"不知道能不能和睦相处呢"，我们上前靠近了它，没想到短短几秒钟就有一只同伴被杀掉了。**

从那以后，这只猫几乎每天都来猎杀我们。后来，甚至连它所生的小猫崽也加入了猎杀队伍，**开始了一场由猫咪大家庭发动的大屠杀。**

就这样，我们统统葬送了性命。

灭绝时间	1895 年
体形大小	全长 10cm
栖息地	新西兰斯蒂芬岛
食物	昆虫、蜘蛛等
物种分类	鸟类

马后炮

坏就坏在环境和平过了头。看来鸟不会飞还是不行啊！

斯蒂芬岛异鹩（liáo）在没有哺乳类与之为敌的新西兰，逐渐演化得不会飞翔了。人类与老鼠踏足新西兰后，它们一度消失，后来好不容易在曾是无人岛的斯蒂芬岛上生存下来。然而，当岛上建起灯塔，猫随之被人类带进岛，它们便在自己最后的栖息地灭绝了。根据猫叼来的尸体，它们于 1894 年被鉴定为"新种"记录在册。

前寒武纪	古生代						中生代			新生代		
	寒武纪	奥陶纪	志留纪	泥盆纪	石炭纪	二叠纪	三叠纪	侏罗纪	白垩纪	古近纪	新近纪	第四纪

胃育溪蟾

还有好多小蟾
等着吐出来

全身长满

霉菌，灭绝

18

喂！

呱美！先别和呱仔玩了，快来帮忙啊！**还有20只小蟾（chán）等着妈妈把它们从嘴里吐出来呢！**

哎哟，对不住，怪我聒（guō）噪，吵着大家了。我们吧，是在胃里养育孩子的。这不，最近挺危险的不是？所以，我们产了卵就赶紧吞进肚子里，等长大了再放到外面来。

就因为属于蛙科，整天就得"呱呱"叫。烦死了……啊哈哈！

咳，是疾病害得我们灭族的。 当时，从朝鲜半岛传过来的蛙壶菌病大肆流行。

这不，我们蛙科同时也通过皮肤呼吸不是？

没想到霉菌密密麻麻扩散到了全身的皮肤，发展到最后，大伙儿都在呻吟："透不过气来啦——"

唉，净瞎折腾！到死我也没弄明白，把孩子吞进肚里到底是图什么！

灭绝时间	1983 年
体形大小	体长 3.6cm
栖息地	澳大利亚
食物	昆虫
物种分类	两栖类

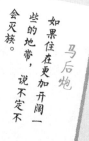

马后炮

如果住在更加开阔一些的地带，说不定不会灭族。

胃育溪蟾是在胃里养育孩子的蛙科动物。它们吞入卵后，胃液停止分泌。育儿期间，母亲会绝食。卵在胃内孵化，一旦从小蝌蚪变成小蟾，就从母亲的嘴里出来。它们刚被发现时，数量本来就少，栖息地也仅限于海拔 350 ~ 800m 的河流沿岸。后来，由于人类建造大坝及砍伐森林等，它们的数量一减再减，最后，人类带入的蛙壶菌给了它们致命一击。

前寒武纪	古生代						中生代			新生代		
	寒武纪	奥陶纪	志留纪	泥盆纪	石炭纪	二叠纪	三叠纪	侏罗纪	白垩纪	古近纪	新近纪	第四纪

误吞滚烫小石子，灭绝

巨型恐鸟

小石子少吃一粒都浑身难受！

腿比人类的身高还要长

怎么样，我这副模样漂亮吧？**光是腿长怎么说也有2m。**

在新西兰，我可曾经是陆地上最大的动物哦！**漂亮又无敌，那就是我。**

所以翅膀我也不要了。因为不再需要了。我不需要飞奔着躲避敌害，只需要优雅地品尝树叶就行。那是个多么美好的时代啊！

但是人类来了，为了吃肉来猎杀我们了，而且是用非常恐怖的方法！

我因为没有牙齿，就把小石子吞进胃里帮助磨碎植物。人类看见了，就准备了烧得滚烫的小石子，让我误吞下去！

这仇这恨……我怎么可能忘记！

灭绝时间	大约 16 世纪
体形大小	身高 3.6m
栖息地	新西兰
食物	细枝、叶子等
物种分类	鸟类

马后炮

在吞吃小石子之前，应该先确认它烫不烫的……

由于新西兰除了蝙蝠以外再没有其他哺乳类，所以，在这个没有天敌的环境中，演化出了许多不会飞的鸟类。恐鸟是它们的代表之一，其中最大的巨型恐鸟是已知身高最高的鸟，体重重达 230kg，一度横行无敌。然而，9－10 世纪时，当人类到来，为了谋求大量肉食，对它们展开猎杀，巨型恐鸟最终便灭绝了。

	古生代						中生代			新生代		
	寒武纪	奥陶纪	志留纪	泥盆纪	石炭纪	二叠纪	三叠纪	侏罗纪	白垩纪	古近纪	新近纪	第四纪

软得像一摊泥，灭绝

（那个……）（有事？）（现在是不是正被当成了盘中餐？）（啊，人家吃得正欢……）

（大事不好！）（必须起来战斗！）（别费那个劲了。）（怎么说？）

（我们什么武器都没有，不是吗？）（这倒是。）（连牙齿也没有。）（嘴巴也没有。）

（眼睛也没有。）（脚也没有。）（坚硬的外壳也没有。）（就是软趴趴的一团啊！）

（命中注定赤裸裸地自生自灭哪！）（就这样也活下来了。）

想吃多少就能吃多少

浑身都是谜

狄更逊水母

22

（老皇历啦。）

（然后某个时刻成为了分水岭。）（弱肉强食的规则开始运行了。）

（生命开始排座次。）（我们归入被吃的那一类。）

（都怪运气差。）（就是这么回事。）（但是为什么？）（什么为什么？）

（为什么你明明没有嘴，还能说话？）（为什么？因为这些都是我的自言自语。）

（结果到死也没能和谁说上话吗？）（临死前真希望有个朋友在身边……）

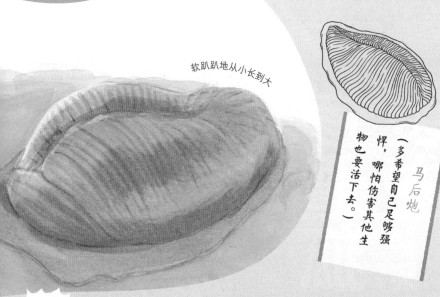

软趴趴地从小长到大

（多希望自己足够强悍，哪怕伤害其他生物也要活下去。）

马后炮

灭绝时间	前寒武纪
体形大小	全长 1m
栖息地	澳大利亚
食物	光合作用
物种分类	埃迪卡拉生物群

在前寒武纪末期的埃迪卡拉纪，动物似乎也像植物一样，通过沐浴阳光来产生能量，或者从海水中汲取养分。这些动物没眼没嘴没鳍，身体也是瘫软如泥，几乎没有留下化石。其中最大的生物便是狄更逊水母。它们一度过着和平的日子，估计是在有眼有嘴有鳍的捕食者出现后，才被吃光的。

古生代						中生代			新生代		
寒武纪	奥陶纪	志留纪	泥盆纪	石炭纪	二叠纪	三叠纪	侏罗纪	白垩纪	古近纪	新近纪	第四纪

袭击，灭绝

惨遭狐狸

雌性有8个乳头

前肢像猪蹄

后肢像马蹄

豚足袋狸

我可不是老鼠哦！我叫豚足袋狸。**我们是和袋鼠一样的有袋类，肚子上也有一个如假包换的育儿袋，而且只吃草。**所不同的是，我们的身体非常非常小。

我们本来生活在澳大利亚的草原上，人类到来以后，就被驱赶到沙漠中了。虽然我们的数量因此有所减少，但只要往周围多跑跑，努力寻找食物，总还是能够生存下来的。

可是就在大约 300 年前，欧洲人来了，我们的生活发生了翻天覆地的变化。欧洲人大力开垦土地，同时开始饲养绵羊和牛。后来更是为了打猎取乐，带来兔子和狐狸撒到原野上放养！

拜人类所赐，本来就不多的草被兔子抢去不说，狐狸还要来袭击我们，生存环境恶劣透顶。当时哪怕奉送一记老拳给它们尝尝也好啊！

灭绝时间	1901 年
体形大小	体长 25cm
栖息地	澳大利亚
食物	草
物种分类	哺乳类

要是同时也能吃果实和昆虫的杂食动物就好了…… 马后炮

豚足袋狸以草为主食，拥有适合消化草的长长的肠道。它们的四肢细长，和猪的蹄有些相似，可以在草原上四处奔跑。直到人类进入澳大利亚后，它们才逐渐被驱赶到了沙漠。后来，它们又进一步被人类带入的兔子、狐狸等动物掠夺了栖息地和食物，并被猎杀殆尽。

	古生代					中生代			新生代		
前寒武纪	寒武纪	奥陶纪	志留纪	泥盆纪	石炭纪	二叠纪	三叠纪	侏罗纪	白垩纪	古近纪	新近纪	第四纪

被狗传染了疾病，灭绝

然而狗却并没有灭亡……

日本狼

到底没能战胜病菌

狗 狗老弟！你怎么又来啦？！

还以为之前已经说明白了，说好别再见面的。你的病治好了吧？我最近总感觉被捕食者给盯上了，危险得很，你最好早点回家。

知道你担心我，我很开心，可现在这情况怎么说呢……**听说最近流行一种危险的疾病不是？**会发烧、打喷嚏、流鼻涕、叫不出声。据说最后会死。

我也想要相信不是你害的，可事实上……自从外国人把宠物狗带进了日本，我的同伴就接二连三地死掉了。这都**已经到"生化危机"的程度了。**

所以，为了你好我好大家好，咱们后会无期怎么样？拜拜啦，狗老弟……你看你，鼻涕流得一塌糊涂不是？！饶了我吧，别再吸溜吸溜的行不？喂！

马后炮 不跟狗纠缠不清也就没事了。

灭绝时间	1905 年
体形大小	体长 1m
栖息地	日本
食物	鹿、野猪等
物种分类	哺乳类

日本进入明治时代后，大量外国人来到日本，他们带来的宠物狗把犬瘟热、狂犬病等病毒也携带进了日本。由于当时的狗是放养的，所以"洋犬→日本犬→城市近郊的狼→山区的狼"这样一条疾病传播链的形成并没有耗费多长时间。就这样，从明治维新那年（1868 年）起，过了 38 年后，日本狼便灭绝了。

	古生代						中生代			新生代		
前寒武纪	寒武纪	奥陶纪	志留纪	泥盆纪	石炭纪	二叠纪	三叠纪	侏罗纪	白垩纪	古近纪	新近纪	第四纪

替狗背黑锅，灭绝

喂，等等！**都说了吃绵羊的不是我啦！** 没错，我确实被他们称为狼，可这只是个名字。

说起来，我们本来在澳大利亚的草原上生活得好好的，把我们赶到塔斯马尼亚岛的可不就是人类吗？

好吧，我们就在岛上规规矩矩地活着吧！可你们又跟来了，一上来就不分青红皂白地冤枉我们"吃掉了我养的绵羊"。**于是，突然就对我们格杀勿论，你**

袋狼

因为名字而吃亏的类型

说过不过分？

都说了，吃掉绵羊的不是我，是狗！**是你们带来的狗恢复了野性，把绵羊给吃掉的！** 啊，喂，死狗！就数你最卑鄙！尾巴倒摇得起劲！喂，人类！说什么"不是狗的错"，你才是真差劲！

狗反倒春风得意！

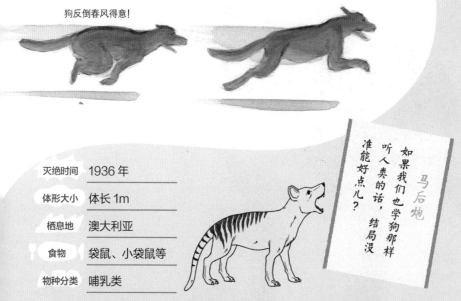

灭绝时间	1936 年
体形大小	体长 1m
栖息地	澳大利亚
食物	袋鼠、小袋鼠等
物种分类	哺乳类

马后炮

如果我们也学狗那样听人类的话，结局没准能好点儿？

原本居住在澳大利亚、新几内亚的袋狼，自从 1 万年前土著人带狗进来，便因为被剥夺了栖息地与猎物而宣告灭绝。好在塔斯马尼亚岛因为没有狗闯入，还勉勉强强有一些袋狼幸存。然而，到了 19 世纪，移居到塔斯马尼亚岛上的人类认定袋狼是袭击家畜的害兽，甚至悬赏除害，致使袋狼转眼间灭亡。

	古生代						中生代			新生代		
前寒武纪	寒武纪	奥陶纪	志留纪	泥盆纪	石炭纪	二叠纪	三叠纪	侏罗纪	白垩纪	古近纪	新近纪	第四纪

没能保护好鸟蛋，灭绝

不飞鸟

蛋宝宝哪儿去了……

—唉！什么世道啊！我可爱的亲亲蛋宝宝不见了！

肯定又被抢去了。**可恨的哺乳类！**

不久以前，它们还只是在我的脚边一蹦一跳的小东西，不知不觉就长大了，变得比我还要敏捷，真不知天高地厚！

说到底，这种偷吃人家放在地上的蛋的行为，也太卑劣了！

明明可以学我这样做一名素食主义者的。所以说我讨厌这些没品的家伙，呀——

呼——可怕的恐龙没了，**还以为我们鸟类的时代终于到来了……**不料哺乳类胆敢来争夺王者宝座，还真是轻敌了！

灭绝时间	古近纪（始新世后期）
体形大小	身高 2m
栖息地	北美洲、欧亚大陆
食物	植物
物种分类	鸟类

马后炮

如果能像鸵鸟那样跑得飞快，是不是就不会灭绝？

这是一种大型的、不会飞翔的鸟，从地面到头顶身高达 2m。由于头和喙（huì）又大又重，它们似乎不太能够快速奔跑。曾经被认为是肉食性动物，如今则被认为以树木的果实为食。不飞鸟是在恐龙灭绝后的大地上向大型化发展的，遭到晚于它们大型化的肉食性哺乳类的猎杀，鸟蛋和雏鸟也一并遭到捕食，从而走向灭绝。

	古生代						中生代			新生代		
前寒武纪	寒武纪	奥陶纪	志留纪	泥盆纪	石炭纪	二叠纪	三叠纪	侏罗纪	白垩纪	古近纪	新近纪	第四纪

独孤求败，灭绝

大地懒

用长长的舌头进食树叶

体形大小堪比非洲象

其实动作迟缓

说在南非，打从 100 多万年以前起就排得上号的最大最强的生物，非我莫属。**体长 6m，体重 3t，爪子巨大，是懒（lǎn）兽联盟中绝不会输给剑齿虎*的佼佼者！**

*参见第 72 页

……笑什么？有什么好笑的？**因为我们这群懒兽和如今的懒兽完全就是两码事。**我通常一边在地上到处闲逛，一边用这双巨大的钩爪把树枝拉过来啊呜啊呜地吃它的树叶。

而且，长在毛下面的骨板硬实得很，随随便便咬一口等于给我挠痒痒！

既然这么厉害，为什么还会灭绝？……遭到猎杀了呗，被人类。这些家伙就利用了我行动迟缓这一点，组队前来袭击！**愧对懒兽的血统啊！**

唉，竟然被区区一群人类给消灭了，只能怪自己年老体衰不中用啊！

灭绝时间	第四纪（更新世末期）
体形大小	体长 6m
栖息地	南美洲
食物	树叶
物种分类	哺乳类

马后炮

如果爬到树上，或者飞奔逃走，说不定能保全性命？

　　大地懒是大懒兽中最后出现的、最大的物种，在南美洲曾经是横行无敌的存在。南美洲直到约 300 万年以前还是一块独立的大陆，所以不曾有猫狗等强有力的食肉兽侵入，动作迟缓的大懒兽因此才得以实现了体形的巨大化。然而，当持有武器的人类团体到来，它们便被猎杀殆尽，于 1 万年前灭亡。

	古生代						中生代			新生代		
前寒武纪	寒武纪	奥陶纪	志留纪	泥盆纪	石炭纪	二叠纪	三叠纪	侏罗纪	白垩纪	古近纪	新近纪	第四纪

离别岭

演唱：马门溪龙
作词：恐田龙一
作曲：恶 龙

♪ 呜呼 我祈求再一次见到你
你是我尘封不了的希冀
原谅我无能为力 我已经死去多时

沧海桑田 悠悠 多少岁月流逝
跨越一亿年以后 光阴对我不再有意义

沙石层层掩埋 身体崩坏天难敌
肌肉寸寸腐败 泪水干涸渗入泥

呜呼 终究不甘心湮灭沉寂
坚硬的骨骸 对你的绵绵情意
而我已成化石 就在梦醒时
我生前体色光鲜亮丽

也曾吼声震天好威仪
如今又有谁知 有谁知

呜呼 往日烟消云散
明天就要站在博物馆展览
眼看着放暑假的小孩来来往往

忘掉吧 一切看淡 忘掉那忧伤
化石一具又怎样
只愿再一次见到你 再一次见到你

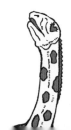

2

长到极致，灭绝

生物总在不断地进化，至于进化的方向是否正确，谁也不知道。不过，一旦演化到形形色色的极端，难以生存的可能性就会很大。

只恨长到极致了

下巴太笨重，灭绝

铲齿象

"**怎**么看——都是——象。"嘿，眼睛往哪里瞄呢？**别装蒜，明摆着在瞅俺的下巴嘛！**别看下巴伸出去老长，俺好歹也是如假包换的象。可不是什么冒牌货哦！

俺就用这扁平的活像铲子的牙齿来挖草的根、割树的枝、剥树的皮来吃。你大声叫好？

没和你开玩笑

36

说明你太天真！**告诉你，笨重得要死啊！**

本来就长了颗大脑袋，还要用这牙齿挖土剥皮，早都算得上苦行了，是不？ 还有，嚼东西太费劲。吃饭的时候在下巴上挂一个哑铃，你能想象不？吃力不讨好不说，有啥意义嘛，是不？这就是俺。

这副德行让俺光是吃饭就已经累得筋疲力尽，所以，在消失之前最终也没能留下个一子半孙的。老天耍俺呢！

灭绝时间	新近纪（中新世后期）
体形大小	肩高 2m
栖息地	非洲、欧亚大陆、北美洲
食物	草、树皮等
物种分类	哺乳类

马后炮

该长长的只能是鼻子，是不？

象科动物在身体变庞大的同时，上唇与鼻子合为一体后随之长长，这样，即使身体再庞大，不用下蹲也能喝到水。铲齿象的情况是，不仅鼻子，连下颌也跟着长长了，前端还长着龅牙一样的牙齿。今天的象则只有鼻子是长的，上面的前齿进化成了两颗獠（liáo）牙。不过，曾经也存在过长着4颗獠牙的象科动物，它们下面的前齿也变成了獠牙。

前寒武纪

		古生代					中生代			新生代		
寒武纪	奥陶纪	志留纪	泥盆纪	石炭纪	二叠纪	三叠纪	侏罗纪	白垩纪	古近纪	新近纪	第四纪

37

牙齿

光长不掉，灭绝

我知道我的牙齿很碍事，可我割舍不掉，因为这一颗一颗的牙齿记录着我的战斗史。

我还是个孩子的时候，牙齿不长这样，没有卷成螺旋状。可是随着成长发育，一圈、两圈、三圈……**新牙一颗接一颗长在外侧，旧牙慢慢卷进了内侧。**

我实在害怕我的螺旋牙，它们简直就像口中怪兽。

这怪兽究竟打算长多大？就不怕得口腔炎？各种各样

年纪越大，嘴里的螺旋越大

太陆鲨

的恐惧不安在我的脑海里不停地浮现又消失。

　　不过，这也是为了使我们变强大的一种考验。我们就靠着这副牙齿捕食菊石之类的动物，存活了长达 6000 万年。

　　只是后来鱼龙*出现了，它们能依靠细长的嘴敏捷地捕食猎物。

　　在猎物被抢走的那一刻，我不禁感叹："按道理就应该是这样啊！"

　　然后，我们就灭绝了。

*参见第 8 页

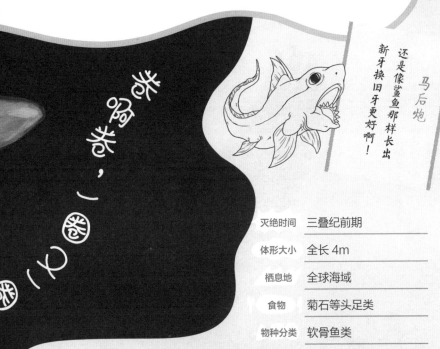

马后炮

还是像鲨鱼那样长出新牙换旧牙更好啊！

灭绝时间	三叠纪前期
体形大小	全长 4m
栖息地	全球海域
食物	菊石等头足类
物种分类	软骨鱼类

　　太陆鲨下颌长有螺旋状的齿列，上颌没有牙齿。这种奇特的生物似乎是近似鲨鱼或鳐鱼的银鲛的近亲。虽然不十分清楚像这样留下旧齿的优势在哪里，但也有一种说法认为，圆盘锯似的牙齿，对于牢牢抓住滑溜溜的菊石等头足类的动物是最适合的。然而，当同样以头足类为主食的鱼龙一出现，如同更新换代一般，太陆鲨便销声匿迹了。

	古生代							中生代		新生代		
前寒武纪	寒武纪	奥陶纪	志留纪	泥盆纪	石炭纪	二叠纪	三叠纪	侏罗纪	白垩纪	古近纪	新近纪	第四纪

数量铺天盖地，灭绝

嘀——☆我们是和平的象征——鸽子！

"天高任鸟飞"，这句话说得真对！

家族鼎盛时期，我们多达 50 亿只哩！我们一扇动翅膀，天空立刻变阴暗。振翅声震天响，甚至妨碍了交谈。**据说我们飞走后鸽粪成堆，像下了一场雪。**是不是有那么一点梦幻色彩？！♪

为了寻找食物，我们每年都会在加拿大和墨西

旅行鸽

其实肌肉相当健美

白头海雕
也甘拜下风

哥之间飞来飞去。然而有一天，人类冷不防地朝我们开了枪，砰砰砰！

由于我们数量繁多，随随便便开几枪也一定能打中好几只。所以，为了谋求肉和羽毛，**他们一天能猎杀 20 万只！**

我们也认为自己繁殖过量了，可人类也做得太过分了，对吧？

假如分成小群体，不张扬，没准能躲过猎杀？

马后炮

灭绝时间	1914 年
体形大小	体长 40cm
栖息地	北美洲
食物	种子、果实等
物种分类	鸟类

据说旅行鸽曾经是鸟类史上数量最多的野鸟。它们的寿命很长，一般通过结成大群来躲避白头海雕等天敌的捕食，以保全性命。不过，它们的繁殖力低下，一年只产 1 个蛋。由于长期定居在一个地方容易把植物吃光，所以它们过着时常迁徙的生活。来自欧洲的移民于是埋伏在它们的迁徙路线上，把它们捕杀精光。

	古生代						中生代			新生代		
前寒武纪	寒武纪	奥陶纪	志留纪	泥盆纪	石炭纪	二叠纪	三叠纪	侏罗纪	白垩纪	古近纪	新近纪	第四纪

直挺挺不会拐弯，灭绝

不 行不行！突然拐弯我办不到。请看这里，看这只壳。**有近 10m 长呢！**

"把壳缩短呢？"——请不要把事情说得这么简单。**没有了壳里的液体，就没法掌握平衡。**你说的我都明白，这只壳的确太笨重，导致行动迟缓，而且也没法迅速改变方向。

我们头足纲里有一种鹦鹉螺*，它们外壳卷曲，

房角石

啊！

猎物突然拐弯

干练利索……说实话，我也不是不羡慕它们。

　　不过我们好就好在身体直挺挺。抓猎物三叶虫的时候，也当真必须提前考虑好角度。如果等临时再决定"还是走这边"，猎物就跑了，就应付不过来了。**我们只能嗖地笔直通过，嗖地笔直。**

＊参见第 138 页

像鹦鹉螺那样把外壳盘卷起来，行动大概更方便？

马后炮

一个方法啊，你说啊

灭绝时间	奥陶纪中期
体形大小	全长 7.5m
栖息地	北美洲
食物	节肢动物（三叶虫等）
物种分类	头足类

　　房角石虽然拥有巨大的壳，但内体大约仅占外壳整体的六分之一，剩余的空间分为几个小房室，它们是通过调整其中液体的含量来实现上浮或者下沉的。据说房角石是奥陶纪最大的动物，并不存在某个特定的天敌。可以认为是野蛮生长的结果使它们跌到了海底，最终因为体形巨大、行动迟缓而招致了灭绝。

	古生代					中生代			新生代		
前寒武纪	寒武纪	奥陶纪	志留纪	泥盆纪	石炭纪	二叠纪	三叠纪	侏罗纪	白垩纪	古近纪	新近纪	第四纪

外壳一般长这样

外壳七弯八绕，灭绝

生存方式确定不下来

本酋也不理解的谜样进化

日本菊石

44

刚刚在心里惊叫"啊……"，对不对？没关系、没关系。你这种表情我早看习惯了。

真的，就算你认为**"外壳的形状真像一坨屎"**也没关系。

不过，别看我长成这副样子，我也曾经是大大繁盛的菊石家族的一员哟。说是这么说，可我不过就是在菊石的历史末期出来晃了一晃的怪物。

我也知道，实际上人类管我叫"怪异盘卷"什么的。所以啊，我的性格也是很怪异、扭曲的，哈哈！

不过呢，虽然外壳的形状看起来很复杂，但身体的构造其实和所有菊石是一模一样的。

唉，在此之前的 3 亿 5000 万年都一直是漂漂亮亮的螺旋卷。

想着"是时候重新设计一下啦"，结果，没想到设计失败了，哈哈。

灭绝时间	白垩纪后期
体形大小	外壳直径 2cm
栖息地	日本、英国、马达加斯加、美国
食物	甲壳类、鱼尸等
物种分类	头足类

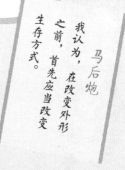

马后炮

我认为，在改变外形之前，首先应当改变生存方式。

菊石亚纲在从古生代到中生代长达 3 亿 5000 万年的时间里曾经盛极一时。但是，在中生代末期的白垩纪，它们的数量骤减。日本菊石恰恰出现在这个时期。尽管日本菊石的外壳演化出了和以往的菊石有所不同的盘卷方式，但这似乎并不怎么有利于生存，所以在短时间内就灭绝了。

	古生代						中生代			新生代		
前寒武纪	寒武纪	奥陶纪	志留纪	泥盆纪	石炭纪	二叠纪	三叠纪	侏罗纪	白垩纪	古近纪	新近纪	第四纪

美丽绝伦，灭绝

外表像羊，其实属牛科

蓝马羚

好痛苦！这内心的痛楚什么时候才能消散？

我们过去生活在辽阔的南非草原上，然而，大约从 3 万 5000 年前开始，**草原上一棵接一棵地长出树来，我们的居住空间便缩小了。**

没办法，我们只好去寻找一块一块的小草甸，五六只结成一群在那里生活。

这时，人类来了，来淘金，来挖掘钻石。没想到他们一见到我们，就开始了猎杀。

肯定是这身蓝色的毛皮太罕见的缘故吧？ 被杀的同伴有的被剥制成标本，有的被加工成毛皮大衣出售。

200 年前，最后一只蓝马羚咽了气，我们就从这个世界上销声匿迹了。

灭绝时间	约1800 年
体形大小	体长 2m
栖息地	南非
食物	草
物种分类	哺乳类

如果体色朴素一点，也许就不会被盯上了。

马后炮

蓝马羚的毛是蓝色的，这在哺乳类里面非常罕见。保存在博物馆内的蓝马羚，毛皮已经褪色成了浅灰色，真不知道它们活着的时候，毛皮是如何美丽的蓝色。它们被人类发现时就已经为数不多，在人类以美丽的毛皮为目标开始猎杀行动后，就在大约 120 年内销声匿迹了。蓝马羚被认为是人类在非洲消灭的第一种大型动物。

前寒武纪	古生代						中生代			新生代		
	寒武纪	奥陶纪	志留纪	泥盆纪	石炭纪	二叠纪	三叠纪	侏罗纪	白垩纪	古近纪	新近纪	第四纪

「装修」过度，灭绝

猎物也很有个性

欧巴宾海蝎

特立独行的进化

48

个嘛……首先吧，**光眼睛就安了 5 只，对吧？** 而且眼睛像蘑菇那样顶得高高的，连后面都看得清清楚楚。

接着呢，在脸前面安了一根象鼻那样的长长的软管。 啊，不过这不是我的鼻子，是胳膊。

胳膊前端还安了一把螃蟹那样的钳子。 这样就可以钳住猎物送进嘴里了！我的嘴在身体下方♪

还有还有，身体两侧安了鳍，用来呼吸的鳃也在这里。我可不是忘记装它们了哟。

还有什么呢……也就是尾巴部分安成了虾尾那样的形状吧。

啊，我想起来了！**身体下方安了好多瘊（hóu）子那样的小小脚！** 因为我想在海底拖地行走！啦啦啦——♪

我就像这样安了这个安那个，没注意跟上环境的变化，结果就死了。

灭绝时间	寒武纪中期
体形大小	体长 5cm
栖息地	加拿大、中国
食物	潜藏在沙底的软体动物
物种分类	不明

早知道就适可而止了。

马后炮

据说，当欧巴宾海蝎（xiē）的复原图在学会上被公开时，众多生物学家都认为"它不可能存在"，整个会场哄堂大笑。实际上，它们那拥有软管、钳子、5 只眼睛和许多鳍，甚至有脚的形态是从未所见、独一无二的。由于在这之前并没有发现具有相似特征的动物，可见，附带过多零部件也许并不利于死里逃生。

	古生代					中生代			新生代		
前寒武纪	寒武纪	奥陶纪	志留纪	泥盆纪	石炭纪	二叠纪	三叠纪	侏罗纪	白垩纪	古近纪	新近纪	第四纪

爱上了家马，灭绝

欧洲野马

牧场主气得直跳脚

被攻陷的斯佳丽小姐

为爱私奔

嗨！ 辛苦了！怎么啦，没精打采的？一起去吃饭？怎么样，新鲜的草你喜欢吗？

啊——想起来了……过去我也经常这样约斯佳丽来着……怎么说呢，本来我们和家马是同一个物种，却不料 6000 年前，人类出手了，**被人类驯服的家伙成了家马，没被驯服的家伙就还是野马。**

所以，接下来的一段时间，我们和家马分开生活。大概 200 年前吧……人类数量增加，我们失去了居住的地方，于是靠近了牧场。然后，我有了触电的感觉："**斯佳丽偏偏就在那牧场里，这就叫命中注定吧！**"

我爱得无法自拔，终于说服斯佳丽，并把它带出了牧场。随后，我们的孩子越来越多。**一不留神，孩子们都被同化成了家马。** 哎呀——恋爱也是一种罪过啊！

灭绝时间	1909 年
体形大小	肩高 1.2m
栖息地	欧洲
食物	草
物种分类	哺乳类

马后炮 不去靠近人类就好啦！

人类大约从 6000 年前开始把欧洲野马作为家畜饲养，起初仅是为了食用，自从明白了它们"能够载着人类飞奔"的道理，就把它们当成了重要家畜。尽管如此，仍然有欧洲野马幸存下来。然而，辽阔的草原面积不断缩小，导致靠近牧场的欧洲野马或被击杀，或与家马交配生下越来越多的杂种后代，最终灭绝。

前寒武纪	古生代						中生代			新生代		
	寒武纪	奥陶纪	志留纪	泥盆纪	石炭纪	二叠纪	三叠纪	侏罗纪	白垩纪	古近纪	新近纪	第四纪

营养被大角吸收，灭绝

雌鹿没有角

咕 嘎！嘘！安静！我的角哟……实在没想到会变成这样。**咕嘎！钙质源源不断地被角吸收走了……**

我、我为了同那个"她"结合，必须在同其他雄鹿的战斗中取得胜利。所以我向老天祈祷：**请让我的角长得更强壮、更坚硬、更大！**

但、但是……角的生长速度远远超出了我的想象。

大角吸走了营养，甚至让身体的骨骼变疏松了！ 更加致命的是，森林减少，食物也减少了。怎奈我们动不动就骨折，没法四处转悠。

咕嘎……这就叫绝望吧。突然觉得……很困……请帮我……早点摆脱……这大角……

大角鹿

极度缺钙

早知道这样，哪怕吃点蛋壳补充钙质也好啊！

马后炮

灭绝时间	第四纪（更新世末期）
体形大小	肩高 2m
栖息地	欧亚大陆
食物	植物
物种分类	哺乳类

　　雄性大角鹿的鹿角宽达 3m，重达 45kg。背负着这样的大角，恐怕连轻轻松松地喝水、吃草都办不到。另外，它们的角一年一换，换角期间需要大量的钙与磷。然而，由于更新世晚期森林减少，加上营养又被大角吸收掉，大角鹿就无法给身体补充足够的营养了。因此，可以认为大角鹿是由于骨质疏松而导致灭亡的。

	古生代						中生代			新生代	
前寒武纪	寒武纪	奥陶纪	志留纪	泥盆纪	石炭纪	二叠纪	三叠纪	侏罗纪	白垩纪	古近纪	新近纪	第四纪

鸟喙极其特别，灭绝

长嘴导颚雀

嘶——

没有这种花就活不下去

54

也就是说，你想要知道我灭绝的原因？唔，如果说硬要找一个失败的原因，**那大概就是让鸟喙的形状过度"特化"了吧。**

我们夏威夷吸蜜鸟属已经得到确认的物种有 32 种，为了避免在夏威夷群岛上起内讧，**我们配合各自的食物实现了演化，使喙的长度及形状有着微妙的差异。**

我专门承包蒲桃⋯⋯承让承让！ 全名叫作夏威夷蒲桃，是花的名字，绝对不是那种酸酸甜甜的水果，这一点请不要误会（笑）。

嗯，多亏了这长长的喙，我才能独占蒲桃花蜜，可人类的到来影响到了我承包的花，它们的数量骤减，我们也就跟着灭绝了。这怎么说呢，有点⋯⋯？

灭绝时间	1940 年
体形大小	全长 16cm
栖息地	夏威夷群岛
食物	花蜜、昆虫等
物种分类	鸟类

马后炮

对一样东西产生过度的依赖是很危险的！

通过演化，夏威夷吸蜜鸟属各自以不同的食物为食，且在夏威夷群岛各自占据一块地方栖息。长嘴导颚（è）雀演化为以吸食花瓣细长的花深处的蜜，以及啄出隐藏在树木内部的昆虫为食，结果，喙弯曲成了长长的圆弧。但是，特化的东西难以适应环境的变化，当人类移民把森林改造成农田，长嘴导颚雀便突然之间消失了踪迹。

	古生代						中生代			新生代		
	寒武纪	奥陶纪	志留纪	泥盆纪	石炭纪	二叠纪	三叠纪	侏罗纪	白垩纪	古近纪	新近纪	第四纪

喘不上气来，灭绝

巨脉蜻蜓

目的地由风向定夺

哎！让一让让一让！不好意思啦！**传说中史上最大的昆虫——我们要通过啦！**

问我目的地是哪里？这种事问风去。**虽然和蜻蜓长得一模一样，可是我们几乎不会扇翅膀。**到哪里都是乘着风飘飘悠悠，♪正所谓随心所欲地浪漫飞行哟！

我们生活的年代氧气浓醇味道好，如今的空气中氧气占 20％，那时候可是占 35％哟！嘶——地直通腹部，爽啊！所以我们才能长到这么大嘛！

但是，慢慢地，陆地上庞然大物越来越多，**大家伙儿凑在一块儿吸氧，氧气就越来越稀薄了。**

所以我们就喘不过气来了，"嗵"地坠落到了地面上！♪

体长是马大头的6倍

马大头（学名"大蜻蜓"）

灭绝时间	石炭纪末期
体形大小	翼展 70cm
栖息地	欧洲
食物	昆虫
物种分类	昆虫类

马后炮

身体越庞大，呼吸
起来也就相应地更
加费劲。

　　昆虫没有像人类这样的肺，它们通过身体侧面开的小孔（气门）直接为身体吸取氧气。这种方式效率不太高，一旦身体变大，让氧气行遍全身的难度就会增加。巨脉蜻蜓繁盛的时代氧气浓度比较高，但随着陆地上动物增多，空气中的氧气浓度相应地降低，巨脉蜻蜓不再能够随心所欲地呼吸，便灭绝了。

		古生代					中生代			新生代		
前寒武纪	寒武纪	奥陶纪	志留纪	泥盆纪	石炭纪	二叠纪	三叠纪	侏罗纪	白垩纪	古近纪	新近纪	第四纪

剑齿虎

没头脑，灭绝

啊！

剑齿虎老哥，你好啊！听说你最近搬到这一带来了。

老觉着……**俺们两个看上去长得像极了！**机缘巧合啊！

啥？俺可没有模仿你哦！用不着这么凶巴巴地瞪着俺吧。

确实，**俺俩不但长相差不多，连盯上的猎物和狩猎方法都差不离**……就让俺俩通力合作吧！

……啥？无视俺？难不成你就是故意的？老是抢先一步把俺的猎物给抢走？

说来难为情，**俺不擅长琢磨来琢磨去。**当俺优哉游哉去狩猎的时候，老见不着猎物，实在伤脑筋啊！

可以的话，给俺留一点点猎物，就算帮了俺的大忙啦……

脑子不大好使

獠牙收纳袋

袋剑齿虎

灭绝时间	新近纪（上新世后期）
体形大小	体长 1.5m
栖息地	南美洲
食物	大型哺乳类
物种分类	哺乳类

马后炮

与其让獠牙长得老长，还不如多锻炼锻炼头脑……是这么个理儿吧？

　　袋剑齿虎（有袋类）与剑齿虎（真兽类）尽管属于不同物种，外表和狩猎方式却如出一辙。据信，决定它们谁胜谁负的因素是"头脑"。从身体构造的角度来说，真兽类的头脑比有袋类更加发达。因此，和能够想出高效狩猎方法的剑齿虎抢夺猎物的结果就是袋剑齿虎落败了。

	古生代						中生代			新生代		
前寒武纪	寒武纪	奥陶纪	志留纪	泥盆纪	石炭纪	二叠纪	三叠纪	侏罗纪	白垩纪	古近纪	新近纪	第四纪

既不耐热又不抗冻，灭绝

喂! 我说鳄鱼公！阁下有何脸面从我的地盘穿过去？

你说"觉得我看起来很难受"？谁说不是呢！**天气太热，我忍受不了。**身躯如此庞大，冷却下来费时间，呆子！

嗯？"那搬到凉快的地方去呢？"说得

泰坦蟒

好听！**我更讨厌寒冷！**阁下难道不知道我无法自行调节体温吗？一旦气温低于 30 摄氏度，我便动弹不得啦！

知道吗，鳄鱼公？**天下万物，有利就有弊。**躯体小的生物虽然弱小，但轻便灵活；庞然大物虽强大，却笨拙不灵便。

所以，当气温升高一点点，我便立马灭绝了，呆子！

全长 13m、直径达 1m、史上最大的蟒蛇。据推测，其体重超过 1t，是现今地球上最重的蛇——亚马逊森蚺（rán）的 5 倍。泰坦蟒被认为是恐龙灭绝后在水边向大型化发展的，它们以鳄鱼等大型动物为食，一度横行无忌。然而，过度大型化导致它们无法自如地调节体温，只能在 30 ~ 34 摄氏度的温度范围内生活，气温一升高便绝种了。

马后炮

假使生来体格稍微再小一点就好啦！

绿灵迪鳄鱼存活下来

灭绝时间	古近纪（古新世）
体形大小	全长 13m
栖息地	南美洲
食物	鳄鱼
物种分类	爬行类

	古生代						中生代			新生代		
前寒武纪	寒武纪	奥陶纪	志留纪	泥盆纪	石炭纪	二叠纪	三叠纪	侏罗纪	白垩纪	古近纪	新近纪	第四纪

鹿角过于华丽，灭绝

熊氏鹿

男性美学的理想形态

62

你! 要不要到这边来听一听我的故事再走?

OK，乖孩子。瞧瞧这鹿角，超酷不是? **瞧这尖尖，有 30 个以上的分支哟!** 咻! 简直就是爱的迷宫……OK，刚才的话还是忘了吧。

我吗? 我的**角被树枝挂住了，一动不能动。** 原先我是生活在森林里的，不过中途转移到视野开阔的湿地来了。**为什么? 因为角容易被树挂住!** 然而，大量的人类移居到了那块湿地。

拜他们所赐，不仅草少了，**我的角还被猎人给盯上了，就为了装饰墙壁或者制成中药。** 人类啊，当真吃不消他们。

话说回来，你，能快点帮我把角从树枝上拿开吗?

灭绝时间	1938 年
体形大小	肩高 1.2m
栖息地	泰国
食物	草
物种分类	哺乳类

马后炮

还是日本奈良鹿的那种简洁的鹿角更好吧?

大多数的鹿科动物栖息在森林中，以柔嫩的树叶为食，但熊氏鹿由于角越长越大，容易被树枝挂住，所以越来越难以在森林生活，于是，迁徙到泰国湄南河周边的湿地改吃柔嫩的草。后来那里发展成为泰国的首都，熊氏鹿的栖息地变成了田地，漂亮气派的鹿角成为人类狩猎的目标，于是它们最终灭绝。

	古生代						中生代			新生代		
前寒武纪	寒武纪	奥陶纪	志留纪	泥盆纪	石炭纪	二叠纪	三叠纪	侏罗纪	白垩纪	古近纪	新近纪	第四纪

63

背上的帆太碍事，

灭绝 长棘龙

啊 呀呀呀呀呀，又卡住啦！一天到晚背着这东西，快把我累死啦！

我背上的帆够气派吧！ 很久以前，它还是大伙儿憧憬的对象呢！在我们繁盛的时期，天气格外寒冷，大家伙儿要是不长时间沐浴阳光把身体晒暖和，就没法动弹。但是我们**凭借着这张大帆吸收到了大量阳光。** 所以，我们能够比其他动物早一步活动，也能够尽情地捕食猎物。那是个多么美好的时代啊！

没想到……哼！没过多久，地球的气温居然上升了！

这么一来，突然之间其他动物就四处自由地活动开了。 而我的帆已经成了累赘（zhuì）。

结果，猎物和栖息地被夺走，我们也就灭绝了。

拐个小弯都办不到

马后炮

如果背上的帆能演变成可折叠式的就好啦！

灭绝时间	二叠纪前期
体形大小	全长 3m
栖息地	美洲
食物	大型动物
物种分类	合弓类

长棘龙乍看像恐龙，其实属于介于两栖类与哺乳类之间的、叫作"合弓类"的类群。长棘龙在二叠纪前期盛极一时，是当时最大级别的食肉动物。那时气温较低，因此，"背上的帆"可以帮助它们吸收大量早晨的太阳光，使体温迅速上升，发挥了非常大的作用。但是，一旦气候变得温暖，"帆"就失去了优势，它们也就逐步走向了灭亡。

		古生代						中生代			新生代		
前寒武纪	寒武纪	奥陶纪	志留纪	泥盆纪	石炭纪	二叠纪	三叠纪	侏罗纪		白垩纪	古近纪	新近纪	第四纪

抱歉抱歉！这副模样来见人，失礼失礼。呀——托您的福，身体一个劲儿地在长大呢。不不不，这没什么大不了的！**因为全长 35m 当中有一半是脖子的长度。**

什么？"佩服佩服？！"**正如您所说，给这长脖子做保养工作可不容易呀！**即便如此，你看，我把脖子的骨头变轻了，自认为还是下了一番功夫的。就是进展不怎么顺利。

考虑到万一脖子骨折可不得了，我就把脖子根的骨头加固了。这下可好，**转动起来不顺畅了。**如果说钟表上的 9 点是脖子保持笔直的状态，那么向上我只能抬到 10 点左右的位置。

所以，我无法像长颈鹿那样吃到高处的树叶。

不过水平方向还是可以移动的。我就不逞强了，只吃和我的肩差不多高的叶子就好，所以真的不必为我担心啦！

自己的躯体看着看着近离得远

脖子太长，灭绝

马门溪龙

灭绝时间	侏罗纪后期
体形大小	全长 35m
栖息地	中国
食物	树叶
物种分类	爬行类

马后炮

把脖子再稍微缩短一些，让它转动得更加自如一些，这才是正确答案。

恐龙中体形尤其巨大、拥有长颈长尾的类群叫作"蜥脚类"。马门溪龙被认为是其中脖子最长的一种，它们不大走动，就近以广大范围内的植物为食。然而，由于过度增强了支撑长脖子的骨头的强度，它们的脖子似乎只能上下左右各移动 30 度。这样的话，无论从哪个角度看都谈不上活动自如，所以，它们没有进一步扩大栖息地就灭亡了。

	古生代						中生代		新生代		
前寒武纪	寒武纪	奥陶纪	志留纪	泥盆纪	石炭纪	二叠纪	三叠纪	侏罗纪	白垩纪	古近纪	新近纪	第四纪

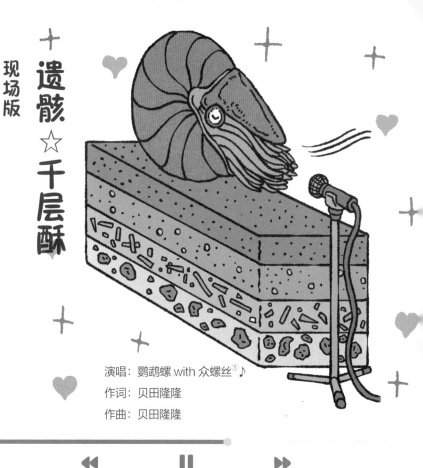

茶歌❷——地层之歌

现场版

遗骸☆千层酥

演唱：鹦鹉螺 with 众螺丝①♪

作词：贝田隆隆

作曲：贝田隆隆

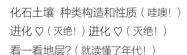

♪ 我有一个比喻有点特殊（哦？）
　地层层叠层 就好像千层酥（怎么说！）

　年代越古老 越该往下层找（找什么？）
　沙子小石粒 堆积有顺序（哇噢！）

　进化♡（灭绝！）进化♡（灭绝！）
　看一看地层？（就读懂了年代！）

　还有一个发现好神奇（哦？）
　地层层叠层 一个年代一种颜色告诉你
　（怎么说！）

　时代变迁 跟随着万化千变（变什么？）

化石土壤 种类构造和性质（哇噢！）
进化♡（灭绝！）进化♡（灭绝！）
看一看地层？（就读懂了年代！）

嘿 生物 天地生万物……有生就有死
规则早已经注定……（哭！）
注定成为 成为地层 地层的一部分
（注定成为注定成为！ 这叫天命难违！）

进化♡（灭绝！）进化♡（灭绝！）
看一看地层？（就读懂了年代！）

① 鹦鹉螺的粉丝简称"螺丝"。——译者注

3

只恨笨手笨脚啊

笨手笨脚，灭绝

呼吸、吃饭、睡觉，
单单活着就已经足够努力，
笨手笨脚又有什么关系？
只不过可能会灭绝罢了。

不会正经地飞翔，灭绝

好! 再来一次! 这回肯定能飞，嗯，起飞。我感觉好像已经掌握动作要领了。

哈哈，其实我早就知道了哟……**没错，我不是鸟类的祖先。**今天的鸟类的祖先另有其人，我并没有留下子孙……事实就是这样，对吧? 傻瓜，别愁眉苦脸的。来，笑一个笑一个!

确实，我的肌肉有点少。不过你看，**我也是有翅膀的，而**

2只

不会飞却有5只翅膀

始祖鸟

5只

4只

3只

啪嗒 啪嗒 啪嗒

且有 5 只！ 尽管不擅长往上飞，可从高处飞下来我很在行啊！

再说骨头中空，所以身体轻盈。你看，这样子帅不帅？

好了，好像又来精神了！多谢你听我讲我的故事！我用不

着再理会什么重力了，飞吧！……哎呀，奇怪了！

1 只

马后炮

如果肌肉强劲有力，翅膀扇动起来虎虎生风就最好不过了。

明明是鸟，

却有两大排牙齿

灭绝时间	侏罗纪后期
体形大小	全长 50cm
栖息地	德国
食物	昆虫
物种分类	鸟类

　　始祖鸟虽然拥有近似于鸟类的翅膀，但同时也拥有鸟类没有的"前肢爪""尾巴""牙齿"，外形处于由恐龙向鸟类进化的过渡形态。尽管无法振翅飞翔，但却可以张开翅膀像鼯（wú）鼠那样滑翔。然而它们并不是今天的鸟类的直接祖先。在今天的鸟类的祖先，即会飞的鸟出现之后，始祖鸟便被夺去了栖息地和食物，走向灭绝。

	古生代						中生代		新生代		
前寒武纪	寒武纪	奥陶纪	志留纪	泥盆纪	石炭纪	二叠纪	三叠纪	侏罗纪	白垩纪	古近纪	新近纪	第四纪

肌肉柔韧性差，灭绝

嘘

——安静！猎物好不容易来到附近了，一有响动，不就让它给跑了嘛！

也许我确实属于孔武有力的一类。我的獠牙很长，过去也曾经有过笑傲群雄的时候。

不过，有句话不是说"过犹不及"吗……

我跑不快，都是这身肌肉害的。

猛犸象图片：水墨画笔绘·周

剑齿虎

相反，我的尾巴却短得离谱，导致我没法掌握平衡，**迅速移动的能力等于零。**想要"正正好"真难啊！

多想回到有猛犸象、大地懒这些庞大又行动迟缓的动物生活的时代啊！

如今，我不得不面对那些身手敏捷的对手，吃不消啊！

所以，我才从下风向悄无声息地、偷偷地靠近。别碍事儿，算我求你！

飞奔如闪电的叉角羚

咻

躯体还是得像猎豹那样具备超强的柔韧性啊！

马后炮

灭绝时间	第四纪（全新世）
体形大小	体长 1.2m
栖息地	北美洲、南美洲
食物	大型哺乳类
物种分类	哺乳类

　　剑齿虎惯用的捕猎方式是瞄准猛犸象之类行动迟缓的大型兽类，用前肢将其控制住以后，再用大獠牙将其撕裂。它们虽然属于猫科动物，但四肢和尾巴较短，脖颈周围肌肉发达，体形壮硕，似乎并不擅长跳跃或爬树。据信，正是因为这样，在大型兽类绝种，无法捕捉到行动敏捷的猎物的情况下，剑齿虎走向了灭绝。

	古生代						中生代			新生代		
前寒武纪	寒武纪	奥陶纪	志留纪	泥盆纪	石炭纪	二叠纪	三叠纪	侏罗纪	白垩纪	古近纪	新近纪	第四纪

呦 ——兄弟，就是你们抢走了本该属于我们的人类宝座。5万年前叫我永世难忘。我遇到你，关系 so good，结果**全泡汤**。

我像铁棍一样，你如火柴棍一般，谁胜谁负一目了然。我胜券在握理所应当。万万没想到形势逆转，**你们集体进攻，我们只剩求饶阵脚乱。**

我们不会假设，更不会想象。**你们信仰神，我们相信肉。**地球上的肉全都是我的，和我抢食的家伙就是畜生。**什么生活靠通力合作，我们想都不曾想。耶**！

我们结不成群体，因为缺乏足够的信任心理。对不起了，神明、朋友、亲人！还有，绝对不能忘记对别人心怀感激。现如今我相信了，相信**爱与和平**。**耶**！

想象力匮乏，灭绝之

尼安德特人

74

肉

神

人

灭绝时间	第四纪（更新世后期）
体形大小	身高 1.6m
栖息地	欧洲
食物	猛犸象、鹿等
物种分类	哺乳类

马后炮

四海皆兄弟的精神才
是你们制胜的法宝啊，
伙计！

尼安德特人和我们（人类）在生物学上关系非常密切，而且，他们的肌肉更加发达，力量更强大，脑容量也更大。尽管如此，他们却最终灭亡了。有一种说法认为，这是想象力匮乏造成的。人类可以通过想象一位共同的神明来巩固群体的团结协作，相比之下，他们只能结成以家庭为单位的小团体。也就是说，他们最终输在了"数目"的力量上。

	古生代						中生代			新生代		
前寒武纪	寒武纪	奥陶纪	志留纪	泥盆纪	石炭纪	二叠纪	三叠纪	侏罗纪	白垩纪	古近纪	新近纪	第四纪

逆袭，灭绝 遭遇鲸鱼

嗖嗖嗖！

虎鲸也是鲸

 快躲开快躲开快躲开！虎鲸来了，这回危险了，危险了！

不行不行，赢不了。打不过虎鲸。那家伙格外凶猛不说，**还超——快！**我虽然身体庞大，可动作太慢，打不过！

海水还温暖的时代真好啊！我专吃鲸鱼。**过去的鲸鱼，块头不怎么大，游得也不快，我尽可以从从容容地四处捕食。那叫一个"畅吃"。**

谁承想海水慢慢地变冷了。太冷了，我慢悠悠移动几下都得铆（mǎo）足劲儿，可**这些鲸鱼反倒向提高速度的方向进化了。**

再也吃不到鲸鱼不说，最终还诞生出了虎鲸这种迅猛的怪物，就知道死盯着我。**进化这东西，简直太无情了！**

貌似迅猛，其实迟钝得很

一颗牙齿就长达 17cm

巨齿鲨

灭绝时间	新近纪（上新世中期）
体形大小	全长 12m
栖息地	热带至温带海域
食物	鲸鱼
物种分类	软骨鱼类

马后炮

如果能像鲸鱼那样保持体温稳定，我也能游得特别快！

有一种巨型鲨鱼，体长是因电影《大白鲨》而闻名的大白鲨的 3 倍，体重重达大白鲨的 27 倍，它就是巨齿鲨。它们一度以体长约 4m 的鲸鱼为猎物，但是，当海水水温一下降，形势便发生了逆转。鲸鱼能够不受水温影响而活动自如，鲨鱼的动作却变迟钝了。而且，鲸鱼进化后实现了提速，终于逃离了巨齿鲨的魔爪。

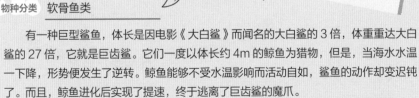

前寒武纪	古生代						中生代			新生代		
	寒武纪	奥陶纪	志留纪	泥盆纪	石炭纪	二叠纪	三叠纪	侏罗纪	白垩纪	古近纪	新近纪	第四纪

牙齿软弱
无力，灭绝

奇虾

硬邦邦

别看我样子长得凶残，其实嘴巴敏感脆弱得很 ♡

是不是傻？！这不又是坚硬的三叶虫嘛！居然敢叫我吃这种东西！

喂！你晓得我是谁吗？**我才是寒武纪之王——奇虾！** 那个年代净是顶多 10cm 长的小东西，能长到 1m 大的动物，也就数我了。

而且，我的眼睛好得不得了。 我还能随意改变眼珠的朝向。过去，我就是靠这对眼睛发现柔软又美味的三叶虫，吃得心满意足的。

万万想不到那些家伙把壳演化得越来越硬， 甚至长出满身刺来保护自己，还真来劲了……！

我这不是牙齿软弱无力，吃不了嘛！喂——有人吗？给我拿刚刚蜕皮的三叶虫来！

要长就该长坚硬的牙齿，起码能够咬碎硬壳。

马后炮

灭绝时间	寒武纪中期
体形大小	全长 1m
栖息地	北美洲、中国
食物	三叶虫等
物种分类	奇虾类

在寒武纪的海洋里，君临天下的最大的动物，就是奇虾。它们拥有在当时来说特别发达的眼睛和鳍；虽然没有脚，但似乎可以用头部前端的两只粗大的触角抓住并举起猎物，送到圆形的嘴里吃掉。然而，它们吃不了太硬的东西，随着身体坚硬的动物逐渐增加，它们也就灭亡了。

	古生代						中生代			新生代		
前寒武纪	寒武纪	奥陶纪	志留纪	泥盆纪	石炭纪	二叠纪	三叠纪	侏罗纪	白垩纪	古近纪	新近纪	第四纪

胃口超级大，副巨犀

灭绝

好吃！好吃好吃好吃吃吃！这树叶……这香醇！叫我如何控制得住食欲啊！

哎呀呀，失礼了。如你所见，**我的身躯硕大无朋，从地面到头顶高达 7m。**因此假如一天不持续进食 20 小时左右，我是活不下去的。嗝（gé）儿！

说起来，曾经有同伴因为身体过重，不小心一脚踏进沼泽，跌倒进去后爬不上来，最后沉下去了。

然而，地球渐渐变得寒冷，空气日益干燥，唉！树木干枯，森林变成了草原。

我，**上上下下转动脖子去吃地面的草，实在吃不消……啊呜啊呜……而且量远远不够，**结果就这样死翘翘！对不起，饿死了。啊呜！

啊呜啊呜啊呜啊呜啊呜啊呜啊呜

食欲是大象的10倍

犀牛之辈显得像小孩

灭绝时间	古近纪（渐新世后期）
体形大小	肩高 5.5m
栖息地	欧亚大陆
食物	树叶、树枝等
物种分类	哺乳类

多么希望能学会吃草
啊！啊呜啊呜！

马后炮

史上最大的陆生哺乳类动物便是副巨犀。它们是犀牛的近亲，体重高达黑犀的近20倍（20t）。尽管没有犀牛那样的角，但雄性副巨犀似乎擅长转动长脖子发动顶头攻击。副巨犀一度利用身高优势独霸高大树木的树叶，但当气候变得干燥、树木减少，它们得不到充足的食物便灭绝了。

	古生代						中生代			新生代		
前寒武纪	寒武纪	奥陶纪	志留纪	泥盆纪	石炭纪	二叠纪	三叠纪	侏罗纪	白垩纪	古近纪	新近纪	第四纪

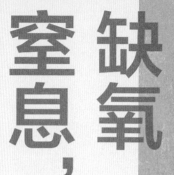

缺氧

窒息，

灭绝

生可知道"盛者必衰"这个词？**说的就是无论多么强大的事物也迟早会衰弱下去的意思。**

鄙人——3 亿 5000 万年前的海洋霸主，也是一样。**鄙人的身躯被板状骨头覆盖，坚硬如铠甲。**

身量也有 10m 长，相当之大。咬合力在霸王龙之上，真正的天下无敌。

这样的鄙人，**竟然被区区不足 1mm 大的浮游植物＊害得灭亡，**命运可真会恶作剧啊！

鄙人所处的年代，陆地上出现了巨大的植物。

这些植物枯死后漂到海里，浮游植物便拿它们当营养品，得以大量繁殖。

拜这些浮游植物所赐，海里不再具备充足的氧气，我们全族也因此全体窒息而亡。何其懊悔！

＊
浮游植物：像植物一样依靠吸收太阳光来合成能量的、在水中漂流的生物。

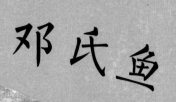

邓氏鱼

装备有最强的铠甲

咬合力不是盖的

灭绝时间	泥盆纪后期
体形大小	全长10m
栖息地	北美洲、非洲
食物	鱼
物种分类	盾皮鱼类

马后炮

这也是生在那个年代的宿命。无可奈何。

邓氏鱼盛极一时的泥盆纪，是陆地上首次出现树木的年代。不过，能够分解植物的蘑菇、白蚁等还没有进化出来。因此，当大量枯死的植物从河流漂流进海洋，吸取枯木营养的浮游生物便来了一个大爆发。结果，浮游生物耗尽了海里的氧气，以邓氏鱼为首的80%以上的海洋生物随之绝种。

	古生代						中生代			新生代		
前寒武纪	寒武纪	奥陶纪	志留纪	泥盆纪	石炭纪	二叠纪	三叠纪	侏罗纪	白垩纪	古近纪	新近纪	第四纪

风不再吹，灭绝

呜呼，风不来

阿根廷巨鹰

84

托斯、温托斯①，噜噜噜噜噜……亲爱的风，请你一定要来啊！**前前后后加起来，我保持这个姿势等你已经超过 3 个小时了。**翅膀已经很累了。**另外，天这么冷，我压根儿一点准备也没有。**

温托斯、温托斯，噜噜噜噜噜……亲爱的风，你为什么总也不来呢？你不吹，我飞不了。**因为我的体重重达 80kg。**没有你，我连从空中搜寻动物的尸体来吃都办不到。

温托斯、温托斯，噜噜噜噜噜……亲爱的风，你大概是消失了吧？**肯定是地球变冷的缘故。**

想当年，天气炎热的时候，你总爱朝安第斯山脉的方向使劲地吹个没完……

① 日本世嘉游戏《刺猬索尼克》里 Wentos 的名字。Wentos 在拉丁语中是"风"的意思。——译者注

灭绝时间	新近纪（中新世后期）
体形大小	全长 1.5m
栖息地	南美洲
食物	哺乳类的尸体
物种分类	鸟类

马后炮

如果体重能够轻一些，就能够依靠自身的力量飞起来了吧！

阿根廷巨鹰是鸟类史上会飞的最大的鸟。翅膀张开，翼展达 7.2m；体重也重达 80kg。而假如鸟类想要依靠自身力量飞翔，体重顶多只能到 16kg 上下。那么，阿根廷巨鹰是怎样飞翔的？它们似乎是利用了从温热的地面吹向空中的"上升气流"。当气候转变、地球变冷，上升气流随之变弱，它们也就不能继续在空中翱翔，最终走向灭亡。

前寒武纪	古生代						中生代			新生代		
	寒武纪	奥陶纪	志留纪	泥盆纪	石炭纪	二叠纪	三叠纪	侏罗纪	白垩纪	古近纪	新近纪	第四纪

当断不断，灭绝

巴基斯坦古鲸

唔 ——怎么办呢？好犹豫啊！我应该留在陆地上吗？还是应该钻进大海里？

我吧，长着一张狼那样的脸，**却有着牛那样的蹄子，特别擅长奔跑。**

而且，我的耳骨厚实，**在水中也能清楚地听见声音，所以也能抓住鱼。**

所以呢，无论陆地还是水中，我两边都能去。不过，我并不太擅长游泳，还是应该选择陆地吧？

就在我犹犹豫豫为选择而苦恼的时候，**据说我的一部分子孙进入了大海，演化成为鲸鱼。** 它们的外表完全不像我这般可爱，演化真可怕，不是吗？

没有变成鲸鱼的子孙，由于陆地上竞争对手多如牛毛，便灭绝了。

果然就不应该想太多，就该果断地钻进江河湖海，你说呢？

陆地还是海洋，这是个问题

子孙成鲸鱼

有些时候，还是有必要果断地改变生存场所，是吧？

马后炮

灭绝时间	古近纪（始新世初期）
体形大小	体长 1.5m
栖息地	巴基斯坦
食物	鱼、小型哺乳类等
物种分类	哺乳类

　　从形貌上根本无法想象，巴基斯坦古鲸的子孙竟然是鲸鱼。巴基斯坦古鲸原本往返于陆地和水中，以捕捉鱼类等为食。在这期间，它们当中出现了相对更能适应水中生活的同类，后来演化成鲸鱼。而留在陆地上的巴基斯坦古鲸的子孙，不再进一步朝着适应陆地或海洋的方向特化，两边都不靠，最终，由于竞争对手的出现等原因而走向灭亡。

	古生代						中生代			新生代		
前寒武纪	寒武纪	奥陶纪	志留纪	泥盆纪	石炭纪	二叠纪	三叠纪	侏罗纪	白垩纪	古近纪	新近纪	第四纪

鲸鱼游到南极抢地盘，灭绝

这都是发生在大约 3300 万年前的事了。那个时候，我居住在南极大陆。

说是南极，气候可比如今温暖，也没有敌害，**我只管美美地饱餐鲜鱼，身体长得越来越大。**

有一天，我像往常一样在海里游泳，**隐隐约约地瞧见远处出现了一块从没见过的又黑又大的岩石。**咦？怪事儿啊！奇怪啊！就在我百思不得其解的时候，那块岩石离我越来越近。"啊，大事不好！"就在我醒悟的一瞬间，**岩石从正中间分裂成上下两片，一下子把眼前的鱼囫囵吞了进去。**

不记得我是怎样回到家的，只知道从那以后，明显很难捕捉到猎物了。后来才知道，**其实从那时候起，就有鲸鱼到达南极了。**

与未知的遭遇

厚企鹅

灭绝时间	古近纪（渐新世前期）
体形大小	身高1.4～1.8m
栖息地	南极大陆周围
食物	鱼、磷虾等
物种分类	鸟类

要想在猎物减少的情况下幸存，娇小的身体更合适，对不对？

马后炮

　　白垩纪末期，长期主宰着海洋的长颈龙们灭绝了。此时率先进驻海域的，便是企鹅的祖先。在身体向适应海洋而进化的过程中，它们的翅膀变厚变短，不再能够飞翔，还出现了大型化的同类。但是，当比它们晚进化的鲸鱼来到南极周围，已大型化的企鹅们便被夺去了猎物，走向了灭绝。

古生代						中生代			新生代		
寒武纪	奥陶纪	志留纪	泥盆纪	石炭纪	二叠纪	三叠纪	侏罗纪	白垩纪	古近纪	新近纪	第四纪

前寒武纪

一朝改吃草，灭绝

源源不断……

哼……事到如今还有什么好说的呢！**"完败"。单单用这两个字就足以说明原因。**

据说我的祖先原本生活在森林里，吃的是树叶。然而由于气候干旱化，森林越来越少，**它们不得不心不甘情不愿地来到了草原上。** 随后出生的，便是吃得下硬草的我了。

竞争对手多得很，可路只有一条，那就是一决胜负。

自信？谁还需要这种东西？眼前有什么只管吃就是。生存就只需要这一样。

不过……草原环境并不乐观，不是我这种"外来户"能战胜的。欧洲野马、斑马、水牛，外加高角羚……**这些家伙全是吃草的专家。**

眼看着草被成片成片地吃光，**我常常禁不住感叹："啊，还是想吃树叶啊！"**

西瓦鹿

竞争对手也太多了……

源源不断……

马后炮

早知如此，就算森林减少，树叶再少，也坚持吃树叶就好了！

灭绝时间	第四纪（更新世后期）
体形大小	肩高 2m
栖息地	非洲、欧亚大陆
食物	草
物种分类	哺乳类

　　西瓦鹿尽管外形长成这副模样，其实属于长颈鹿科。它们原本在森林里吃树叶，但随着气候转变，越来越多的森林变成草原，无奈之下来到了草原。演化过程中，西瓦鹿的牙齿增厚，适应了吃硬草。然而草原上有马有牛，有许多吃草的竞争对手，西瓦鹿在生存竞争中败下阵来，最终灭绝。

前寒武纪	古生代						中生代			新生代		
	寒武纪	奥陶纪	志留纪	泥盆纪	石炭纪	二叠纪	三叠纪	侏罗纪	白垩纪	古近纪	新近纪	第四纪

水塘干涸，灭绝

虾蟆螈

喂 喂，一条腿总行吧？就给我吃了吧！

反正我是只能趴在水边生活的。 一颗脑袋长得老大，害我在陆地上行走都困难。

而且下面的牙齿还穿过上颌戳出来了。 真是的，这不是鼻毛！要我说多少回才懂啊，可恶！

别看我现在混得不怎么样，可刚出现那会儿，坊间都在传说："出现了一种大得离谱的两栖类！"

搞不懂是怎么回事，**鳄鱼那家伙一出场，我就被当废品处理掉了。**

鳄鱼这家伙，就凭着能够耐一点点干旱就鼻孔朝天，不知天高地厚，可恶！

啊！为什么我住的河要干涸啊？**要是能再稍微耐那么一点点干旱，我也能活下来啊！**

喂，拿水来！水！我都快干死啦！

水是多么值得依恋

牙齿莫名其妙地从上颌戳出来

马后炮

多么想要一层像鳄鱼那样耐干旱的、坚实的皮肤啊！

灭绝时间	三叠纪后期
体形大小	全长 6m
栖息地	全球河域
食物	鱼
物种分类	两栖类

　　拥有扁平的身体和一颗大头的虾蟆螈（há ma yuán），是生活在池塘及河流中的史上最大级别的两栖类。头部最长可达 1.4m，占到整个身体的近四分之一。它们幼时在水中用鳃呼吸，一旦成年即爬上陆地用肺呼吸，但由于不耐干旱，始终离不开水。每逢旱季水量减少，虾蟆螈便扎挤在水洼里呈下饺子状态，以致成群地灭亡。

	古生代						中生代		新生代		
前寒武纪	寒武纪	奥陶纪	志留纪	泥盆纪	石炭纪	二叠纪	三叠纪	侏罗纪	白垩纪	古近纪	新近纪	第四纪

贸贸然上岸，灭绝

鱼石螈

喂！ 后生！过来坐，坐这里！

我呢，不久前刚从河里爬上了陆地，愣没碰上一桩好事儿。 还以为只要上了岸，满地都是吃的东西，没想到就只有一丁点大的小虫子！郁闷啊！

啊，你来摸摸我的胸。要轻轻地、轻轻地哟！

硌手吧？这是肋骨。 粗得很哩！和在水里时不同，在陆地上想要支撑身体很费劲，是不？所以，我让骨头和骨头叠起来，让它们变粗变结实。

这样一来，身体没法再左右扭动，游泳也游不了。好尴尬！

我在陆地上行走也是慢吞吞的，因为身体笨重。再说吃虫子压根儿别想填饱肚子。

啊——啊！我怎么就爬到陆地上来了呢？！

94

笨手笨脚，灭绝

来是来了，可没任何意义

灭绝时间	泥盆纪后期
体形大小	全长 1m
栖息地	格陵兰
食物	鱼
物种分类	两栖类

马后炮：起码等到有大虫子出现了再上岸啊！

　　鱼石螈被认为是最先上岸行走的脊椎动物（即拥有脊梁骨的动物）。它们由"肉鳍鱼类"进化而来，有着像脚一样粗壮的鱼鳍和能够呼吸空气的肺。但是，由于身体变得过大，胸骨变得过于结实，致使它们无论在陆地还是在水中行动都很缓慢。而且，它们所在的泥盆纪，陆地上并没有充足的食物，以致它们的上岸以失败而告终。

前寒武纪	古生代						中生代			新生代		
	寒武纪	奥陶纪	志留纪	泥盆纪	石炭纪	二叠纪	三叠纪	侏罗纪	白垩纪	古近纪	新近纪	第四纪

茶歌❸——陨石之歌

天地大冲撞

演唱：霸王龙

作词：电传打字机

作曲：BADWINGS[①]

♪ 宇宙彼岸迢迢　它飞速前来
6600 万年以前　它飞速前来
时速 70 万千米　前来撞击地球
直径 10 千米　它巨大无比　无敌

它的名字叫陨石！　如此超绝　冲击力！
直袭地球　宇宙尘撞击不客气！
灭亡的命运　覆巢之下敢问有谁能逃离

四周茫茫　一片齑（jī）粉
所有一切　瞬间蒸发不见
引发海啸　浊浪滔滔　浪高 300 米
砸出大坑　直径 150 千米　确定无疑

它的名字叫陨石！　如此生猛　冲击力！
怀疑我撒谎　就去现场观看
墨西哥陨石坑
奇科苏卢布陨石坑

我们恐龙　灭绝没商量　管你是弱是强
它们一定再来　不请自来
6000 万年一趟　从来不肯错过　警惕灾祸
重锤终将落下　战栗吧　安睡吧
（Thank you！）

---

① 恶魔之翼。——译者注

4

运气太差，灭绝

今天生活在地球上的生物，皆是很偶然地幸存至今的。反之，那些灭绝了的生物，也是很偶然地灭亡的，仅此而已。

只恨运气太差

陨石撞地球，灭绝

霸王龙

怎么可能？陨石怎么可能真的落下来？直径有 10km 呢（笑）！当它们撞击地球的时候，**巨浪滔天，高达 300m。**那可真是让人胆战心惊，真怕地球要溶化了。

不过我可没怕过这大水。问题在后面。因为陨石的撞击，空中扬起漫天沙尘，把地球盖了个严严实实。

拜这些尘土所赐，地球变得极其寒冷，结果植物也不生长了，吃植物的食草恐龙们也相继死亡。

挺住，活下去！唉，活着也要有东西吃才行啊！唉，我也吃了一段时间食草恐龙们的尸体，可这到底不是长久之计啊！

结果尸体也很快吃光了，**肚子又饿，身上又超冷，只能灭绝。**

前肢是可爱的两根指头

学熊那样冬眠，没准也是个办法。

马后炮

一般认为，霸王龙是白垩纪后期出现的最大级别的食肉恐龙。尽管并不完善，但它们也能够像哺乳类那样将体温维持在一定的水平，能够以每小时30km的速度跑动。然而，维持体温需要大量的营养，因此，当6600万年前陨石撞击地球，它们没能度过随后发生的粮食不足的危机，便与其他恐龙一道灭亡了。顺便说一句，当时地球上的生物有70%的物种灭绝。

灭绝时间	白垩纪末期
体形大小	全长 12m
栖息地	北美洲
食物	大中型恐龙
物种分类	爬行类

	古生代						中生代			新生代		
前寒武纪	寒武纪	奥陶纪	志留纪	泥盆纪	石炭纪	二叠纪	三叠纪	侏罗纪	白垩纪	古近纪	新近纪	第四纪

大海雀

岛屿沉没，灭绝

——走投无路！

——海水步步紧逼！这里好像也保不住了……**我虽然是鸟，却不会飞。**

我可不是企鹅哦！尽管外形和潜水的样子和企鹅一模一样，但我们根本是两种不同的鸟。

我本来居住在温暖的地方，可自从遭到人类的猎捕后，就一路向北逃亡，**最后到达的便是位于冰岛附近的这座岛屿。**尽管同伴的数量减少了，可也算过了一段和平的日子。

谁料，附近的海底火山突然爆发，引发大地震，**我们居住的岛屿沉入了大海。**

唉……一想到只要稍微再多活些时候，没准就能成为像企鹅那样受欢迎的物种，就遗憾得不得了！

灭绝时间	1844 年
体形大小	全长 80cm
栖息地	北大西洋沿岸
食物	鱼
物种分类	鸟类

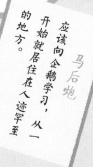
马后炮
应该向企鹅学习，从一开始就居住在人迹罕至的地方。

大海雀是一种潜入海中捕鱼的不会飞的鸟。由于在陆地上行动迟缓，轻易就能被人类捕获，因而它们一路被追赶到了北部海域，最后抵达冰岛的一座岛屿。然而，这座岛却因海底火山爆发而沉入大海。其中大约有 50 只费尽艰辛逃到附近的岩石地带幸存下来，却又因为各地的博物馆需要收藏标本而被猎捕殆尽。

	古生代						中生代			新生代		
前寒武纪	寒武纪	奥陶纪	志留纪	泥盆纪	石炭纪	二叠纪	三叠纪	侏罗纪	白垩纪	古近纪	新近纪	第四纪

江水污浊，灭绝

白鱀豚

别提了。请不要再为我的事情操心了。**怪我自己愚蠢，就不该朝着能在长江这条河里生活的方向演化。**

说到底，毕竟周围居住着 4 亿以上的人类啊！**只要家庭和工厂往江里排放废水，江水能不污浊吗？**

人类之所以大量捕杀江里的鱼，也是为了生存，所以也不必太计较。唉，拜他们所赐，我们再也捕捉不到猎物了。

除此之外，人类还建造了水力发电的大坝，我和同伴从此联系不上了；森林里的树木遭到砍伐，导致泥沙流进江里；等等。这些都没什么好说的了，反正我们已经灭绝了。

啊——到底也在这条江里生活了 2000 万年了啊！惨痛的失败啊！

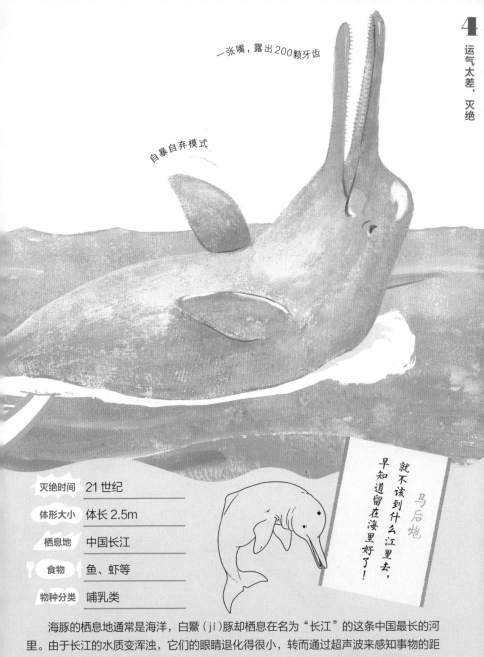

一张嘴，露出200颗牙齿

自暴自弃模式

就不该到什么江里去，早知道留在海里好了！

马后炮

灭绝时间	21世纪
体形大小	体长2.5m
栖息地	中国长江
食物	鱼、虾等
物种分类	哺乳类

　　海豚的栖息地通常是海洋，白鱀（jì）豚却栖息在名为"长江"的这条中国最长的河里。由于长江的水质变浑浊，它们的眼睛退化得很小，转而通过超声波来感知事物的距离、方位、大小等信息，完全依赖"回声定位"。另外，演化的结果使它们拥有了灵活的颈部和大胸鳍，有助于避开江底的障碍物。然而由于人类对环境的破坏进一步加剧，白鱀豚已经灭绝的可能性看来相当之高。

	古生代						中生代			新生代		
前寒武纪	寒武纪	奥陶纪	志留纪	泥盆纪	石炭纪	二叠纪	三叠纪	侏罗纪	白垩纪	古近纪	新近纪	第四纪

蜗牛窝里斗，

灭绝

吃蜗牛的玫瑰蜗牛 →

随后枯萎的

波利尼西亚蜗牛

咳

咳……哥、哥哥，我好像不行了……

那时候真开心，岛上就只有我们自己人。**当年怎么也想不到家园竟然会被非洲大蜗牛给抢占去！**

那些家伙……横行霸道，胡作非为。本来是岛上的人类养来食用的，**逃出来野生化了还不知足，还到处吃人类的农作物。**真是岂有此理！

人类火冒三丈，带天敌玫瑰蜗牛上岛的时候，我还幸灾乐祸呢，"报应来了，活该！"

没想到……真是没想到啊！

那些玫瑰蜗牛，偏偏不吃非洲大蜗牛，就知道吃我们！ 明明和我们没有一点关系！这也太过分了！为了咱们自己，好歹说点什么呀，哥哥！

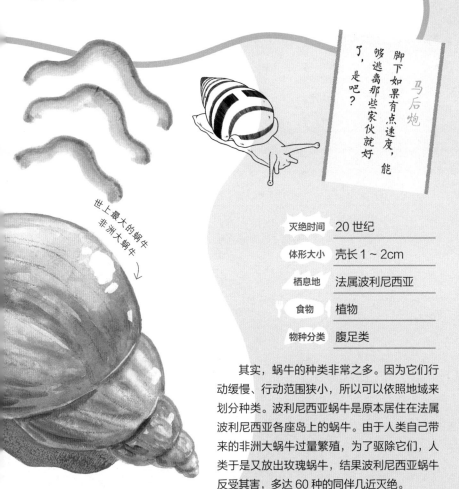

脚下如果有点速度，能够逃离那些家伙就好了，是吧？

马后炮

世上最大的蜗牛
非洲大蜗牛↙

灭绝时间	**20 世纪**
体形大小	**壳长 1 ~ 2cm**
栖息地	**法属波利尼西亚**
食物	**植物**
物种分类	**腹足类**

其实，蜗牛的种类非常之多。因为它们行动缓慢、行动范围狭小，所以可以依照地域来划分种类。波利尼西亚蜗牛是原本居住在法属波利尼西亚各座岛上的蜗牛。由于人类自己带来的非洲大蜗牛过量繁殖，为了驱除它们，人类于是又放出玫瑰蜗牛，结果波利尼西亚蜗牛反受其害，多达 60 种的同伴几近灭绝。

	古生代						中生代			新生代		
前寒武纪	寒武纪	奥陶纪	志留纪	泥盆纪	石炭纪	二叠纪	三叠纪	侏罗纪	白垩纪	古近纪	新近纪	第四纪

身陷岩浆地狱，灭鱼

海蝎

眼睛大归大，可惜看东西不清楚

各位恐怕不知道 2 亿 5000 万年前发生的岩浆大喷发吧？它有一个类似于必杀技的名字，叫作"超级地幔柱"，那其实就是地狱。

那天，海底突然裂开，成团成团的岩浆紧跟着就喷出来。那可不是熔岩之类的温暾（tun）东西。它**来势凶猛，一直喷射到地面上，就好像地球连内脏都进出来了似的。**

还有，和岩浆一道喷射出来的二氧化碳，让整个地球变得酷热难当。**再加上氧气变得稀薄，大家伙儿全都呼吸困难。**

后来才知道，因为这次的大喷发，**据说当时生存的海洋生物当中有 96％ 的物种死绝了。**当然，我也没能逃脱厄运。

人类文明也是一样的道理。但凡岩浆喷发一回，顷刻之间必定生灵涂炭。就好比画在画布上的油画一样。

灭绝时间	二叠纪末期
体形大小	体长 5 ~ 250cm
栖息地	全球海域、河域
食物	三叶虫、鱼等
物种分类	有螯（áo）肢类

马后炮

要死大家伙儿一起死得了。

在古生代前半期的海洋中，没有天敌、盛极一时的正是海蝎。然而，到了古生代中期的泥盆纪，强敌"大型食肉鱼类"出现，海蝎的天下至此终结，同类的体形随之日益缩小。后来，二叠纪末期由"超级地幔柱"引发的岩浆喷发给了它们最后一击，导致它们灭绝了。

	古生代						中生代			新生代		
前寒武纪	寒武纪	奥陶纪	志留纪	泥盆纪	石炭纪	二叠纪	三叠纪	侏罗纪	白垩纪	古近纪	新近纪	第四纪

珠穆朗玛峰隆升，灭绝

蒙古安氏中兽

同情我就给我猎物

阿 ——嚏！喷嚏止不住，可恶！**听说珠穆朗玛峰有 8848m 高呢！**上面冷得叫你鼻涕直流哦！

不过，在我们生活的时代，它还没有这么高。那个时候，我们在水边以乌龟、贝类等动物的尸体为食。

什么？吃的东西朴素了点？哪里来的蠢货！体长 4m、头长 85cm、陆生最大食肉兽，说的就是我们！

熊的身体加上鳄鱼的头，想象去吧！你小子这下可服气了？

谁知道打从 3400 万年前起，珠穆朗玛峰一个劲儿地抬升，**托它的福，我们居住的地方变冷了，猎物也没了，麻烦大了。**身体庞大、动作迟钝，就那样呜呼哀哉了呗！

灭绝时间	古近纪（始新世后期）
体形大小	全长 4m
栖息地	蒙古
食物	动物尸体等
物种分类	哺乳类

要是体形再稍微小一点，没准也能捕捉到别的动物！

马后炮

据信，蒙古安氏中兽是陆生最大的食肉兽，虽然只发现了它的头骨化石，但头骨长达 85cm，它们像鳄鱼一样居住在温暖的水滨。然而，由于印度次大陆撞上欧亚大陆，陆地骤然抬升，形成了主峰为珠穆朗玛峰的喜马拉雅山脉，蒙古安氏中兽的栖息地气候急剧变得高寒干旱，它们就绝种了。

	古生代						中生代			新生代		
前寒武纪	寒武纪	奥陶纪	志留纪	泥盆纪	石炭纪	二叠纪	三叠纪	侏罗纪	白垩纪	古近纪	新近纪	第四纪

无法摆脱
严寒的禁锢，灭绝

呃——一条鱼刚刚从我眼前游过去了。**寒冷使我不能随心所欲地活动身体。**这种情况……出乎意料之外，阿嚏！

让嘴巴变得细长，方便在水中捕鱼，演化到这一步……我认为还算成功的。

应该说是选错居住地了，或者说，**没考虑周全就从南方转移过来，是失策。**

我……原先待在亚洲大陆，**冰期陆地连成一片的时候稀里糊涂来到了日本。**在寒冷的冰期，海平面下降，日本和韩国、俄罗斯等国家的土地连成一片，我沿着海岸走着走着就过来了。

结果，我不知不觉**深入到日本内陆**……等回过神来，已经回不到亚洲大陆了。

再加上寒冷使我变得行动迟钝，我再也捕捉不到鱼，最终走向灭绝，阿嚏！

待兼鳄

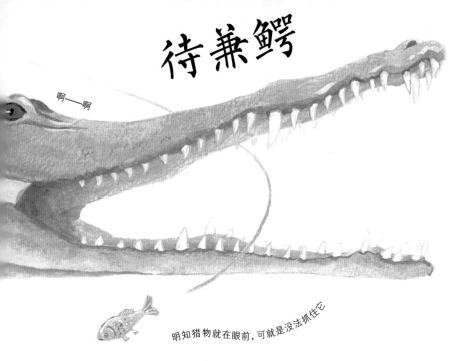

啊——啊

明知猎物就在眼前，可就是没法抓住它

灭绝时间	第四纪（更新世中期）
体形大小	全长 7m
栖息地	日本
食物	鱼
物种分类	爬行类

马后炮

随随便便瞎转悠是不对的，阿嚏！

这是一种大型鳄鱼，其化石发现于日本大阪"待兼山"。比现存最大的鳄鱼——湾鳄更大，通过挥动细长的嘴来捕鱼。它们在海平面下降的冰期来到日本，气候转暖后便渐渐深入到了日本列岛的内陆。因此，即使冰期再度来临，它们也无法返回大陆，又因为严寒而变得行动迟钝，捕不到鱼，于是灭绝。

前寒武纪	古生代						中生代			新生代		
	寒武纪	奥陶纪	志留纪	泥盆纪	石炭纪	二叠纪	三叠纪	侏罗纪	白垩纪	古近纪	新近纪	第四纪

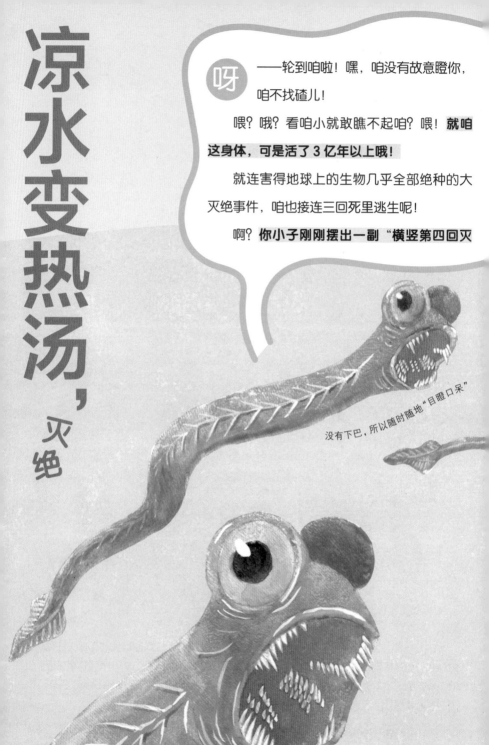

凉水变热汤，灭绝

呀 ——轮到咱啦！嘿，咱没有故意瞪你，咱不找碴儿！

喂？哦？看咱小就敢瞧不起咱？喂！**就咱这身体，可是活了3亿年以上哦！**

就连害得地球上的生物几乎全部绝种的大灭绝事件，咱也接连三回死里逃生呢！

啊？**你小子刚刚摆出一副"横竖第四回灭**

没有下巴，所以随时随地"目瞪口呆"

"绝了不是"的面孔，有没有？

那你倒是去 2 亿年前的时代活活看！**大陆裂开，到处岩浆喷涌的时代**，你倒是去活活看啊！

气温飙升，水温也跟着上升，再加上岩浆喷射带出瓦斯，水里的氧气都被烧光了，懂了吗？

这样再不灭绝，也太没天理了吧？

最不能原谅的就是火山那家伙，我都喘不过气来了，啊？

牙形石动物

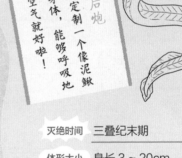

早知道就定制一个像泥鳅那样的身体，能够呼吸地面上的空气就好啦！

马后炮

灭绝时间	三叠纪末期
体形大小	身长 3 ~ 20cm
栖息地	全球海域
食物	浮游生物等
物种分类	牙形类

其实"牙形石"并不是该动物的名称，而是"牙齿化石"的名称。牙形石为长度在 1mm 以下的特别小的化石，发现于跨度长达 3 亿年的地层（寒武纪至三叠纪）。但是，这种化石究竟是哪种动物的东西，自 19 世纪发现以来，100 多年里始终无法确定。直到 1983 年，柔软的身体部分残留下来的化石被发掘，这才断定牙形石的主人是一种身体细长的、像泥鳅的动物。

前寒武纪	古生代							中生代		新生代		
	寒武纪	奥陶纪	志留纪	泥盆纪	石炭纪	二叠纪	三叠纪	侏罗纪	白垩纪	古近纪	新近纪	第四纪

长毛猛犸象

肛门上生有盖子

我是大象的远亲

大雪覆盖地面，

灭绝

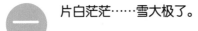

一片白茫茫……雪大极了。

我们猛犸象全身覆盖着长长的毛，抵御严寒的能力特别强。 为了防止身体热量流失，**肛门上甚至都长着盖子。**

不过地球慢慢地变暖了，全世界的冰一下子开始融化了。

这么一来，地球湿度上升，形成一团团大云朵，我们居住的西伯利亚开始下暴雪。

雪冷不冷的倒还好说，问题是草。 一年里有近一半的时间，大雪覆盖地面，我当作粮食的草长不出来了！

而且，我的身躯又庞大，这么一丢丢草远远不够啊！

灭绝时间	第四纪（全新世）
体形大小	肩高 3.2m
栖息地	北美洲、俄罗斯
食物	草、树叶等
物种分类	哺乳类

马后炮

早知如此，把这层毛脱掉，转移到南方去就好啦！

这是最有名的猛犸象。因为毛长，显得十分庞大，其实体形大小和亚洲象差不多。它们最初居住在北极周围的苦寒陆地上，冰期气候干旱，不大下雪，曾以耐寒性强的植物为食。然而当冰期结束，地球整体温度上升，湿度增大，寒冷地域的降雪量随之增大，植物因此变得难以生长，致使它们由于食物不足而灭亡。

	古生代						中生代			新生代		
前寒武纪	寒武纪	奥陶纪	志留纪	泥盆纪	石炭纪	二叠纪	三叠纪	侏罗纪	白垩纪	古近纪	新近纪	第四纪

飓风来袭，灭绝

 听到了吧！这里是位于古巴的萨帕塔湿地。**大约一小时前，大型飓风在这里登陆了！**

这是一股超强大风！可以看到，我旁边有一棵红树，**它被连根拔起了！**

嗯——我们古巴红鹦鹉的鸟巢也在这里。原先整座岛上都有我们栖息的地方，但是，人类把森林一片接一片地变成了耕地。

于是，我们全体飞到沿海这片仅剩的红树林来避难。

啊，就在刚才，又一棵红树被刮跑了！**在这之前来袭的 4 次飓风，就已经让树林陷入毁灭状态了！**

以上是古巴红鹦鹉在萨帕塔湿地为您带来的现场报道。

古巴红鹦鹉

半点办法也没有

灭绝时间	1885 年
体形大小	全长 50cm
栖息地	古巴
食物	树木的果实
物种分类	鸟类

马后炮

索性移居到其他岛上，没准也就没事了。

　　由于古巴红鹦鹉是在粗大树干的树洞里产卵，所以，只要大树所在的森林消失，它们就无法生存下去。人类相继砍伐古巴的森林，改作耕地，致使它们的栖息地日益缩小，最后只能生活在海岸边没有变成耕地的红树林里。然而，大型飓风一波接一波地来袭，最后的栖息地遭到破坏，它们也就灭绝了。

	古生代						中生代			新生代		
前寒武纪	寒武纪	奥陶纪	志留纪	泥盆纪	石炭纪	二叠纪	三叠纪	侏罗纪	白垩纪	古近纪	新近纪	第四纪

笑鸮

辈是笑鸮（xiāo）。**顾名思义，像发笑一样地鸣叫，是我的个性特征。**

　　一天，人类来到了吾辈生活的新西兰。那个时候，吾辈**总是将笑声洒遍了森林。**

　　人类为了享受狩猎的乐趣，把兔子放到了野外。

不料它们大量繁殖，超出了人类的想象，还一脸无

笑太多，灭绝

曾经也是夜晚的王者

118

辜地糟蹋人类的作物。**吾辈嘲笑了愚蠢的人类。**

但是人类绝不可能忍气吞声，这回他们放出了兔子的天敌——黄鼠狼。

人类如愿以偿，黄鼠狼吃掉了兔子。**但在完成任务之余，它们还捎带着吃掉吾辈。**也许是特点鲜明的笑声让吾辈的位置太容易暴露的缘故。

不过，如果就此放弃笑，笑鸮的名号就废了。吾辈豁出去将笑进行到底，就灭亡了。

数量太多了

马后炮

忍住不笑，逃到别的地方去就好了（笑）。

灭绝时间 1914 年

体形大小 全长 40cm

栖息地 新西兰

食物 鸟、蜥蜴等

物种分类 鸟类

笑鸮拥有近似笑声的鸣叫声，是新西兰最大的猫头鹰，在夜晚的森林里曾是无敌的存在。新西兰原本除蝙蝠外没有其他哺乳类，致使人类带入的兔子大量繁殖。为了消灭这些兔子，人类又放出黄鼠狼及白鼬，它们除了吃兔子，还把笑鸮的猎物——鸟和蜥蜴，以及笑鸮本身都顺便吃掉了。所以之后不到 100 年，笑鸮就灭绝了。

	古生代						中生代			新生代		
前寒武纪	寒武纪	奥陶纪	志留纪	泥盆纪	石炭纪	二叠纪	三叠纪	侏罗纪	白垩纪	古近纪	新近纪	第四纪

被鱼盯住不放，灭绝

三叶虫

面对鱼的下颌毫无胜算……

战斗吧！

三叶虫战队

三叶虫战队出场

A 我是裂肋！巨大躯体与坚硬背甲兼备的三叶虫英雄！

B 我是镰虫！从水中滤取食物的专家！

C 我是卡瓦拉梆（zhī）！从沙中探出长眼睛侦察四周的暗杀者！

D 我是隐头虫！用刺反击敌人的复仇者！

A 实现形形色色的演化，两次成功躲过大灭绝的危机……我们便是三叶虫战队！（……集结完毕，行动！）

B 队长！

A 何事惊慌？！

C 咱们被鱼给盯上啦！

A 这样啊……咱们完蛋啦！

BCD 什么？！

A 咱们打不过鱼！这是三叶虫的极限！兄弟们，另一个世界再见吧！

BCD 队长——

灭绝时间	二叠纪末期
体形大小	体长 1～60cm
栖息地	全球海域
食物	动物尸体等
物种分类	三叶虫类

马后炮

无论做什么、怎么做，我们都注定会被鱼给吃掉。

寒武纪出现的三叶虫类，是最早因为拥有了"眼睛"与"坚硬的身体"而大大繁盛的动物。然而到了泥盆纪，进化出了鱼类，它们大肆捕食三叶虫，完全不把三叶虫坚硬的身体当一回事。结果，三叶虫的种类在石炭纪骤减，仅剩的几种也在二叠纪末期的大灭绝事件中灭亡了。

古生代						中生代			新生代		
寒武纪	奥陶纪	志留纪	泥盆纪	石炭纪	二叠纪	三叠纪	侏罗纪	白垩纪	古近纪	新近纪	第四纪

埃及重脚兽

这对角其实出乎意料的轻

被困沙漠，灭绝

——多希望回到整天吃草的那个时候啊！

瞧，我的两只角，特别大对吧？**不过其实里面是空的。** 管它里面什么样呢，总之够大就行。当年我们是这样想的。

一切都是为了讨雌兽的欢心。 那段日子，我们一天到晚挥舞着这对角找别的雄兽单挑，还相信这才是正经事儿。

可实际情形已经不容许我们这样做了。 就在我们沉迷于战斗的那段时间里，气候越来越干旱，水滨一点一点地在缩小，相反，沙漠扩大了。

等回过神来，我们已经被困在了沙漠的中央。

吃不到草，无尽的空虚填满了我的内心。肚子则是空空如也。没错，就和我的角一样。

啊——为什么真正宝贵的东西，要等到失去以后才察觉呢？！

灭绝时间	古近纪（渐新世前期）
体形大小	肩高 1.8m
栖息地	非洲北部、阿拉伯半岛
食物	草
物种分类	哺乳类

马后炮

如果居住的范围足够广阔，就不会被沙漠困住了。

埃及重脚兽一度生活在埃及周围的湿地及红树林等处。不料气候转变，越来越干旱，沙漠化程度逐步加深。此外，这一时期非洲与阿拉伯半岛中间挤进了红海，它们的栖息地被割裂了。结果，它们被困沙漠，吃不到维持庞大身躯所需的充足的草，就灭绝了。

	古生代						中生代			新生代		
前寒武纪	寒武纪	奥陶纪	志留纪	泥盆纪	石炭纪	二叠纪	三叠纪	侏罗纪	白垩纪	古近纪	新近纪	第四纪

好奇害死蝠，灭绝

关岛狐蝠

关岛狐蝠 出现！

赶快跑
▶吃了它

关岛狐蝠▶痛苦死了。"唔……▶这就▶死到临头了吗……▶我被▶人类之流▶毁灭，岂有此理……！"

关岛狐蝠▶因为愤怒而颤抖不止。

"我们▶在这座小岛上▶吃着水果，▶过着和平的生活。谁料 70 年前▶你们这群不速之客突然到来，▶把岛改造成了▶旅游度假胜地！"

关岛狐蝠▶流露出悲戚的神情。

"然后▶大量的人类到来，▶肆意把我们▶做成特色菜▶吃光了。这笔账▶我们死也忘不了……！"

关岛狐蝠▶粉身碎骨。💀

灭绝时间	1968 年
体形大小	体长 15cm
栖息地	关岛
食物	果实
物种分类	哺乳类

早知道就躲起来生活，不让人类找到。

马后炮

狐蝠体格较大，吃起来有嚼头，又因为以果实为食，肉质少腥臭，所以在热带地区是比较受欢迎的食材。在关岛也是，当地的查莫罗人自古就有吃狐蝠的传统。但是由于关岛特别小，狐蝠本来就只有几千只，岛上的居民开始为了游客而捕杀它们之后，短短大约 20 年，它们便灭绝了。

前寒武纪	古生代						中生代			新生代		
	寒武纪	奥陶纪	志留纪	泥盆纪	石炭纪	二叠纪	三叠纪	侏罗纪	白垩纪	古近纪	新近纪	第四纪

植物开花，灭绝

剑龙

只要我认真起来，食肉恐龙也能刺它个透心凉 ★

花田弥漫着死亡的香气……

126

凡少年全都知道我。谁叫我是食草恐龙界的偶像呢！

背上的骨板块块竖起，粗壮的尾巴带着刺。明明是食草类，偏偏还能打倒食肉恐龙。我就知道，肯定是这种反差牢牢抓住了少年的心。

不过吧，我也是动物。偶像也有秘密。别吃惊，听我说。**尽管身躯如此庞大，我的咬合力却弱爆了。**我只能使出 70 岁人类的力道。

所以看到植物开花的时候，说实话，我不知所措了。鲜花是这样的漂亮，却硬得叫人无法下嘴。**我能嚼得动的，也就只有柔软的蕨类植物。**

然而，地球上的植物一种接一种全都开始开花了，我的生命也就脆弱地消散了。

灭绝时间	侏罗纪后期
体形大小	全长 9m
栖息地	北美洲、欧亚大陆
食物	蕨类植物、裸子植物等
物种分类	爬行类

马后炮

如果能够吃得下更硬一些的东西就好了？

剑龙尽管身躯巨大，咬合力却特别弱。头小固然是原因之一，恐怕主要还是因为它们从来只吃柔软的植物。侏罗纪后期，会开花的"被子植物"首次出现，并急速增长。剑龙之所以灭绝，也许是因为这些新出现的被子植物实在坚硬，使得它们咬不碎。

	古生代						中生代			新生代		
前寒武纪	寒武纪	奥陶纪	志留纪	泥盆纪	石炭纪	二叠纪	三叠纪	侏罗纪	白垩纪	古近纪	新近纪	第四纪

茶歌 ❹ —— 大灭绝之歌

五大回忆

演唱：邓氏鱼

和声：日本菊石

作词：东野真鱼

作曲：海崎多田吉

♪ 听我告诉你　我和你的回忆
从 4 亿 5000 万年前开场以来
已经 5 次重演　你从来不嫌烦

绝大多数生物　遗恨灭亡
大灭绝　大灭绝　大灭绝　大灭绝　大灭绝
你的名字"五大灭绝"Big Five　响当当

每一次　都叫我一筹莫展
奥陶纪　天寒地冻　温暖不敢想
泥盆纪　海里缺氧　呼吸困难
二叠纪　岩浆泉涌　喷射超级地幔柱子

只道是你的大戏到此就算唱完
不承想
三叠纪　到处喷火　炙热异常
白垩纪　巨大陨石猛撞　不容躲藏

你说"对不起，闹得大伙儿灭亡"
真心假意　无从判断
但求你就此住手　我由衷希望
大灭绝景象　别再往我脑袋里装

5

险些灭绝，逃过一劫

啊，这下该灭绝了吧……
也有一些生物，本以为在劫难逃，
却在千钧一发之际死里逃生。

庆幸还活着

鸭嘴兽

明明是哺乳类，却要产卵

潜入水中，得救

也没有怎么费心躲藏起来……**我的身体，稍微有一点点与众不同。**

那个……我的小便、大便和卵是从同一个洞孔出来的。还有，我也不擅长调节体温。我们好歹也算是和人类一样的哺乳类，但是，这些好像是爬行类之流的特征，对吧？而且居住的地方也是在水里。

最受不了的是我的侧面和鳄鱼看起来一模一样！

啊，不过**我在游泳的时候会把眼睛闭得紧紧的哦**，这也算迷人之处吧，你说呢？和鳄鱼相比，绝对可爱太多了，对吧？！

另外还有，这副身体也并非一无是处。亏得在水中生活，我们才用不着为了猎物和居所同其他动物争个你死我活。**陆地上竞争对手太多，我们鸭嘴兽科几乎全部灭绝了。**幸好我们待在了水里！

怎么说呢，**这么古怪的身体还能够存活几千万年**，我可算是相当走运，对吧！

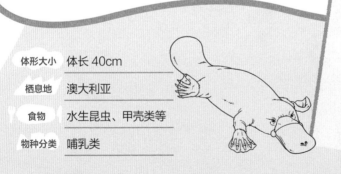

体形大小	体长 40cm
栖息地	澳大利亚
食物	水生昆虫、甲壳类等
物种分类	哺乳类

经验之谈
幸好早早地过起了水中生活！

鸭嘴兽是被称为"单孔类"的原始哺乳类。大多数单孔类因为被以袋鼠为首的有袋类夺去猎物和栖息地而灭绝，而鸭嘴兽之所以能够在这种状况下幸存下来，是因为它们朝在水中生活的方向进化了。有袋类这一竞争对手，由于袋中一旦进水，幼崽就有可能死亡，所以基本上不下水。

	古生代						中生代			新生代		
前寒武纪	寒武纪	奥陶纪	志留纪	泥盆纪	石炭纪	二叠纪	三叠纪	侏罗纪	白垩纪	古近纪	新近纪	第四纪

131

爬上高山，得救

雷鸟

幸存之路 何等 艰辛漫长

♥ 不行，我跑不动了……

♠ 不行，快起来！待在这里会死！

♥ 不行了，太阳都升那么老高了，你自己先走……

♠ 我怎么能抛下你自己走掉呢！

♥ 我们，怎么偏偏就来到这个倒霉的日本呢……

♠ 那个时候还是冰期，日本也一样冷，谁想得到呢……

♥ 完全没想到冰期结束以后竟然变这么热！

喂，其他同伴怎么样了？

♠ 早就回俄罗斯去啦。还待在这里的就只有我们俩啦！可恶！

♥ 啊，这下要完蛋啦！

♠ 听好了，我们怕热，要想存活下来，路只有一条，那就是朝

着雪山冲冲冲！

♥ 没想到你还是个热血男儿呢……

♠ 呼，你可不要死在我的热情之下哦，宝贝儿！

♥ 谁稀罕你那什么热情！

经验之谈

虽然没跟上大部队，留在了日本，不过移居到了寒冷的高山上，最终安全了！

体形大小	全长 37cm
栖息地	日本本州
食物	植物的新芽、种子等
物种分类	鸟类

　　雷鸟本来生活在俄罗斯、加拿大等气候寒冷的地域。既然如此，像日本这样气候温暖的地方怎么也有雷鸟呢？因为它们是在地球寒冷的冰期过来的。冰期结束后，它们或者返回北方，或者因炎热而死去，还有一部分逃到了海拔 2000m 以上的高山，存活下来成为雷鸟的亚种"日本雷鸟"。

			古生代					中生代		新生代		
前寒武纪	寒武纪	奥陶纪	志留纪	泥盆纪	石炭纪	二叠纪	三叠纪	侏罗纪	白垩纪	古近纪	新近纪	第四纪

躲进森林，

得救

啊呜……

倭河马

有工作安排的日子？这样说不知道行不行……**其实我是个蛰（zhé）居族！** 嗯，我是一步也不会走出森林的。

平时的工作嘛，也就是在森林里走来走去寻找树上的果实、草、落叶、根茎之类的，怎么着都不用到外面去。

你问我原因？唔——**河马家族皮肤全都超敏感的。** 长时间待在阳光下皮肤就会被晒伤。

所以，住在稀树草原的河马白天就得安安静静地在水里待着。而我们居住的森林，碰巧特别潮湿。**纯天然喷雾给你光滑润泽好皮肤——多好的广告词！**

就算没有河流，只要待在这片森林里，我们就能活下去。

还有，我比较瘦，比一般的河马走得快。啊，这段就别记录了，拜托（笑）。

体形大小	肩高 85cm
栖息地	西非
食物	草、树木的果实等
物种分类	哺乳类

经验之谈 ♪
庆幸没有随便改变居住的地方

一旦地球气温下降，气候变得干旱，森林就会迅速减少，在非洲，热带稀树草原、沙漠就会进一步扩大。以树叶为食的多数哺乳类因此离开了森林，而倭河马却留在了狭小的森林里。结果，尽管现在的栖息地局限于西非的一部分森林，但它们仍然存活了下来，保持祖先的形态不变。

			古生代					中生代		新生代		
寒武纪	奥陶纪	志留纪	泥盆纪	石炭纪	二叠纪	三叠纪	侏罗纪	白垩纪	古近纪	新近纪	第四纪

悄悄地长生

不死，得救

啊——我的故事就算了，还是听大家讲各自的故事好玩一些。

哎呀，我真的是一个很无趣的家伙！吃得少，生长得也慢，又没什么了不得的武器……

非要说的话，抗冻、**寿命在 100 年以上**，这两点还算值得自豪，可是我多么渴望有什么东西能让我的胸膛火热起来啊！

8 岁

啊，斑点楔齿蜥！

斑点楔齿蜥

100 年后

幸存下来也纯属偶然吧，怎么说呢……我一直生活在小小的无人岛上，没有人类带狗和老鼠上岛，才让我得以繁衍至今。

假如老鼠来了，我们也就出局了。**因为我们 4 年才产一次卵。**假如卵被吃掉，我们转眼之间也就灭绝了。

哎呀——真抱歉，我这种无聊的动物居然活到现在。

108 岁

啊，这不是斑点楔齿蜥嘛……

经验之谈

不出风头、悄悄地活着是最安全的！

体形大小	全长 60cm
栖息地	新西兰
食物	昆虫、蜥蜴等
物种分类	爬行类

虽然外观像蜥蜴，分类时却被归入与其他爬行类完全不同的"楔（xiē）齿蜥属"。曾经在新西兰全岛广为生息繁衍，如今则仅仅栖息在 30 座岛上。这些全都是无人岛，人类和家畜没有进去过，它们这才得以幸存下来。饭量小，且拥有 100 年以上的寿命，所以只要没有敌人出现，想必它们就能够悄然度过悠长的一生。

＊这里的生存年代针对整个斑点楔齿蜥类群而言

前寒武纪	古生代						中生代			新生代		
	寒武纪	奥陶纪	志留纪	泥盆纪	石炭纪	二叠纪	三叠纪	侏罗纪	白垩纪	古近纪	新近纪	第四纪

懒得蹦跶，得救

这鱼精神头还真足哩……

放弃了浅海处的竞争

鹦鹉螺

啊——累死了。游泳真麻烦。我不适合游泳。

因为我吧，只能以每秒 5cm 的速度前进。绕小学操场一圈也得花上一个小时左右。

哎呀——吃饭也麻烦得很。上一回吃饭是什么时候来着？五天前？

那就起码还能撑两天。我只要一周吃一次死鱼就能活下去。

嗯——争来抢去也麻烦得很。老早以前我生活在偏浅的海域，竞争对手太多，烦死了。**我动作太慢，猎物全被抢光了。**

说到底，张口闭口"我的、我的"，这种腔调很招人讨厌吧。

于是我钻到偏深的海域安安静静地生活去了。**没想到陨石突然从天而降，恐龙之类全部死光光。**听说住在浅海的家伙们几乎全灭。

咳，反正和我也没什么关系，随便，怎么着都行。

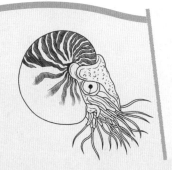

体形大小	壳长 20cm
栖息地	南太平洋
食物	甲壳类、动物尸体
物种分类	头足类

经验之谈

要想活得久，就不要拼命过了头。

鹦鹉螺是距今 5 亿年以上的寒武纪出现的那个生物群体的幸存者，原本生活在浅海，由于运动能力不及同为头足类的菊石和乌贼等，渐渐被驱赶到了食物较少的深海，这反倒给它们带来了幸运。白垩纪末期的大灭绝期间，浅海受到重创，深海受到的影响却不大。

* 这里的生存年代针对整个鹦鹉螺类群而言

古生代						中生代			新生代		
寒武纪	奥陶纪	志留纪	泥盆纪	石炭纪	二叠纪	三叠纪	侏罗纪	白垩纪	古近纪	新近纪	第四纪

前寒武纪

借助浮木横渡大海，得救

← 波尔斯金字塔

豪勋爵岛竹节虫

豪勋爵岛竹节虫漂流记 ⚓

第1章 夺命大逃亡！

那天晚上，我紧紧抓住漂流的浮木，乘着它漂到了大海上。目的地不明确。这是一场夺命大逃亡！

离开住惯了的豪勋爵岛，心里实在难受。但是既然人类上了岛，再留下就危险了。人类管我们叫"陆地龙虾"，用作钓鱼时的鱼饵。唉，这也就算了，问题在于黑鼠。这些家伙是和人类一起来的，就知道一只接一只地吃我们。拜它们所赐，我们被逼到了濒临灭绝的境地！

第二天早上一睁开眼睛，就发现我已经漂流到了山崖如同金字塔般耸立的一座无人岛上。岛上还有植物，尽管稀少。于是我当即下定了决心："……没错，一切从头再来！"

下回请看《第2章 攀岩者到来！》

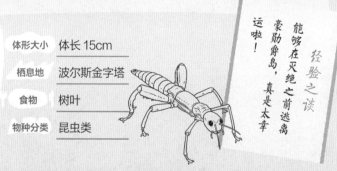

体形大小	体长15cm
栖息地	波尔斯金字塔
食物	树叶
物种分类	昆虫类

经验之谈

能够在灭绝之前逃离豪勋爵岛，真是太幸运啦！

在原先的栖息地豪勋爵岛，豪勋爵岛竹节虫由于黑鼠的入侵已经于1920年灭绝。然而在20世纪60年代，在距离豪勋爵岛16km的波尔斯金字塔上，人们再次发现了它们。这里是海拔562m的岩山，尽管只见低矮的植物贴着岩面生长，但根据对攀岩者捡到的动物尸体进行的调查，最终确认它们幸存至今。

		古生代					中生代			新生代		
前寒武纪	寒武纪	奥陶纪	志留纪	泥盆纪	石炭纪	二叠纪	三叠纪	侏罗纪	白垩纪	古近纪	新近纪	第四纪

误入大海深处，得救

潜得深一点……再深一点……

浦岛太郎状态

腔棘鱼

孤单的腔棘鱼

文·志伊良堪助[1]

很久很久以前，有一个地方，那里有一条稍有些与众不同的鱼，它的名字叫作腔棘鱼。

有一天，腔棘鱼不听同伴的劝告，试着潜到了数百米深的深海。腔棘鱼得意扬扬地说道："就说谁也跟不上我的步伐嘛！"

果真谁也没有跟着它过来。从那以后，腔棘鱼再也没有返回浅海，它开始在深海捕食鱼及乌贼等为生。

经过一段时日后，有一天，腔棘鱼被渔船的渔网网住拉上了岸。看到陆地的景象，腔棘鱼吓了一跳。

可不是嘛，恐龙一只也不见了，就只见名为人类的动物一副唯我独尊的样子生活着！

后来它才知道，原来，6600万年前陨石坠落地球，害得浅海的同伴们全都死了。

---

[1] 志伊良堪助，日语发音接近腔棘鱼的英文 coelacanth，是一个文字小游戏。——译者注

体形大小	全长 1.5m
栖息地	非洲东岸
食物	鱼、乌贼等
物种分类	硬骨鱼类

经验之谈

很偶然地来到了深海，结果存活了下来……

人们一度以为，在古生代石炭纪繁盛一时的腔棘鱼科在中生代白垩纪末期已经全部灭亡。但在1938年，人们发现了活着的腔棘鱼。它们是偶然转移到环境变化较少的深海生活的腔棘鱼的子孙，没有受到地表和浅海大灭绝的影响，繁衍至今，形态与3亿5000万年前相差不大。顺带提一句，腔棘鱼与肺鱼（见第148页）同属肉鳍类。

＊这里的生存年代针对整个腔棘鱼类群而言

	古生代						中生代			新生代		
前寒武纪	寒武纪	奥陶纪	志留纪	泥盆纪	石炭纪	二叠纪	三叠纪	侏罗纪	白垩纪	古近纪	新近纪	第四纪

进化速度慢，得救

小家伙们！都在妈妈的后背上抓稳了！咱得赶紧回巢啰！你说什么？我忙着呢！谁知道什么幸存的诀窍！为了不让小家伙们饿肚子，我每天都在拼命。

为了活着，果实、虫子、青蛙、被车轧死的尸体，能吃的我们都吃！

住的地方也是，没什么好挑剔的！不光原先待的南美洲，现在连加拿大也有我们的族群生活了。

有人以为原因就在于它们驮了太多幼崽

负鼠

144

我们能在地上行走，也能上树，还不怕水！**没有这种程度的行动力，立马就得死翘翘！**

再瞧瞧如今的小子们，都算怎么回事嘛！不是抱怨天气，就是怪食物不合口味，牢骚一大堆。这副腔调的话，迟早输给老鼠，早早地灭绝！**趁早别再胡扯那一套什么进化呀专业性的，就该像我这样埋头苦干，不辞辛劳！**

经验之谈

就因为没朝着什么方向特化，才会对任何环境都有超强的适应能力。

体形大小	体长 13 ~ 55cm
栖息地	北美洲、南美洲
食物	动物尸体、果实等
物种分类	哺乳类

负鼠科即使在有袋类中也属于对环境要求不高的原始类型。但是，正因为不存在特别适应哪种环境一说，它们反倒无论怎样的环境都能将就。南美洲的多数有袋类被来自北美洲的新型哺乳类（真兽类）毁灭了，北美负鼠却是唯一一种逆向打入北美洲的有袋类，人们至今还能见到它们在美国的住宅街上搜寻垃圾的身影。

	古生代						中生代			新生代		
前寒武纪	寒武纪	奥陶纪	志留纪	泥盆纪	石炭纪	二叠纪	三叠纪	侏罗纪	白垩纪	古近纪	新近纪	第四纪

秋田大马哈鱼

一觉醒来

置身异地，

得救

运气好到爆

呵 呵，你们一脸"这怎么可能……"的表情呢！

咳，也难怪你们会感到惊讶！我们原本一直居住在田泽湖①，**70 多年前的确已经全灭。**没错……都怪你们人类为了实现水力发电，往湖里引入了河水！拜你们所赐，水质发生改变，我的同伴一个个在痛苦中死去。

然而……没错，距离全灭大约还有 10 年的时候，某项实验被暗地里实施了。**实验内容是"秋田大马哈鱼卵是否也能在其他湖里培育"。**

实验一直被认为以失败而告终……然而，没想到吧！**被转移到别的湖里的卵繁衍出了我们的子孙，秘密地延续了种族。**怎么样？干得漂亮吧！

嘿嘿……我敢打赌，你们已经无从下手。**无论怎么说，总之，如今的我们可是"濒危物种"！**

好了，你们只管尽全力守护就好！！

---

① 田泽湖，是位于日本秋田县仙北市的淡水湖，为日本最深的湖泊。——译者注

体形大小	全长 35cm
栖息地	日本西湖
食物	浮游生物、鱼等
物种分类	硬骨鱼类

经验之谈

一会儿搞得我们全部灭绝，一会儿又实施保护，人类可真够任性的！

秋田大马哈鱼是仅在日本秋田县繁衍生息的固有物种。水力发电厂建成后，湖水水质发生变化，湖里的秋田大马哈鱼于 1948 年灭绝。然而，20 世纪 30 年代似乎有受精卵被送往其他县的公共设施——尽管不清楚事情的经过，但仍有秋田大马哈鱼在山梨县的西湖里存活着，这一点是得到确认的。发现者是鱼类学家鱼君，据说他当时为了画秋田大马哈鱼而去捕捞了红鳟，结果发现其中恰恰混杂着秋田大马哈鱼。

前寒武纪	古生代						中生代			新生代		
	寒武纪	奥陶纪	志留纪	泥盆纪	石炭纪	二叠纪	三叠纪	侏罗纪	白垩纪	古近纪	新近纪	第四纪

真实版「作茧自缚」，得救

好了，今天呢，就来讲一讲"怎样作茧自缚"。时间也有点紧，我们就马上进入正题吧！

首先，❶"钻入土中"。这一带到了旱季，地面就会干透，一滴水也没有，所以要在这之前钻进土里。**错过时机就会死，所以请务必注意！**

肺鱼

❺ 完成！

❹ 继续凝结……

❸ 使泥土凝结

"作茧自缚" 实用步骤图解

其次，❷ "在土中蜷起身体"。这个时候，让头朝上是制作美丽的茧的关键。再次，❸ "利用体内黏液使泥土凝结"。听好了，吐出黏糊糊的汁液，使身体周围的泥土凝结，记住了？

好了，到这一步，茧就完成了，这样就能防止身体变干，接下来就只需要在里面睡觉，等待雨季到来。

最后，由于偶尔会有农夫翻耕土地，所以还请务必注意！

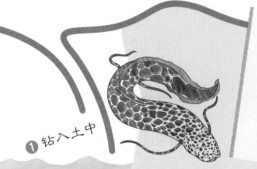

❶ 钻入土中

❷ 蜷起身体

经验之谈

用泥膜来锁住肌肤的水分，果然是上佳的做法。

体形大小	全长 60～200cm
栖息地	非洲、南美洲、澳大利亚
食物	小鱼、虾、贝类等
物种分类	硬骨鱼类

鱼如其名，肺鱼是拥有肺的鱼，是演化出了两栖类的"肉鳍类"活化石。肉鳍类几乎全部灭绝了，而肺鱼则充分发挥了能够用肺呼吸的能力，在一般鱼类无法生活的、旱季河水减少的河里存活了下来。尤其是非洲肺鱼，进化出了通过在地里结茧来防止皮肤干燥的本领。

* 这里的生存年代针对整个肺鱼类群而言

	古生代						中生代			新生代		
前寒武纪	寒武纪	奥陶纪	志留纪	泥盆纪	石炭纪	二叠纪	三叠纪	侏罗纪	白垩纪	古近纪	新近纪	第四纪

后
记

这本书里介绍了动物们五花八门的灭绝原因，
不知道引发了各位读者怎样的思考呢？

制造了令许许多多动物绝种契机的，
竟然是人类，
或许有人对此感到震惊。

但我们之所以能了解这一点，
是因为人类留下了记录。

绝大部分动物灭绝的原因，
其实尚不明确。

研究化石，可以知道"某个年代有过这样的动物"，
或者"这个时期环境似乎曾经发生变化"，
研究者们不过是将这些线索像拼图一样连接起来，
借此想象生物的灭绝原因而已。

这本书里所介绍的动物们的灭绝原因，
也并不是个个都确定无疑。

尤其是，年代越古老，线索就越少，
在研究者中也会出现许多分歧。

也就是说，关于那些灭绝原因尚不明确的古生物，
大家甚至可以思考全新的学说。

今后请务必以本书为契机，
用不同于以往的视角，
来看待世界和动物们。

丸山贵史

索引

这本书里出场的生物们

图书在版编目（CIP）数据

哎呀，竟然就这样灭绝了：超有趣的灭绝动物图鉴／
（日）今泉忠明主编；（日）丸山贵史著；（日）佐藤真
规等绘；李建云译. — 北京：北京联合出版公司，
2020.12（2023.2重印）
ISBN 978-7-5596-4669-9

Ⅰ.①哎… Ⅱ.①今… ②丸… ③佐… ④李… Ⅲ.
①动物–图集 Ⅳ.① Q95-64

中国版本图书馆 CIP 数据核字（2020）第 208310 号

Wake Atte Zetsumetsu Shimashita
Sekaii ichi Omoshiroi Zetsumetsu Shita Ikimono Zukan
by Tadaaki Imaizumi and Takashi Maruyama
Copyright © 2018 Tadaaki Imaizumi, Takashi Maruyama
Chinese translation rights in simplified characters © 2020 by Beijing Tianlue Books Co., Ltd.
All rights reserved.
Original Japanese language edition published by Diamond, Inc.
Chinese translation rights in simplified characters arranged with Diamond, Inc.
through Japan UNI Agency, Inc., Tokyo and Future View Technology Ltd.

哎呀，竟然就这样灭绝了：超有趣的灭绝动物图鉴

主　　编：[日]今泉忠明
作　　者：[日]丸山贵史
绘　　者：[日]佐藤真规 植竹阳子 海道建太 茄子味噌炒
译　　者：李建云
出 品 人：赵红仕
选题策划：北京天略图书有限公司
责任编辑：管　文
特约编辑：高　英
责任校对：钱凯悦
美术编辑：小虎熊

北京联合出版公司出版
（北京市西城区德胜门外大街 83 号楼 9 层 100088）
北京联合天畅文化传播公司发行
北京尚唐印刷包装有限公司印刷　新华书店经销
字数 80 千字　880 毫米 ×1230 毫米　1/32　5.5 印张
2020 年 12 月第 1 版　2023 年 2 月第 4 次印刷
ISBN 978-7-5596-4669-9
定价：49.80 元